亚太军力巡视：深度解读日本海上核心战力

曹晓光 编著

航空工业出版社
北京

内容提要

自第二次世界大战结束后成立至今，经过60年时间的发展，日本海上自卫队已经发展成为一支强大的海上作战力量，其反潜能力位居世界第二，海上扫雷能力更位居世界首位。本书从多个角度对日本海上自卫队的核心战斗力量进行了全方位的分析。通过本书，读者不仅能系统了解日本海上作战力量的真实全貌，更可以从中解读出日本海上自卫队的未来发展及对其亚太乃至全球安全形势的影响。

图书在版编目（C I P）数据

亚太军力巡视：深度解读日本海上核心战力/曹晓光编著. --北京：航空工业出版社，2015.1（2019.1重印）
ISBN 978-7-5165-0634-9

Ⅰ. ①亚… Ⅱ. ①曹… Ⅲ. ①战舰—介绍—日本
Ⅳ. ①E925.6

中国版本图书馆CIP数据核字（2014）第299495号

亚太军力巡视：深度解读日本海上核心战力
Yatai Junli Xunshi：Shendu Jiedu Riben Haishang Hexin Zhanli

航空工业出版社出版发行
（北京市朝阳区北苑2号院　100012）
发行部电话：010-84936597　010-84936343

三河市金轩印务有限公司印刷　　全国各地新华书店经售
2015年1月第1版　　2019年1月第2次印刷
开本：710×1000　1/16　印张：34.75　字数：610千字
印数：2001—2500　　定价：158.00元

目录

第二章 日本海上自卫队“护卫舰队”

第三章 护卫舰队兵器谱排名之直升机驱逐舰（DDH）

第六章 护卫舰队兵器谱排名之护卫驱逐舰（DE）

第七章
护卫舰队兵器谱排名之运输舰（LST）

第八章 日本海上自卫队“航空集团”

第一章
日本海上自卫队“自卫舰队”

日本海上自卫队自卫舰队是日本当代的“联合舰队”，其战斗核心由护卫舰队、航空集团和潜水舰队（潜艇舰队）组成。其中，护卫舰队是一支强大的水面舰艇战斗群，航空集团是一支以反潜战闻名世界的海军航空兵部队，潜水舰队是一支亚洲名列前茅的水下常规潜艇战斗群。

综合来看，自卫舰队拥有世界上较强大的反潜战能力，无论是护卫舰队、潜水舰队还是航空集团，皆以反潜战为核心组建。比如，航空集团所属固定翼飞机和旋转翼直升机均以反潜战为核心，包括P-3C“猎户座”大型海上反潜巡逻机、P-1海上反潜巡逻机以及SH-60J、SH-60K反潜巡逻直升机。同时，护卫舰队为SH-60J、SH-60K反潜巡逻机提供强大的海上反潜平台。而且，以这两款直升机为核心，护卫舰队还组建了强大的反潜航母编队，包括以“日向”号（DDH-181）和“伊势”号（DDH-182）两艘直升机母舰（未来还有2艘出云级直升机母舰）为核心的反潜直升机航母编队。除反潜能力外，护卫舰队本身还具备反潜战、防空战、反舰战、电子战、对陆攻击、弹道导弹拦截等综合作战能力，与此同时，潜水舰队可为反潜航母编队提供强大的水下保护。建设强大的反潜舰队可扫清日本周边海域的敌国潜艇，降低海上核威慑。这样，在丧失了水下核保护盾牌的敌国海军舰队自然会退避三舍，从而可以确保日本海上交通线的畅通。

环顾全球，美国航母编队、英国航母编队、法国航母编队三大舰队皆以制海权为作战核心，更注重以舰载战斗机为核心的海上控制，反潜战能力相对较弱。相比于这些海军强国，日本自卫舰队的反潜战能力是一枝独秀的。

| 第一节 | 自卫舰队发展历史

日本海上自卫队中的自卫舰队是海上自卫队的主力机动部队。它是由水面舰艇部队（护卫舰队）、海军航空兵部队（航空集团）、潜艇部队（潜水舰队）、扫雷部队（扫雷队群）、情报收集部队（情报业务群）、海洋业务部队（海洋业务队群）、开发试验部队（开发队群）以及特种作战部队（特别警备队）组成的多兵种联合作战部队。

1954年（昭和29年）7月1日，自卫舰队与日本防卫厅陆海空三军自卫队同时创建。与当时的地方部队不同，自卫舰队主要承担海外派遣及海上交通线防御任务，而地方部队主要承担警备区域防御及陆上补给等后勤保障任务。

从第二次世界大战（二战）后自卫舰队60多年的发展历史来看，它没有再像日本帝国海军之“联合舰队”那样迅速崛起，而是采取遮遮掩掩、谨小慎微、循序渐进的方式稳步崛起，这是多方面综合因素制约的结果，其中最主要的制衡因素是驻日美军的存在。

驻日美军尤如一把擎天巨剑插入日本这条战争巨龙的中枢神经，使得日本右翼极端势力无法像二战前那样只用二三十年的短暂时间就使得日本海军称霸亚洲；其次，日本国内的和平力量还非常强大，这股力量和美国驻军一起共同制约着日本战争力量的迅速发展；再次就是国际社会的共同制约，尤其是俄罗斯、中国、韩国、朝鲜等日本周边国家及日本战争迫害国的制约。不过，相比前两个制约因素，国际社会的声音就是一些无关痛痒的外交辞令，缺乏有效的制约力量，对日本的军事力量发展起不到太大的制约作用。未来，如果国际社会仍然只是一些“婆婆妈妈”式的外交辞令，而不采取有效的应对措施，那么这种绥靖政策的恶果将自食，尤如二战初期英法遭受德国近乎灭顶式的侵略。

随着国际形势的变化，驻日美军的核心利益是美国国家利益，日本国内的和平力量也着眼于日本的国家利益。为了各自国家的利益，日美强大的战争力量将会对亚洲及西太平洋的和平造成极其深远的影响。

当代日本“联合舰队”的编成概况

截至2013年10月，自卫舰队由自卫舰队司令部以及护卫舰队、航空集团、潜水舰队、扫雷队群、情报业务群、海洋业务群、开发队群、特别警备队及其他由日本防卫大臣确定的部队编成。

在每三年一度举行的日本海上自卫队观舰式活动上，作为基本原则，阅舰执行者必须是自卫舰队司令官。目前，自卫舰队司令部设在横须贺海军基地的船越地区内，而自卫舰队下属司令部及部队则分散于日本全国各地，甚至是远至非洲之角的吉布提。

事实上，今天的自卫舰队相当于日本帝国海军时期的日本“联合舰队”，它是日本所有实战部队的联合部队。其中，护卫舰队相当于日本“联合舰队”常设（常备）舰队中的第一舰队（战列舰舰队）和第二舰队（巡洋舰舰队），航空集团相当于日本“联合舰队”中的十几个航空舰队，潜水舰队相当于日本“联合舰队”中的第六舰队（潜艇舰队）等。不过，与日本“联合舰队”相比，今天的自卫舰队规模还非常渺小，它的现有编制规模只是日本“联合舰队”的百分之几，但其战争潜力非常巨大。

战后自卫舰队发展历史概况

自第二次世界大战结束以来，日本“联合舰队”覆灭，在1945年至1954年的9年时间内，日本国内没有舰队规模的海军部队编制。自卫舰队自1954年成立后，截至2013年10月，经历了战后近60年的发展，在这一甲子的轮回中，自卫舰队由最初以扫雷为核心的单一兵种近海部队发展为多兵种远洋舰队，今天的自卫舰队是以反潜直升机母舰为核心的远洋反潜型舰队，它同时具备反潜、弹道导弹防御、舰队防空（战区防空）、僚舰防空（区域防空）、单舰防空、反舰、电子战等综合作战能力。

早期的自卫舰队只是一支扫雷部队，今天的自卫舰队是一支水面舰艇部队、海军航空兵部队、潜艇部队、扫雷部队、开发部队、情报部队、特种作战部队等诸兵种联合部队。

战后自卫舰队发展简史

第二次世界大战结束时，日本帝国海军“联合舰队”也早已解散。不过，当时日本帝国海军仍然存在，在战后完成撤侨任务之后，日本帝国海军也随之撤销。在海上自卫队成立之前，日本国内没有海上作战力量。

1952年（昭和27年），日本保安厅（日本防卫厅[a]前身）警备队（日本海上自卫队前身）正式创建了第1船队群（后来的第1护卫队群）、第2船队群（后来的第2护卫队群）和第3船队群（后来的第1警戒队群）。

1954年（昭和29年）7月1日，随着日本防卫厅下属日本海上自卫队的创建，自卫舰队也正式成立。成立时，自卫舰队旗舰为“榉”号（PF-295）警备舰（巡逻护卫舰），下属部队设置第1护卫队群、第2护卫队群和第1警戒队群，两个护卫队群全由相应的船队群改编而来。1954年是战后日本海上力量重新崛起的原点，从此之后，日本海上自卫队取代日本帝国海军成为日本实质的国家海军，而自卫舰队则取代日本“联合舰队”成为日本全新的舰队部队。刚成立时，自卫舰队的海上作战力量非常单薄，只有包括扫雷部队在内的轻型护卫舰、巡逻艇、扫雷艇部队，没有像驱逐舰这样的大型水面舰艇，更没有水下的潜艇保护，没有空中的海军航空兵保护，而且，大部分装备或继承自日本帝国海军的陈旧舰艇，或采购美国海军的退役舰艇，因此，其综合作战实力还不及今天的日本海上保安厅。

1960年（昭和35年）12月1日，第3护卫队群正式创建，由此，自卫舰队的水面舰艇部队得到进一步发展壮大。

1961年（昭和36年）9月1日，自卫舰队进行大规模组织机构改编，在此次改编中，自卫舰队最高军事首长由自卫舰队司令改称为自卫舰队司令官（在日本帝国海军及日本海上自卫队中，“司令官”的级别一般都是海军少将以上，“司令”一般指称海军少将以下的军事首长，而“司令长官”只用于日本帝国海军中上将以上的高级军事首长）。与此同时，自卫舰队设置了可联合护卫队群等主力水面舰艇作战部队的护卫舰队，以及由航空群等主要海军航空兵部队组成的航空集团。随着护卫舰队的成立，日本水面舰艇部队开始以驱逐舰等大型水面作战舰艇为中心编成。同时，随着航空集团的成立，日本舰队重新拥有了海上空中作战力量。

---

a 日本防卫厅现改为日本防卫省。

1965年（昭和40年）2月，第1潜水队群成立。至此，日本自卫舰队重新获得水下作战力量，并开始走上国产化发展道路。

1973年（昭和48年）10月，第2潜水队群成立，日本水下作战力量进一步强化。

1981年（昭和56年）2月，自卫舰队之潜水舰队正式成立，其下属编制部队包括第1潜水队群和第2潜水队群。随着潜水舰队的成立，日本水下作战力量开始形成舰队规模，其海上战备值班、战备训练、休整、入坞维修等也进入正规化建设。

2000年3月，在《08中期防卫力整备计划》的指导下，第1和第2扫雷队群合并为一个扫雷队群，同时，为了充实合并后扫雷队群司令部的功能，合并后的扫雷队群改编成规模更大的水雷战部队。事实上，相比水面舰艇部队、潜艇部队和海军航空兵部队建设，日本的扫雷部队规模有所缩减。这正是为了突出建设主力作战部队的需要，扫雷部队只是舰队支援部队。

2006年（平成18年）4月，自卫舰队直辖的第1运输队改由护卫舰队直辖。第1运输队相当于日本的两栖战略投送部队、两栖攻击舰队的雏形。未来，这支部队很可能会转变为一支纯进攻型的海上作战部队。

2006年9月，日本防卫厅长官直辖的海洋业务群改由自卫舰队直辖。事实上，海洋业务群是一支舰队支援部队，其主要任务是进行反潜战支援。

2008年（平成20年）3月26日，为了适应新形势的需要，自卫舰队之护卫舰队（驱逐舰部队）及航空集团（海军航空兵部队）再次进行大规模改编。日本自卫舰队从此告别原来的“8舰8机体制”时代而进入全新的“8舰N机体制”时代或称后“8舰8机体制”时代。

第二节 自卫舰队编成及各级司令部构成

日本海上自卫队自卫舰队拥有非常健全的部队编成及司令部构成。日本自卫舰队司令部编成精干高效、机制得当，与美国、欧洲舰队的司令部编成类似，都属于一支纯作战性质的司令部，每名司令部人员编成都瞄准不同的作战岗位，无任何职务交叉，没有一名多余、吃空饷的幕僚（参谋）。

自卫舰队的编成（编制）

自卫舰队设有司令部，领导护卫舰队、航空集团、潜水舰队三大舰队部队以及自卫舰队直辖队群的扫雷队群、情报业务群、海洋业务群和开发队群。

从日文、英文及作战任务上来理解，护卫舰队是日本的水面舰艇部队，自卫舰队下属的护卫分舰队；航空集团是日本的海军航空兵部队，自卫舰队下属的舰队航空兵部队；潜水舰队是日本的潜艇部队，自卫舰队下属的潜艇部队；扫雷队群是日本的扫雷部队，自卫舰队下属的水雷战部队；情报业务群是日本的情报收集部队，自卫舰队下属的舰队情报司令部；海洋业务群是日本的海洋业务部队，自卫舰队下属的海洋调查司令部；开发队群是日本的试验开发部队，自卫舰队下属的舰队研究与开发司令部。

自卫舰队各级司令部的编成（编制）

自卫舰队司令部及下属各级司令部的编成遵循固定的模式，按照这些模式，各级司令部编成运行。

自卫舰队各级司令部设置5级指挥体制，由上至下依次是司令官/司令、幕僚长、首席幕僚、幕僚和副官。

自卫舰队各级司令部中的司令官与司令

司令官/司令为自卫舰队各级司令部的最高军事首长和指挥官，舰队和集团设置司令官，群和队设置司令，比如：自卫舰队、护卫舰队和潜水舰队的最高军事首长都称“司令官”，他们都是3星海军中将，而第1潜水队群、第1护卫队等部队的最高军事首长则都称“司令”，他们都是海军上校。

目前，自卫舰队司令官、护卫舰队司令官、航空集团司令官和潜水舰队司令官都是3星海军中将。

扫雷队群司令、护卫队群司令、航空群司令、开发队群司令都是2星海军少将。

海上训练指导队群司令、潜水队群司令、情报业务群司令、海洋业务群司令、护卫队司令、航空队司令都为海军上校。

身为3星海军中将和2星海军少将的司令官或司令在乘坐至日本军舰时，逢重大活动还要悬挂3星或2星将旗，以表明该舰为旗舰。

自卫舰队各级司令部中的幕僚长

自卫舰队中的舰队、集团及扫雷队群都设置有幕僚长（参谋长）一职。在业务上，参谋长是司令官的助理，他负责辅佐司令官工作，并对司令部的所有内部事务进行管理。

目前，自卫舰队司令部幕僚长、护卫舰队司令部幕僚长、航空集团司令部幕僚长、潜水舰队司令部幕僚长都是2星海军少将。只有扫雷队群司令部幕僚长为海军上校。

自卫舰队各级司令部中的首席幕僚

在没有设置幕僚长的各级自卫舰队司令部（除扫雷队群之外的群和队司令部）里，居于所有幕僚中级别最高者就是首席幕僚（首席参谋、主任参谋），首席幕僚只代表职务高低，并不代表军衔的高低。在业务上，首席幕僚相当于幕僚长，他是司令的助理，接受司令的命令，负责辅佐司令工作，并对司令部的所有内部事务进行管理。

自卫舰队各级司令部中的幕僚

在设置幕僚长的各级自卫舰队司令部里，包括自卫舰队、护卫舰队、航空集团和潜水舰队，从管理体制上，所有幕僚要接受幕僚长的命令，并分管相应司令部内的一部分业务。

在没有设置幕僚长的各级自卫舰队司令部里，包括除扫雷队群之外的所有队和群，所有幕僚要接受司令的命令分管相应司令部内的一部分业务，而不是首席幕僚的命令，也就是说首席幕僚没有发号施令的职能。

一般情况下，各级自卫舰队司令部设置有不同职责的幕僚，包括训练幕僚、作战幕僚、运用幕僚、炮术幕僚、反潜幕僚、潜艇幕僚、船务幕僚、扫雷幕僚、武器体系幕僚、通信（电子）幕僚、气象幕僚、航空幕僚、后方幕僚、补给幕僚、技术幕僚、发动机幕僚、维修幕僚、情报幕僚、保密幕僚、法务幕僚、监理幕僚、水雷幕僚、研究（开发）幕僚、规划幕僚、计划幕僚、安全幕僚、值班幕僚及其他幕僚，各自幕僚均负责相应的业务领域，此外，还设有医务长的军医，相当于掌管医疗的幕僚。

自卫舰队各级司令部中的副官

在各级自卫舰队司令部里，副官的工作对象只有一人，就是司令官或司令。副官不承担幕僚业务，他只承担司令官或司令的总务工作。

自卫舰队成立早期，司令部是设在旗舰上的（第1代自卫舰队旗舰除外），1957年（昭和32年）4月1日，“雪风”号（DD-102）驱逐舰成为第2代自卫舰队旗舰。1961年（昭和36年）7月26日，“秋月”号（DD-161）驱逐舰成为第3代自卫舰队旗舰。第2代和第3代自卫舰队旗舰时期，自卫舰队司令部都登旗舰指挥。1963年（昭和38年）3月，自卫舰队司令部整体搬迁至陆上海军基地内——位于日本神奈川县横须贺市内的横须贺海军基地船越地区。此后，自卫舰队司令部一直保持陆上指挥。

自卫舰队司令官——日本舰队最高军事指挥官

自卫舰队司令官是自卫舰队的最高军事指挥官，拥有作战指挥权，他向上接受日本防卫大臣的直接指挥与监督，向下负责自卫舰队所有队内事务的统管。

目前，自卫舰队司令官由一名3星海军中将级别的自卫官（日本现役军人统称自卫官，包括军官、士官和士兵）担任。根据日本政令（政令为日本内阁集体制定的命令）规定，自卫舰队司令官的役职（役职为日本政令术语，指日本政府官员的职务级别）为指定职5号。（指定职是日本一般职务的国家公务员中，事务次官、外局的长官、大学校长、试验所或研究所所长、医院院长或疗养所所长及其他适用人事院规定中所制定的特别薪金表的官职。）

在规定三年一度的日本海上自卫队观舰式活动中，作为基本原则，这项重要官方活动的执行者由自卫舰队司令官担任。根据昭和36年制定的第126号法律，从1961年（昭和36年）6月12日开始，自卫舰队司令正式改称自卫舰队司令官。

自卫舰队司令部驻地——横须贺海军基地船越地区

目前，位于横须贺市长浦港北部的船越地区是日本海上自卫队自卫舰队司令部的驻地，这里建有供自卫舰队司令部使用的横须贺基地船越兵营和长浦军舰停泊区码头两处非常重要的基础设施群，位于横须贺海军基地的最北部。

横须贺海军基地船越兵营位于长浦港北部船越町7段73号，原址为日本帝国海军时期的横须贺海军兵工厂实验部，占地总面积为95150米^2。目前，大部分船越町7段73号的街区范围内都是自卫舰队各大高级作战司令部办公区的集中地，因此，横须贺市船越地区是名副其实的日本海上自卫队大本营和作战指挥中枢。

截至2013年10月，船越兵营内的自卫舰队高级司令部主要有自卫舰队司令部、护卫舰队司令部、潜水舰队司令部、扫雷队群司令部、情报业务群司令部、海洋业务群司令部以及和日本海上自卫队系统通信队群司令部。

| 第三节 | 自卫舰队“特别警备队”

创建于2001年的特别警备队是日本海上自卫队的下属特种部队，日本现役唯一的海军特种部队，为日本陆海空三军自卫队第一支特种部队，其司令部设于日本本州岛西部广岛县江田岛市内的江田岛基地内。特别警备队编制大约70人，主要承担临检、潜水和空降等特种作战任务。

截至2013年10月，特别警备队为日本海上自卫队自卫舰队直辖部队，其级别非常高，它可随护卫舰队的水面舰艇部队、潜水舰队的潜艇部队、航空集团的海军航空兵部队以及扫雷队群的扫雷部队执行全球范围内的特种作战任务。

在日本海上自卫队内部，特别警备队的简称为“特警队”或“特警”，其英文表示为Special Boarding Unit，故其英文缩写为SBU，另外，还有SGT（Special Guard Team）的表示。

特别警备队的任务范围

特别警备队是基于1999年3月22日“能登半岛海面可疑船只事件”的经验教训而成立的特种部队，其主要任务是在海上警备行动期间解除可疑船只的武装并让其彻底丧失作战能力。在执行任务期间，特别警备队可通过直升机或高速舟艇向可疑船只或军舰进行强袭登舰，也可通过潜水方式向可疑目标进行水下浸透。同时，另有一部分特别警备队队员可通过空降方式对可疑目标进行突袭。

在执行可疑船只处理任务时，由特别警备队承担的任务有强制停船、使对方丧失作战能力，最后解除对方的武装，后续的处理则交给每艘日本驱逐舰配备的入内检查队进行登舰检查。

根据日本防卫省公布的官方资料以及日本各方面的报道等信息来看，目前特别警备队的核心任务仍然是对危险性极高的可疑船只和入侵军舰实施武器解除、彻底使对方丧失作战能力。在2004年发生的“伊拉克日本青年遇害事件”处理中，特别警备队曾经与美国制订了日美联合援救作战计划，根据这份作战方案，特别警备队的一部分队员要采取空降方式进入伊拉克境内，为此，这些队员进行了强化空降训练。依据此次事件来看，日本海上自卫队的特别警备队与其他国家海军的特种作战部队基本相同，比如美国海军的海豹突击队等。这些海军特种部队都可实施近海及海岸地带的侦察以及陆上人质救援作战等不同的特种作战任务。

在第164次日本国会安全保障委员会期间，时任日本防卫厅长官的额贺福志郎就特别警备队的相关问题进行了答辩。当时额贺表示，特别警备队的规模还很小，还没有形成全面的紧急事态处理能力。根据答辩内容，当时的特别警备队已经展开侦察及陆上作战训练，不过，由于成立时间太短，恐难形成多任务作战能力。未来的特别警备队将会与日本陆上自卫队的特殊作战群进行有机的联合作战。

在日本海上自卫队发布“防卫出动”（日本海上作战级别之一）及“海上警备行动”（日本海上作战级别之一）命令之后的临检期间，特别警备队要迅速由江田岛基地出发乘坐特别机动船（RHIB）及其他方式到达岩国航空基地，然后，利用岩国航空基地内的MH-53E和MCH-101扫雷运输直升机向可疑船只进发，之后通过各种手段对事件进行处理。上述一系列过程便是特别警备队的整个作战程序。

根据事件的情况，特别警备队可使用驱逐舰舰载的SH-60J和SH-60K反潜巡逻直升机对事件进行处理。在通过MH-53E和MCH-101扫雷运输直升机进行运输时，每架直升机可运输1个小队编制的特别警备队，也就是16名至24名队员，到达指定区域后，执行任务的特别警备队可根据目标标识和快速绳索迅速突袭下降登陆至可疑船只上。不过，MH-53E和MCH-101直升机都没有安装机载搜索雷达及AIS（空中情报系统），在这种情况下，特别警备队对海上可疑目标的搜索就只能依靠其他日本海上自卫队部队提供情报，比如：护卫舰队的水面舰艇部队、潜水舰队的潜艇部队、航空集团的反潜海军航空兵部队等。

基于良好的日美同盟关系，特别警备队每年都要选拔一些优秀队员到美国海豹突击队（SEAL）设于太平洋一侧的大本营进行日美联合特种训练，这个海军特种训练基地就是位于美国南加利福尼亚州圣迭戈市内的科罗纳多海军两栖基地。

在执行任务期间，作为特别警备队核心装备的特别机动船为11米级的高速型复合艇（RHIB）。所有参战队员着特种警备套服，包括作业帽（套至颈部只露出双眼的罗宋帽）、入内检查帽、特别警备服、特别警备服上衣、特别警备手套、特别警备靴、特别警备章和略章。

特别警备队的部队编成

截至2013年10月，特别警备队编制队本部以及第1小队、第2小队、第3小队及第4小队共5支部队，其中，队本部下设总务班、运用班、作战资材班和医务班，医务班由两名军医及两名卫生员编成，同时，还配备有高规格的急救车。

每个小队内设一名小队长，除小队长外由18名队员，这些队员组成两个班，每个班编制9名队员。

自2001年创建以来，特别警备队队长一直都是海军上校军衔，对于一个编制员额如此之少，级别却定得很高的部队在日本海上自卫队中是很少见的，这更突出了特别警备队的级别与特殊地位。

特别警备队的课程教育

每名特别警备队队员都要接受日本海上自卫队特别警备课程的培训。特别警备课程设置大约36周的基础课程以及大约1年零3个月的应用课程，总计课程培训时间为2年。

其中，基础课程设置在日本海上自卫队第1技术学校内，它是特别警备队队员的培养训练与教育课程。担任基础课程的教官及训练生都不是特别警备队的编制人员。

应用课程由特别警备队单独实施，每年一次，招募简章发往日本海上自卫队所有部队，进行不分兵种招募。在应招期间，作为基本原则，招募对象为三等海曹（海军下士）以上、年龄不满30岁的日本海上自卫队队员。应征对象要具备优秀的射击能力、超强的体能标准、熟练的水性等基础条件，在进行特别警备课程培训期间，也有应征学员的军衔为海士长（上等兵，比下士低一级）。

从几年时间的选拔结果来看，应征较多的学员是水中处理队的爆炸物处理员（EOD）和陆警队队员。此外，还有警务官（警务队员）、机组人员（包括飞行员、下降救助员等）、维修员等来自各个兵种的队员。

特别警备队训练基地之一的日本海上自卫队第1技术学校正门

特别警备队的发展历史

1999年（平成11年）3月22日，日本近海发生了著名的“能登半岛海面可疑船只事件”。当时，“妙高”号宙斯盾导弹驱逐舰在航海长伊藤祐靖的率领下成立了临时临检部队。不过，这支部队未能对可疑船只实施临检。以此次经验教训为契机，日本海上自卫队决定创建第一支海军特种作战部队。

1999年12月，日本海上自卫队特别警备队新编准备室在横须贺海军基地内正式挂牌督办。

2000年2月至3日，在江田岛第1技术学校内，来自英国皇家海军陆战队特别舟艇中队（SBS）的特种作战教官对日本海上自卫队选拔的基干队员进行了基础训练，当时的英国教官由日本政府招聘。

2001年3月27日，在江田岛基地内，特别警备队正式挂牌成立。从2001年6月20日开始为期一个月的时间内，在江田岛基地，来自美国海军海豹突击队大本营科罗纳多两栖基地的第1海军特种大队（NSWG-1）对新成立的特别警备队进行了训练。2001年12月22日，在日本奄美大岛附近海面发生了“九州西南海域间谍船事件”，日本国政府随即对特别警备队下达了出动待机命令，随后，特别警备队进入了出动程序，不过，在特别警备队出动之前，可疑船只作了自沉处理，于是，特别警备队的第一次特种作战任务不得不取消。

2004年，作为特别警备队建设主管科的日本海上幕僚监部装备部军需科（当时），迎来一位热切盼望特别警备队发展的一等海尉（海军上尉）科长。在特别警备队创建期间，为了收集部队成立所需要的各方面情报资料，这名上尉曾经作为美国联络官负责与美国海军进行各方面的交涉工作。他曾经以非正式的方式加入美国海豹突击队并体验了为期一周的海豹突击队训练课程，这种课程的正式名称为基础水中爆破训练（简称BUD/S）。训练后，上尉撰写了详细的报告并呈送给日本海上幕僚监部。在主管特别警备队建设期间，上尉通过海上幕僚监部内部向日本财务省说明了特别警备队对日本的必要性。此后，特别警备队获得日本财务省的预算大幅度增加。

2006年，据曾经是日本《周刊文春》记者的作家麻生几透露，在“伊拉克日本人质事件”当中，特别警备队曾经制订了解救3名日本人质的所谓“巴比伦之樱”作战计划。在这份计划方案中，特别警备队计划与驻巴格达美军部队联合展开行动救出日本人质，不过，最终“巴比伦之樱”计划未能实现。

2007年6月28日，在日本宣传媒体前，特别警备队进行了自成立以来的第一次公开训练演示活动。当时，在日本广岛县宫岛的周边海域，参加训练演示活动的特别警备队队员通过SH-60J反潜巡逻直升机和高速橡胶艇（RHIB）移乘至水中处理母舰上，然后对可疑船只发起突击行动，直至解除武装。这是日本海上自卫队第一次也是最后一次对特别警备队的训练内容进行公开。

2008年9月9日，在特别警备队第1901期的应用课程中，有1名参训学员死亡，当时这名学员曾经连续与15人进行激烈的格斗训练，直到最后累死。这名死亡学员的格斗训练指导者为主任教官助教，军衔为二等海曹（海军中士），是一名拥有武道段级的助教，包括少林寺拳法初段和日本剑道初段两个武道段级。

2009年，针对非洲索马里沿海及亚丁湾海域的武装海盗活动猖獗，作为应对措施，日本海上自卫队准备以低级别的“海上警备行动”制订派遣驱逐舰计划，在此期间，日本海上自卫队还决定将特别警备队也派遣至派遣驱逐舰上。2009年3月14日，特别警备队与日本海上自卫队派遣驱逐舰共同离开日本前往索马里执行海外派遣任务。

| 第四节 | 自卫舰队的未来发展

经过60多年的发展，今天的日本自卫舰队已经取得了翻天覆地的变化，如果将复兴目标确定为日俄战争时期的日本联合舰队，那么，日本自卫舰队已经实现了复兴；如果将复兴目标确定为昭和初期的日本联合舰队，那么，日本自卫舰队还有很大的差距；如果将复兴目标确定为1941年的日本联合舰队，那么，日本自卫舰队还需要一段非常漫长的路要走，并且，在此期间会面临来自各方面的阻力。当然，如果自卫舰队真以1941年的日本联合舰队为复兴目标，那么，亚洲及世界的和平必将面临严峻挑战。

当前日本自卫舰队的优势

截至2013年10月，日本自卫舰队拥有三大战场优势，分别是反潜战优势、驱逐舰群优势以及水下常规攻击潜艇群优势。

日本自卫舰队的反潜战优势体现在四大护卫队群上，这四大护卫队群是以反潜直升机母舰（日向级和出云级）或直升机驱逐舰（白根级）为核心而构筑起来的强大反潜舰队，纵观世界海军舰队，日本四大护卫队群独一无二，也只有日本自卫舰队同时拥有4支反潜舰队，当然，这种独特舰队的形成有其固有的作战背景，那就是日本要同时应对中俄两支水下核力量及常规力量的威胁。综合来看，护卫队群以8艘驱逐舰和若干架反潜巡逻直升机而编成的反潜编队具有世界首屈一指的反潜能力，在长达数百千米的作战半径内，护卫队群具有对中俄水下核力量及常规力量的优势，从而对中俄海军舰队形成有效的阻止。

目前，日本自卫舰队共装备三种甲型警备舰，分别是直升机驱逐舰/直升机母舰（DDH）、导弹驱逐舰/宙斯盾导弹驱逐舰（DDG）和通用驱逐舰（DD）。其中，日本自卫舰队所拥有的反潜战优势主要是由这三种军舰联合形成的，也就是由作战编队形成的，这是一种海上战斗系统，彼此不可分离。

至于日本自卫舰队庞大的驱逐舰群则指导弹驱逐舰/宙斯盾导弹驱逐舰（DDG）和通用驱逐舰（DD）两种驱逐舰群。纵观世界海军舰队，明显几倍于日本自卫舰队驱逐舰群的只有美国海军的阿利·伯克级宙斯盾导弹驱逐舰群，至于法国海军的地平线级防空导弹驱逐舰和阿基坦级多功能驱逐舰群、英国皇家海军的45型和42型驱逐舰群，它们与日本自卫舰队的驱逐舰群介于伯仲之间，除美、法、英三国之外，日本自卫舰队的驱逐舰群都拥有防空、反潜、反舰、电子战、信息战等作战能力上的优势，这种作战优势会体现在舰队作战、单一舰种的驱逐舰群作战以及单舰作战方面。

日本自卫舰队庞大的水下常规攻击潜艇群由22艘潜艇组成，这些世界最大的常规潜艇群正在由非AIP系统向AIP系统转变，随着苍龙级潜艇的不断服役，潜水舰队的作战能力也会不断提升。在协同护卫队群的海上作战中，潜水舰队可通过护卫队群所获得的反潜战优势而发挥反舰战优势，在没有水下潜艇保护的情况下，潜水舰队可对敌水面舰艇部队形成巨大的反舰战优势，从而发起强大的舰队攻击行动。

除上述三大战场优势外，日本自卫舰队还拥有庞大的水雷战部队，这是一种不可缺少的辅助支援作战能力。

当前日本自卫舰队的劣势

目前，日本自卫舰队的劣势主要有四点，分别是制海权劣势、无两栖突击投送能力、无海基远程对地攻击能力和无水下核威慑力量。当然，在驻日美军存在的前提下，根据日美同盟，这些战场劣势都有驻日美国海军第7舰队提供。同时，驻日美军及美国政府也严格限制日本自卫舰队发展上述四种作战力量，因为，如果日本自卫舰队拥有这些作战能力，将会对美国国家利益形成巨大的威胁。

日本自卫舰队无制海权优势。当今世界的制海权优势主要通过航母战斗群获得，通过航母平台所提供的舰队海军航空兵部队，航母战斗群或航母编队可获得长达数百千米至上千千米的制海权优势，在这个有效作战半径内，敌海军舰队的水面舰艇部队、潜艇部队及海军航空兵部队将荡然无存。根据日美同盟，美国海军第7舰队将会为日本自卫舰队提供制海权优势，目前主要由“华盛顿”号核动力航母及第5航母战斗群提供。

日本自卫舰队无两栖突击投送能力。由海至陆的两栖突击投送能力是一种攻击作战能力，它由两栖投送舰（或两栖攻击舰）以及海军陆战队联合实现。根据日美安保条约，美国海军第7舰队的“埃塞克斯”号两栖攻击舰及美国海军陆战队第3远征军将为日本自卫舰队提供这种作战能力。

日本自卫舰队无海基远程对地攻击能力，这种作战能力主要由攻击型核潜艇提供。根据日美同盟，美国海军第7舰队驻关岛阿普港海军基地的洛杉矶级攻击型核潜艇可提供这种作战能力。

日本自卫舰队无水下核威慑力量。美国海军的俄亥俄级弹道导弹核潜艇可为日本本土提供海基核保护伞。

日本自卫舰队的未来发展

着眼未来战争及国际形势的变化，日本自卫舰队必将扬长避短，不断提高自身优势，想方设法形成全新的战斗力。借鉴过去的经验，未来，日本自卫舰队将会在5个方面寻求突破，分别是建设航母战斗群、建设两栖攻击舰队、组建海军陆战队、伺机发展核潜艇以及发展海基远程巡航导弹。必须指出的是，这些都是海军进攻性力量建设，完全违背了现在的日本《和平宪法》。

对于航母战斗群、两栖攻击舰队、海军陆战队的建设，如今的日本自卫舰队已经拥有了坚实的基础。就航母战斗群来看，日本正在建造中的出云级直升机母舰已经具备了改装成航母平台的设计，稍加改装后，出云级可载F-35B短距垂直起降型舰载战斗机，再配以“鹰眼”预警机、电子战飞机等，这就是一艘标准的小型美式航母平台，至于护卫舰队可直接由4个护卫队群中的任何一个担任，这样，日本自卫舰队便拥有了两个航母战斗群，从而拥有制海权优势。至于中型、重型航母平台以及核动力航母平台，都要看美国人的脸色以及美国的国家利益，如果美国不同意，日本自卫舰队想都不要想。

就两栖攻击舰队来看，日本已经建成3艘大隅级运输舰，事实上，这些运输舰就是功能弱化的两栖攻击舰，它们已经具备了两栖攻击舰的超视距水平投送和垂直投送能力，如果再进行改装，或者建造全新的标准两栖攻击舰，那么，日本自卫舰队的两栖攻击舰队便就此形成。至于两栖攻击舰队中的护卫舰队以及投送主力的海军陆战队，日本都有现成的部队，护卫舰队可由4个护卫队群中的任何一个承担，只不过是把直升机母舰或直升机驱逐舰去掉，只留下导弹驱逐舰和通用驱逐舰即可。日本正准备筹建海军陆战队，事实上，现在的日本陆上自卫队西部方面普通科联队（简称“西普联”，翻译过来就是“西部军区步兵团”）就是标准的海军陆战队，而且，日本陆上自卫队也是按照美国海军陆战队的标准对这支部队进行全方面训练。在此基础上，只要经过扩编，日本的海军陆战队就有了。

至于核潜艇与海基远程巡航导弹，日本自卫舰队想要突破就比较困难，因为，这些武器会对美国的国家利益形成挑战，故此，美国对这些武器的限制非常严格，日本哪怕是想尝试一下也要受到美国全方面的限制和制约。

总体来看，对于日本自卫舰队的未来发展，美国海军的影响和制约如影随行。目前，美国海军对日本自卫舰队的建设已经深入到各个方面、各个领域，可以说是无孔不入，包括部队编成、作战、训练、装备发展、武器采购、武器研制、信息化建设、系统化建设，等等。比如：作为日本自卫舰队核心力量的军舰建造方面，美国海军的影响已经遍布各个角落，日本军舰（包括直升机母舰、直升机驱逐舰、导弹驱逐舰、宙斯盾导弹驱逐舰、通用驱逐舰、护卫舰、训练支援舰、运输舰、补给舰、海洋观测舰、音响测定船、敷设舰、试验舰、导弹艇、LACA气垫登陆艇等）的核心作战部分基本都来自美国海军。比如：动力系统中的LM2500燃气轮机、作战指挥系统中的宙斯盾系统以及各种计算机软硬件、防空系统中的MK41导弹垂直发射装置和“标准”系列以及“海麻雀”系列防空导弹、反舰系统中的发射装置和“鱼叉”反舰导弹、反潜系统中的发射装置和“阿斯洛克”反舰导弹、战术数据链中的11号/14号16号数据链，等等，如今的日本自卫舰队已经完全“美化”（“美国海军化”的简称）了。

当然，日本自卫舰队也将自主发展视作生命，在无法摆脱美国制约的情况下，日本尽一切可能在发展国产武器、装备国产武器。日本非常精明的地方在于虽然大部分武器装备来自美国，但日本坚持由国内军工企业生产而不是采购现成的武器装备，比如：LM2500燃气轮机、“标准”防空导弹、“海麻雀”防空导弹、“鱼叉”反舰导弹、“阿斯洛克”反潜导弹等几乎所有武器都由日本三菱重工、三菱电机、川崎重工、石播重工等这些大型军工企业授权生产，这样，日本既获得了先进的武器装备，同时也获得了相关的技术，在此基础上，通过消化吸收，以美国武器为原型的日本舰载武器不断出现。比如：在“鱼叉”反舰导弹基础上研制的90式反舰导弹及其发射装置，作为日本反潜舰队核心的

SH-60J和SH-60K反潜直升机也是在美国海军SH-60B反潜直升机的基础上研制成功的，如此等等。

综上所述，美国海军的影响对日本自卫舰队的发展是一柄双刃剑，它既促成了日本自卫舰队的强大，同时也阻碍了日本自卫舰队的独立发展。因此，在未来的发展道路上，如何处理好与美国海军的关系，将成为日本自卫舰队所面临的重要问题。

第二章

日本海上自卫队“护卫舰队”

护卫舰队是日本海上自卫队自卫舰队司令部下辖的四大舰队部队之一，它是由直升机母舰、直升机驱逐舰、宙斯盾导弹驱逐舰、导弹驱逐舰、通用多功能驱逐舰以及大型舰队作战综合补给舰、大型船坞登陆运输舰和训练支援舰组成的庞大水面作战舰队。

从整个日本海上力量来看，作为水面舰艇部队的护卫舰队是日本最精锐的海上作战力量，其中四大护卫队群更是这些精锐中的精锐。每个护卫队群就是一支标准的反潜型舰队，它们具有强大的反潜作战能力以及海基弹道导弹拦截、舰队防空（战区防空）、僚舰防空（区域防空）、单舰防空（点防空）、反舰、反恐、反游击、对地攻击、两栖投送等全面的作战能力。今天的四大护卫队群必将会成为未来太平洋及印度洋，甚至是更远大洋的日本攻击舰队群主力。

下面本章各节将对日本海上自卫队护卫舰队的部队组成及各种驱逐舰的部署、运用、编成等基本概况进行全面的介绍、分析和解读。

第一节 护卫舰队发展历程

护卫舰队是隶属于日本海上自卫队自卫舰队下的水面舰艇作战部队，它是由直升机母舰（DDH）、直升机驱逐舰（DDH）、导弹驱逐舰（DDG）、宙斯盾导弹驱逐舰（DDG）、通用多功能驱逐舰（DD）、护卫舰（DE）、舰队补给舰（AOE）、训练支援舰（ATS）等所有大型主力作战水面舰艇及支援舰艇编成的舰队。

目前，护卫舰队与潜水舰队、扫雷队群及航空集团共同组成日本海上自卫队自卫舰队下属的四大舰队作战司令部，它们共同承担日本的海上防卫任务。不过，护卫舰队在自卫舰队中又发挥着作战核心的作用，其他三大舰队司令部都以它为中心展开并执行任务。

护卫舰队——自卫舰队的核心

从作战功能来看，作为水面舰艇部队的护卫舰队是日本自卫舰队的核心，它是日本作战能力最强大的舰队部队及舰队司令部，目前，护卫舰队司令部设在横须贺海军基地的船越地区内。护卫舰队司令官由一名3星海军中将担任，作为日本水面舰艇部队训练水平的最高首长，这名司令官只负责护卫舰队（由总数达48艘各型驱逐舰及大多数辅助舰艇组成）的日常训练与管理。从美国海军编制的角度来看，护卫舰队司令官只是一名舰种司令部的司令，它只负责部队的训练水平管理，而不负责作战指挥。在执行作战任务期间，那么，对护卫舰队的作战指挥又要交给有作战指挥权（即日本海上自卫队所确定的“事态处理责任人”）的高级将领手里，这些拥有作战指挥权的高级将领包括自卫舰队司令官及横须贺、吴港、佐世保、舞鹤和大凑五大地方队的地方总监（地方队司令）。

截至2013年10月，护卫舰队下辖四大主力部队，分别是第1护卫队群、第2护卫队群、第3护卫队群和第4护卫队群。这四大护卫队群共编制32艘主力作战水面舰艇，采取轮换值班作战体制，各护卫队群司令由一名2星海军少将担任。每个护卫队群由两个护卫队组成，每个护卫队由4艘驱逐舰组成。各护卫队群由一个以直升机驱逐舰（DDH）或直升机母舰为中心的护卫队以及一个以导弹驱逐舰（DDG）或宙斯盾导弹驱逐舰为中心的护卫队组成，因此，以直升机驱逐舰为核心的护卫队也称直升机驱逐舰群（或大队），以导弹驱逐舰为核心的护卫队也称导弹驱逐舰群（或大队）。

4个护卫队群采取轮换训练与部署的机制，通常情况下，1至2个护卫队群保持高度的战备状态以应对随时可能出现的冲突与威胁，这是一种快速反应体制。按照规定，护卫舰队的军舰必须定期进行入坞保养、维修及现代化改装，以保持高度的战备水平，在进行长时间的入坞维修时，出坞后所有军舰舰员必须进行重新训练，如果是全新建造的军舰或有新装备上舰时，所有舰员必须进行熟悉性训练。在执行诸如国家间的友好访问、联合军事训练、联合作战等长时间的远洋派遣任务时，通常情况下，为了保持各护卫队群的海上防卫能力，4个护卫队群也必须轮换执行上述派遣任务。

截至2013年10月，4个护卫队群共编制32艘各型驱逐舰，它们包括日本海上自卫队级别最高的3种甲型警备舰，分别是直升机驱逐舰（DDH）或直升机母舰、导弹驱逐舰（DDG）或宙斯盾导弹驱逐舰以及通用多功能驱逐舰（DD），这些驱逐舰都是日本作战功能最强、信息化水平最高、系统化作战能力最好、吨位设计最大、航空作战能力最强的驱逐舰，通常情况下，对4个护卫队群拥有最高作战指挥权的将领是日本海上自卫队自卫舰队司令官。

此外，护卫舰队另编有5个护卫舰队直辖护卫队，与4个护卫队群中的8个护卫队相比，护卫舰队直辖护卫队是日本水面舰艇部队的第二梯队，而第一梯队则永久属于四大护卫队群。护卫舰队直辖护卫队共编制16艘驱逐舰和护卫舰，通常情况下，对这些护卫队拥有最高作战指挥权的将领分别是日本五大地方队的地方总监，在日本沿海有冲突及威胁时，五大地方总监可指挥护卫舰队直辖护卫队进行日本近海防御作战。

根据《平成25年（2013年）度以后的防卫计划大纲》，护卫舰队直辖护卫队将减少至4个护卫队，同时，增强各个护卫队的机动作战能力。

护卫舰队的任务分派

日本海上自卫队自创建以来尤其重视反潜战，从全世界海军来看，护卫舰队的反潜战能力非常强大，就亚洲范围来看，护卫舰队的反潜战能力无疑是最强的。

自第二次世界大战结束后，日本的经济发展严重依赖于海上交通线的畅通无阻，因此，海上交通线的安全与否直接关系到日本的国家核心利益，在这种背景下，日本历来奉行海上交通线防卫的国防政策，这样，即使没有美国海军提供海上保护，日本也可凭借自身能力有效应对来自潜艇的攻击，从而对航行于海上交通线的日本货船及商船提供有力的保护。因此，自1954年日本海上自卫队创建至2013年10月，日本所有主力作战舰艇的核心任务都是反潜战。

根据1976年制定的《昭和52年度以后的防卫计划大纲》（因大纲颁布于1976年，即昭和51年，故简称51大纲），日本海上自卫队的作战能力发展可以归纳为两点。（1）为了有效应对海上侵略等战争事态，作为可机动运用的舰艇部队，日本海上自卫队要拥有1个护卫舰队编制，通常情况下，这个护卫舰队要建立起由至少1个护卫舰队群所构成的快速反应体制；（2）为了日本沿海警戒及防御之目的，日本海上自卫队要拥有反潜水面舰艇部队，在每个特定的海域，通常情况下，这支反潜部队要建立起由至少1个护卫队所构成的快速反应体制。

2001年9月11日，“9·11”恐怖袭击事件爆发。以此为发端，日本海上自卫队开始了长期的印度洋反恐派遣任务，与传统的反潜任务不同，印度洋派遣是执行反恐支援。在此期间，在日本海海域又发生了朝鲜间谍船事件等突发情况，针对这些非正规战及非对称战争的新威胁，日本海上自卫队开始进行作战能力转变，以适应社会形势的需要。

根据2004年末制定的《平成17年度以后的防卫计划大纲》（因大纲颁布于2004年，平成16年，简称16大纲），护卫舰队的驱逐舰编制数量由50艘降至47艘。同时，16大纲对此后的日本海上自卫队作战能力建设也进行了规定，具体可概括为5点：（1）针对弹道导弹攻击的应对作战能力；（2）针对游击战及特种部队攻击的应对作战能力；（3）针对海岛侵略的应对作战能力；（4）针对武装间谍船、侵犯领空及周边海空域警戒与监视的应对作战能力；（5）针对大规模自然灾害及特殊灾害等天灾的应对能力。

护卫舰队作战运用构想的变迁及部队改编历史

自日本海上自卫队成立以来，作为作战核心的护卫舰队经历了反潜扫讨群

（即猎潜部队群，简称HUK）、“8舰6机体制”、“8舰10机体制”、“8舰8机体制”以及“16大纲”改编之后等不同的作战构想时代。下面将对这些作战构想进行概况介绍并分析。

摇篮期（3次防之前）

在创建期间，早期的日本海上自卫队沿袭日本保安厅警备队时代的编制，设立了自卫舰队。当时的自卫舰队编制包括第1护卫队群和第2护卫队群以及第1警戒队群和第1扫雷队群。其中，第1护卫队群和第2护卫队群为巡逻部队（PF队），第1警戒队群为大型支援登陆舰部队（LSSL队）。不过，当时作为驱逐舰部队的指挥司令部并不存在。

后来，在第1次防卫力整备计划（日本第1次国防力量发展计划，简称1次防）期间，也就是1960年，自卫舰队新成立了第3护卫队群。在第2次防卫力整备计划（简称2次防）期间（1962年至1966年），从1961年9月1日起，自卫舰队正式创建了护卫舰队，旗舰为“照月”号驱逐舰，它也是护卫舰队的第1代旗舰。护卫舰队下辖部队由第1、第2和第3护卫队群组成。其中，第1护卫队群部署在横须贺海军基地，编制包括5艘驱逐舰（DD）和3艘护卫舰（DE）；第2护卫队群部署在佐世保海军基地，编制包括11艘驱逐舰；第3护卫队群部署在舞鹤海军基地，编制包括2艘护卫舰和3艘巡逻艇（PF）。按照作战能力划分，第1和第2护卫队群为主力护卫队群，第3护卫队群由于由老式军舰组成，因此是支援护卫队群。再后来，1971年，第4护卫队群在吴港海军基地创建。至此，护卫舰队正式确立由远洋和近海各两个护卫队群组成的总计4个护卫队群的编制体制。

随着日本海上自卫队实力的不断强大，以护卫队群为战术作战单元的运用构想开始逐步形成。最开始构想时，这些护卫队群在战争及地区冲突期间的最核心任务是承担日本船队护航。不过，在此期间，护卫舰队还没有具体研究什么样的战术单元最适合执行类似任务。在2次防制定阶段的1959年，日本海上自卫队开始考虑创建反潜扫讨群，这种猎潜部队的核心是标准排水量为8000吨级的直升机航母（CVH），以此作战构想为基础，护卫舰队开始推进直升机航母的基本设计。然而，由于预算上的问题，日本政府认为装备此类大型水面舰艇为时尚早，所以直升机航母计划最终取消，反潜扫讨群的作战构想也彻底破灭。

下面就1966年7月16日的护卫舰队编制可以看出当时的日本水面舰艇实力，

此时编制包括护卫舰队旗舰以及第1护卫队群、第2护卫队群和第3护卫队群。

具体编制如下：

护卫舰队旗舰为“秋月”号（DD-161）驱逐舰，其母港为横须贺海军基地；

第1护卫队群（部署横须贺海军基地）编制包括“照月”号（DD-162）驱逐舰、“天津风”号（DDG-163）导弹驱逐舰、第8护卫队（部署横须贺海军基地）和第9护卫队（部署横须贺海军基地）。其中，第8护卫队编制“矶波”号（DD-104）驱逐舰和“敷波”号（DD-106）驱逐舰，第9护卫队编制“绫波”号（DD-103）驱逐舰和“浦波”号（DD-105）驱逐舰。

第2护卫队群（部署佐世保海军基地）编制包括“春风”号（DD-101）驱逐舰（佐世保海军基地）、第10护卫队（舞鹤海军基地）、第11护卫队（吴港海军基地）和第21护卫队（佐世保海军基地）。其中，第10护卫队编制“村雨”号（DD-107）驱逐舰、“夕立”号（DD-108）驱逐舰和“春雨”号（DD-109）驱逐舰。第11护卫队编制“高波”号（DD-110）驱逐舰、“大波”号（DD-111）驱逐舰和“卷波”号（DD-112）驱逐舰。第21护卫队编制“山云”号（DD-113）驱逐舰和“卷云”号（DD-114）驱逐舰。

第3护卫队群（部署舞鹤海军基地）编制包括“雪风”号（DD-102）驱逐舰、第7护卫队（吴港海军基地）、第31护卫队（舞鹤海军基地）和第32护卫队（舞鹤海军基地）。其中，第7护卫队编制“曙”号（DE-201）护卫舰、“雷”号（DE-202）护卫舰和“电”号（DE-203）护卫舰，第31护卫队编制“五十铃”号（DE-211）护卫舰和“最上”号（DE-212）护卫舰，第32护卫队编制“北上”号（DE-213）护卫舰和“大井”号（DE-214）护卫舰。

制定“8舰6机体制”时代（3次防至4次防期间）

在第3次防卫力整备计划（日本第3次国防力量发展计划，简称3次防）期间（1967年至1971年），护卫舰队构想在执行船队护航任务时，为了实施有效的反潜攻击，每个护卫队群必须配备8艘驱逐舰，在任务展开时，还至少需要4架直升机。这4架直升机的编制数量只可运用于平常条件下的展开部署，如果在冲突条件下还要升至6架，这些内容便是“8舰6机体制”的基本作战运用构想。

在第4次防卫力整备计划（日本第4次国防力量发展计划，简称4次防）期间（1972年至1977年），通过作战运筹学的方法，日本海上自卫队对“8舰6机体制”

进行了具体化。其结果是：8艘驱逐舰的配备数量并没有变化，不过，假设敌潜艇突破了护卫队群构筑的警戒线而对日本船队发动了攻击，这时，单凭驱逐舰很难对敌方的核潜艇进行再捕捉。在这种情况下，如果同时投入4架装备有吊放式声呐的反潜直升机，那么其中3架可通过吊放声呐对敌潜艇进行追踪，而另1架可通过机载鱼雷攻击对敌潜艇发起有效反击。根据运筹学计算，上述这种作战构想具备极高的有效性，因此备受护卫舰队期待。而且，当时的无人反潜直升机已经达到装备化水平，这种直升机可作为远距离反潜武器对敌潜艇实现远距离攻击。这样，在敌潜艇对日本船队发起攻击之前，护卫队群就可先发制人地对敌潜艇进行捕捉，直到击沉之。

另一方面，为了有效应对针对日本船队的空中威胁，在4次防期间，护卫队群还在探索构筑拥有大纵深的防空火力网。当时，防空火力网中最有效的防御手段是防空导弹。基于这种判断，日本海上自卫队为唯一的导弹驱逐舰“天津风”号（35DDG）安装了当时世界上最先进的舰载防空导弹系统，这就是“鞑靼人”防空导弹系统。作为“鞑靼人”系统的有效补充，护卫队群还增加了可实施远程防空射击的高性能MK42型5英寸[a]54倍径单速射型舰炮。然而，基于预算等方面的考虑，护卫队群很难为所有的编入驱逐舰配备这样的舰炮。

经过上述探索，护卫队群开始成为护卫舰队的战术单元，其具体编成包括2艘可搭载3架HSS−2型反潜巡逻直升机的直升机驱逐舰（DDH）、1艘搭载“鞑靼人”防空导弹系统的导弹驱逐舰（DDG）和1艘防空多目的驱逐舰（DDA），这4艘驱逐舰是每个护卫队群的反潜核心骨干，另有4艘反潜驱逐舰（DDK）对上述护卫队进行补充。这就是日本海上自卫队制定的所谓“8舰6机体制”的反潜作战构想。在这个体制中，直升机驱逐舰（DDH）、导弹驱逐舰（DDG）和防空多目的驱逐舰（DDA）皆可通过舰载5英寸54倍径的单装速射炮实施舰队防空，至于4艘反潜驱逐舰（DDK）所安装的3英寸50倍径联装速射炮则仅限于拥有单舰防空能力。基于“8舰6机体制”的作战构想，日本海上自卫队开始进行大规模力量发展，这样军舰的建造计划包括榛名级（43DDH）直升机驱逐舰、太刀风级（46DDG）导弹驱逐舰、高月级（38DDA）防空多目的驱逐舰、山云级（37DDK）反潜驱逐舰以及峰云级（40DDK）。随着4次防期间白根级（50DDH）直升机驱逐舰的服役，截至1981年，四大护卫队群中的远洋第1和第2护卫队群率

a 1英寸（in）=25.4毫米（mm）。

先实现了“8舰6机体制”。不过，近海护卫队群中的第3和第4护卫队群离实现“8舰6机体制”的目标还有很大的差距。此外，在4次防的计划阶段期间，为了充实“8舰6机体制”的航空作战能力以及舰队防空导弹作战能力，护卫舰队还计划为每个护卫队群装备1艘8700吨级直升机母舰（DLH）。然而，由于各种原因，这项计划最终取消。

从1981年3月27日的护卫舰队编制可以看出“8舰6机体制”时代日本水面舰艇的实力。此时，护卫舰队编制包括护卫舰队旗舰以及第1护卫队群、第2护卫队群、第3护卫队群和第4护卫队群。

具体编制如下：

护卫舰队旗舰为“秋月”号（DD−161）驱逐舰，其母港为横须贺海军基地；

第1护卫队群（部署横须贺海军基地）编制包括护卫队群直辖舰“高月”号（DD−164）驱逐舰（部署横须贺海军基地）、第22护卫队（部署吴港海军基地）、第51护卫队（部署横须贺海军基地）和第61护卫队（部署横须贺海军基地）。其中，第22护卫队编制包括“峰云”号（DD−116）驱逐舰、“夏云”号（DD−117）驱逐舰和“村云”号（DD−118）驱逐舰，第51护卫队编制“比睿”号（DDH−142）直升机驱逐舰和“白根”号（DDH−143）直升机驱逐舰，第61护卫队编制“天津风”号（DDG−163）导弹驱逐舰和“朝风”号（DDG−169）导弹驱逐舰。

第2护卫队群（部署佐世保海军基地）编制包括护卫队群直辖舰“太刀风”号（DDG−168）导弹驱逐舰（部署佐世保海军基地）、第1护卫队（吴港海军基地）、第23护卫队（佐世保海军基地）和第52护卫队（佐世保海军基地）。其中，第1护卫队编制“菊月”号（DD−165）驱逐舰和“望月”号（DD−166）驱逐舰，第23护卫队编制“朝云”号（DD−115）驱逐舰、“青云”号（DD−119）驱逐舰和“秋云”号（DD−120）驱逐舰。第52护卫队编制“榛名”号（DDH−141）直升机驱逐舰和“鞍马”号（DDH−144）直升机驱逐舰。

第3护卫队群（部署舞鹤海军基地）编制包括护卫队群直辖舰“长月”号（DD−167）驱逐舰（部署舞鹤海军基地）、第10护卫队（舞鹤海军基地）和第21护卫队（佐世保海军基地）。其中，第10护卫队编制“村雨”号（DD−107）驱逐舰、“夕立”号（DD−108）驱逐舰和“春雨”号（DD−109）驱逐舰。第21护卫队编制“山云”号（DD−113）驱逐舰、“卷云”号（DD−114）驱逐舰和“夕云”号（DD−121）驱逐舰。

第4护卫队群（部署横须贺海军基地）编制包括护卫队群直辖舰“照月”号

（DD-162）驱逐舰（部署横须贺海军基地）、第9护卫队（横须贺海军基地）和第35护卫队（大凑海军基地）。其中，第9护卫队编制“绫波”号（DD-103）驱逐舰和“浦波”号（DD-105）驱逐舰，第35护卫队编制“十胜”号（DE-218）护卫舰、“千岁”号（DE-220）护卫舰和“能代”号（DE-225）护卫舰。

探索“8舰10机体制”时代（4次防期间）

20世纪70年代，苏联海军开始大量配备反舰巡航导弹，日本海上自卫队不得不迅速作出反应，于是便出现了“8舰10机体制”的作战构想。随着苏联海军配备了潜射（潜艇发射）巡航导弹（USM），在这种情况下，苏联海军即使不突破由护卫队群构筑起来的反潜警戒线，其潜艇照样可对日本船队发起毁灭性的攻击。与此同时，苏军还大量配备空射巡航导弹（ASM）。一时间，日本海上自卫队面临着来自苏联的严峻挑战。

此外，苏联海军航空兵部队还组建了由4机编队组成的基本战术部队。4机编队分成2组，每组由2架“熊”远程轰炸机组成，这样的战术部队可从多个方向上对日本船队发起同时攻击。为了有效应对这种强大的威胁，作为基本战术单元的护卫队群至少须编制2艘各安装2部导弹射击指挥装置的导弹驱逐舰（DDG）。与此同时，美国海军的航母舰载反潜直升机也发生了重大转变。美国海军对传统的SH-3A反潜直升机所搭载的声呐浮标及机载磁性探测器（MAD）等反潜装备进行了大规模改良，从而开发出SH-3H反潜直升机。

一直以来，无人反潜直升机（DASH）由于性能及稳定性所限，发展前景有限。鉴于此，美国海军便着手探索有人直升机的舰载化方法。最开始，美国海军制订了有人驾驶反潜直升机（MASH）计划，日本海上自卫队也接受了这项计划进行OH-6J反潜直升机的舰载化探索。后来，美国海军考虑到MASH的性能表现不足，于是，最终通过SH-2F直升机开发出了MK I轻型机载多用途系统（LAMPS），这套系统安装到护卫舰级别的军舰上。

日本海上自卫队基于美国海军的研究进行了综合分析，并进行了再研究，其结论是：传统的“8舰6机体制”无法应对苏联海军的潜射巡航导弹攻击。在这种情况下，基于“8舰6机体制”的作战构想，日本海上自卫队又提出了“8舰10机体制”，即以“8舰6机体制”为基础，将直升机驱逐舰（DDH）的舰载反潜直升机更新为HSS-2B直升机（相当于SH-3H反潜直升机）。同时，用第2艘导弹驱逐舰（DDG）来代替进行过多目标优化的的驱逐舰（DDA），以搭载1架SH-2F直升机的通用驱逐舰（DD）来代替反潜驱逐舰（DDK）。从这个编制变化来看，对比“8舰6机体制”“8舰10机体制”的反潜作战能力有大幅度的提升。

确立“8舰8机体制”（后4次防至13中期防）

在制定“8舰10机体制”时存在着两个方面的问题。首先，从舰载航空系统设计来看，通用驱逐舰无法为舰载反潜直升机的运用提供充分的后勤保障，这样的高度保障要求只能依靠直升机驱逐舰来完成。然而，当时的直升机驱逐舰只能为HSS-2B和SH-2F反潜直升机提供必要的维修人员及备用零部件，至于全面的后勤保障能力还谈不到，尤其是在维修人员的能力方面还存在着很大的困难。其次，同时运用两种反潜直升机将会大大提高装备成本，从政策上来讲，这会让后续的装备计划很难展开。

为此，日本海上自卫队对通用驱逐舰能否搭载固定的HSS-2B反潜直升机进行了认真的技术论证与试验。在当时的条件下，就全世界范围来看，利用通用驱逐舰级别的军舰来搭载“海王”反潜直升机的先例还没有，这在安全性问题上存在着很大程度的悬念。于是，日本海上自卫队进行了反潜直升机的搭载试验。首先，日本海上自卫队在“早濑”号扫雷母舰上进行了反潜直升机的搭载试验。经过测试证明，通用驱逐舰可以搭载运用反潜直升机。在此基础上，日本海上自卫队决定反潜直升机只保留HSS-2B一个机型。

在搭载试验测试基础上，日本海上自卫队又进行了运筹学方面的测试。经过测试，在只使用HSS-2B直升机的情况下，搭载直升机总数保持在8架时效果最好。护卫队群的舰队防空需要至少2艘导弹驱逐舰，余下6艘军舰编制名额。如果要保证具备8架反潜直升机的搭载能力，那么就要保证有1艘可搭载3架直升机的直升机驱逐舰，以及5艘可搭载1架直升机的通用驱逐舰。于是，“8舰8机体制”的护卫队群运用方针便就此确定了下来。这个“8舰8机体制”仿照了日本帝国时代海军“八八舰队”的体制，也被称为“新八八舰队”。

从作战运用上来看，“8舰8机体制”是一个非常完美的战术作战单元，为了保证平常条件下有一个这样的战术单元保持高度的战备状态，护卫舰队就必须拥有4个具备“8舰8机体制”的战术单元。于是，日本海上自卫队决定维持4个护卫队群编制的体制，所有护卫队群编成均按照“8舰8机体制”的标准执行。

此外，在1986年至1987年期间，基于当时日本防卫厅洋上防空体制研究会（简称“洋防研”）的研究成果，根据61中期防，日本海上自卫队决定开始采购宙斯盾导弹驱逐舰，这将会大大提升每个护卫队群的舰队防空作战能力。

1995年3月16日，随着“雾岛”号（02DDG）宙斯盾导弹驱逐舰的服役，日本海上自卫队4个护卫队群全部实现了“8舰8机体制”的装备编成标准。当时，每个护卫队群旗舰均由护卫队群直辖舰的直升机驱逐舰担任，另外7艘军舰由2艘导弹驱逐舰以及2艘或3艘通用驱逐舰编成的3个护卫队组成。

分析1998年3月20日的护卫舰队编制，可以看出“8舰8机体制”时代日本水面舰艇的实力。此时，护卫舰队编制包括护卫舰队旗舰以及第1护卫队群、第2护卫队群、第3护卫队群和第4护卫队群。

具体编制如下：

护卫舰队旗舰为“太刀风”号（DDG-168）驱逐舰，其母港为横须贺海军基地；

第1护卫队群（部署横须贺海军基地）编制包括护卫队群直辖舰“白根”号（DDH-143）直升机驱逐舰（部署横须贺海军基地）、第1护卫队（部署横须贺海军基地）、第5护卫队（部署横须贺海军基地）和第61护卫队（部署横须贺海军基地）。其中，第1护卫队编制包括“村雨”号（DD-101）驱逐舰和“春雨”号（DD-102）驱逐舰，第5护卫队编制“夕雾”号（DD-153）驱逐舰、“天雾”号（DD-154）驱逐舰和“海雾”号（DD-158）驱逐舰，第61护卫队编制“旗风”号（DDG-171）导弹驱逐舰和“雾岛”号（DDG-174）宙斯盾导弹驱逐舰。

第2护卫队群（部署佐世保海军基地）编制包括护卫队群直辖舰“鞍马”号（DDH-144）直升机驱逐舰（部署佐世保海军基地）、第2护卫队（佐世保海军基地）、第6护卫队（佐世保海军基地）和第62护卫队（佐世保海军基地）。其中，第2护卫队编制“朝雪”号（DD-132）驱逐舰和“岛雪”号（DD-133）驱逐舰，第6护卫队编制“朝雾”号（DD-151）驱逐舰、“山雾”号（DD-152）驱逐舰和“泽雾”号（DD-157）驱逐舰，第62护卫队编制“泽风”号（DDG-170）导弹驱逐舰和“金刚”号（DDG-173）宙斯盾导弹驱逐舰。

第3护卫队群（部署舞鹤海军基地）编制包括护卫队群直辖舰“榛名”号（DDH-141）直升机驱逐舰（部署舞鹤海军基地）、第3护卫队（舞鹤海军基地）、第7护卫队（大凑海军基地）和第63护卫队（舞鹤海军基地）。其中，第3护卫队编制“峰雪”号（DD-124）驱逐舰和“滨雪”号（DD-126）驱逐舰，第7护卫队编制“泽雪”号（DD-125）驱逐舰、“滨雾”号（DD-155驱逐舰）和“濑户雾”号（DD-156）驱逐舰，第63护卫队编制“岛风”号（DDG-172）导弹驱逐舰和“妙高”号（DDG-175）宙斯盾导弹驱逐舰。

第4护卫队群（部署吴港海军基地）编制包括护卫队群直辖舰“比睿”号（DDH-142）直升机驱逐舰（部署吴港海军基地）、第4护卫队（吴港海军基地）、第8护卫队（吴港海军基地）和第64护卫队（佐世保海军基地）。其中，第4护卫队编制“矶雪”号（DD-127）驱逐舰、“春雪”号（DD-128）驱逐舰和“濑户雪”号（DD-131）驱逐舰，第8护卫队编制“山雪”号（DD-129）驱逐舰和“松雪”号（DD-130）驱逐舰，第64护卫队编制“朝风”号（DDG-169）导弹驱逐舰和“鸟海”号（DDG-176）宙斯盾导弹驱逐舰。

另有6艘护卫舰队直辖舰，分别是“吾妻”号（ATS-4201）训练支援舰（吴港海军基地）、“黑部”号（ATS-4202）训练支援舰（吴港海军基地）、“相模”号（AOE-421）补给舰（佐世保海军基地）、“十和田”号（AOE-422）补给舰（吴港海军基地）、“常磐”号（AOE-423）补给舰（横须贺海军基地）和“滨名”号（AOE-424）补给舰（佐世保海军基地）。

平成时代的大规模改编（17中期防至2013年）

根据《平成17年度以后的防卫计划大纲》，即16大纲，日本海上自卫队正式确立了“事态对处责任者”（FORCE USER，即拥有部队作战指挥权的高级将领）和“练度管理责任者”（FORCE PROVIDER，即部队战备水平管理的高级将领）的概念。同时，驱逐舰编制总数也由50艘下降至47艘，地方配备的护卫队也减少至5个。此外，护卫队群编制也发生了重大变化，“8舰8机体制”不复存在，具体变化是：每个护卫队由4艘驱逐舰编成，两个护卫队编成1个护卫群，每个护卫队群编成包括一个由1艘直升机驱逐舰或直升机母舰、1艘导弹驱逐舰或宙斯盾导弹驱逐舰和两艘通用驱逐舰组成的以直升机驱逐舰（DDH）或直升机母舰为核心的护卫队以及一个由1艘导弹驱逐舰或宙斯盾导弹驱逐舰和3艘通用驱逐舰组成的以导弹驱逐舰（DDG）或宙斯盾导弹驱逐舰为核心的护卫队。

随着采取全贯通飞行甲板设计的日向级（16DDH）直升机母舰的服役以及日本海上自卫队第一个拥有舰载反潜直升机运用能力的爱宕级宙斯盾导弹驱逐舰的服役，护卫舰队中每个护卫队群的反潜直升机运用数量首次增加至8架以上。

2008年3月26日，日本海上自卫队正式对16大纲规划的改编进行了落实。截至此时，4个护卫队群原有的两个护卫队改编成8个护卫队，其中4个是以直升机驱逐舰或直升机母舰为核心的护卫队，4个是以导弹驱逐舰或宙斯盾导弹驱逐舰为核心的护卫队。此外，五大地方队编制下的6个护卫队全部撤销，它们原有的驱逐舰全部编入新成立的护卫舰队直辖护卫队内，同时新成立了第1海上训练支援队。

改编之后，每个护卫队群下属的各护卫队都集中到一个母港内，不过，每个护卫队编制下的各驱逐舰母港却分散到日本五大舰队海军基地（分别是横须贺海军基地、佐世保海军基地、吴港海军基地、舞鹤海军基地和大凑海军基地）内，其中有例外，那就是两位数编号的护卫队除外。比如：护卫舰队直辖护卫队编号都为两位数，这些护卫队所属的各驱逐舰都集中在一个母港内而没有分散到五大舰队海军基地内。

经过16大纲改编之后，护卫舰队成为日本水面舰艇战备水平等业务管理的舰种司令部，也就是“练度管理责任者”。至于军舰运用的管理者，即“事态对处责任者”，也就是拥有作战指挥权的责任者为自卫舰队司令官及五大地方总监。

伴随此次改编，2008年4月1日，护卫舰队司令部不再是日本的海上部队。此后，它只负责战备训练任务，而没有四大护卫队群的作战指挥权。

此外，随着日本自卫队海外派遣任务的不断增加，派遣舰队对补给舰的机动运用需求也不断提高。在这种情况下，2006年4月，护卫舰队编成了由5艘补给舰组成的第1海上补给队，其司令部设在横须贺海军基地内。在此期间，原来由自卫舰队直辖的第1运输队也改成护卫舰队直辖部队。

基于2010年12月17日日本内阁决定的《平成23年度以后的防卫计划大纲》（2010年为平成22年，故简称22大纲），两位数编号的护卫队将由5个减少至4个，这些护卫队预定进行机动运用化改编，驱逐舰编制总数也由47艘升至48艘。

从2013年4月1日的护卫舰队编制可以看出16大纲改编之后日本水面舰艇的实力。

改编后护卫舰队编制分成机动运用部队、地方配备部队和护卫舰队直辖部队三个部分。其中，机动运用部队包括第1护卫队群、第2护卫队群、第3护卫队群和第4护卫队群；地方配备部队包括第11护卫队、第12护卫队、第13护卫队、第14护卫队和第15护卫队；护卫舰队直辖部队包括海上训练指导队群、第1海上补给队、第1运输队和第1海上训练支援队。

具体编制如下：

第1护卫队群（司令部：横须贺海军基地长浦地区）编制第1护卫队和第5护卫队。其中，第1护卫队编制包括第1护卫队群旗舰“日向号”（DDH-181）直升机母舰以及“岛风”号（DDG-172）导弹驱逐舰、“村雨”号（DD-101）驱逐舰和“雷”号（DD-107）驱逐舰，第5护卫队编制“金刚”号（DDG-173）宙斯盾导弹驱逐舰、“曙”号（DD-108）驱逐舰、“泽雾”号（DD-157）驱逐舰和“秋月”号（DD-115）驱逐舰。

第2护卫队群（司令部：佐世保海军基地）编制第2护卫队和第6护卫队。其中，第2护卫队编制包括第2护卫队群旗舰“鞍马”号（DDH-144）直升机驱逐舰以及“足柄”号（DDG-178）宙斯盾导弹驱逐舰、“春雨”号（DD-102）驱逐舰和“天雾”号（DD-154）驱逐舰。第6护卫队编制“鸟海”号（DDG-176）宙斯盾导弹驱逐舰、“高波”号（DD-110）驱逐舰、“大波”号（DD-111）驱逐舰和照月号（DD-116）驱逐舰。

第3护卫队群（司令部：舞鹤海军基地）编制第3护卫队和第7护卫队，其中，第3护卫队编制包括第3护卫队群旗舰“白根”号（DDH-143）直升机驱逐、“爱宕”号（DDG-177）宙斯盾导弹驱逐舰、“卷波”号（DD-112）驱逐舰和“铃波”号（DD-114）驱逐舰。第7护卫队编制“妙高”号（DDG-175）宙斯盾导弹驱逐舰、“夕立”号（DD-103）驱逐舰、“有明”号（DD-109）驱逐舰和“濑户雾号”（DD-156）驱逐舰。

第4护卫队群（司令部：吴港海军基地）编制第4护卫队和第8护卫队。其中，第4护卫队编制包括第4护卫队群旗舰“伊势”号（DDH-182）直升机母舰以及“旗风”号（DDG-171）导弹驱逐舰、“五月雨”号（DD-106）驱逐舰和“海雾”号（DD-158）驱逐舰。第8护卫队编制“雾岛”号（DDG-174）宙斯盾导弹驱逐舰、“雾雨”号（DD-104）驱逐舰、“电”号（DD-105）驱逐舰和“涟”号（DD-113）驱逐舰。

第11护卫队（司令部：横须贺海军基地）编制“山雾”号（DD-152）驱逐舰、“山雪”号（DD-129）驱逐舰和“夕雾”号（DD-153）驱逐舰。

第12护卫队（司令部：吴港海军基地）编制“阿武隈”号（DE-229）护卫舰、“川内”号（DE-232）护卫舰和“利根”号（DE-234）护卫舰。

第13护卫队（司令部：佐世保海军基地）编制“矶雪”号（DD-127）驱逐舰、“春雪”号（DD-128）驱逐舰、“朝雪”号（DD-132）驱逐舰和“神通”

号（DE-230）护卫舰。

第14护卫队（司令部：舞鹤海军基地）编制“朝雾”号（DD-151）驱逐舰和“松雪”号（DD-130）驱逐舰。

第15护卫队（司令部：大湊海军基地）编制“滨雾”号（DD-155）驱逐舰、“大淀”号（DE-231）护卫舰和“筑摩”号（DE-233）护卫舰。

海上训练指导队群（司令部：横须贺海军基地），无编制军舰。

第1海上补给队（司令部：横须贺海军基地）编制“十和田”号（AOE-422）补给舰、“常磐”号（AOE-423）补给舰、“滨名”号（AOE-424）补给舰、“摩周”号（AOE-425）补给舰和“青海”号（AOE-426）补给舰。

第1运输队（司令部：吴港海军基地）编制“大隅”号（LST-4001）、“下北”号（LST-4002）和“国东”号（LST-4003）运输舰。

第1海上训练支援队（司令部：横须贺海军基地）编制“黑部”号（ATS-4202）和“天龙”号（ATS-4203）训练支援舰。

护卫舰队历代旗舰及相当旗舰职责的直辖舰

自1961年日本海上自卫队护卫舰队设立旗舰职责以来，护卫舰队共经历了4代旗舰以及1代直辖舰，基本概况如下：

护卫舰队第一代旗舰为“照月”号（32DDC）驱逐舰，任期为1961年9月1日至1969年9月1日。

护卫舰队第二代旗舰为“秋月”号（32DDC）驱逐舰，任期为1969年9月1日至1985年3月27日。

护卫舰队第三代旗舰为“丛云”号（42DDK）驱逐舰，任期为1985年3月27日至1998年3月16日。

护卫舰队第四代旗舰为“太刀风”号（46DDG）导弹驱逐舰，任期为1998年3月16日至2007年1月15日。

护卫舰队直辖舰只有一代，为“泽风”号（DDG-170）导弹驱逐舰，任期为2007年3月25日至2010年6月25日。

随着“泽风”号的退役，护卫舰队正式撤销了护卫舰队旗舰及其相当职能的直辖舰，今后，护卫舰队没有配备旗舰的预定计划。

| 第二节 | 护卫舰队编成及司令部构成

从整个日本海上力量来看，作为水面舰艇部队的护卫舰队是日本最精锐的作战力量，其中，四大护卫队群更是这些精锐中的精锐，每个护卫队群就是一支标准的反潜型舰队，它们具有亚洲最强大的反潜作战能力以及海基弹道导弹拦截、舰队防空（战区防空）、僚舰防空（区域防空）、单舰防空（点防空）、反舰、反恐、反游击、对地攻击、两栖投送等全面的作战能力。今天的四大护卫队群必将会成为未来太平洋及印度洋，甚至是更远大洋的日本攻击舰队群主力。

2013年根据“16大纲”确定的护卫舰队编制体制

目前，护卫舰队司令部设在横须贺海军基地船越地区内，舰队司令官为海军中将（3星）军衔，他与自卫舰队司令官同级，并且是仅次于海上幕僚长的4星上将军衔。根据2010年12月17日日本内阁决定的《平成23年度以后的防卫计划大纲》(2010年为平成22年，故简称22大纲)，护卫舰队由总计48艘驱逐舰以及大多数的舰队作战辅助舰艇组成。

根据16大纲，目前护卫舰队司令官只负责护卫舰队的战备及训练水平管理业务，也就是说护卫舰队司令官只是日本水面舰艇部队的战备与训练水平管理的最高责任者，至于作战指挥则由自卫舰队司令官和五大地方队的地方总监负责。

根据16大纲之后的改编，护卫舰队的主力作战部队共由4个护卫队群组成，每个护卫队群编制8艘驱逐舰，4个护卫队群共计编成32艘驱逐舰，各个护卫队群司令由海军少将（2星）担任。每个护卫队群由两个护卫队组成，每个护卫队由4艘驱逐舰编成。每个护卫队群各编制一个以直升机驱逐舰（DDH）或直升机母舰为核心的护卫队和一个以导弹驱逐舰（DDG）或宙斯盾导弹驱逐舰为核心的护卫队，因此，以直升机驱逐舰为核心的护卫队也称直升机驱逐舰护卫队，以导弹驱逐舰为核心的护卫队也称导弹驱逐舰护卫队。

除4个护卫队群及8个护卫队外，护卫舰队司令部另直辖有5个护卫队，编制总计16艘驱逐舰。根据上述护卫队编制，4个护卫队群主要由自卫舰队司令官指挥，而5个护卫舰队直辖护卫队则由五大地总监指挥。

截至2013年10月，护卫舰队由护卫舰队司令部、机动运用部队、地方配备部队和护卫舰队直辖部队总计三支部队组成。

其中，机动运用部队由第1护卫队群、第2护卫队群、第3护卫队群和第4护卫队群共四个护卫队群组成；地方配备部队由第11护卫队、第12护卫队、第13护卫队、第14护卫队和第15护卫队共计五个护卫队组成；护卫舰队直辖部队由海上训练指导队群、第1海上补给队、第1运输队和第1海上训练支援队共四支部队组成。

四大护卫队群的各自特点

根据所承担任务变化的不同，日本海上自卫队护卫舰队四大护卫队群具备各自不同的特点。

第1护卫队群因为参加的公开宣布报道任务比较多，因此，也称“宣传之1群”。为了树立日本海上自卫队良好的国际形象，最新服役的主力战舰往往会最先装备到这个护卫队群，比如日本海上自卫队装备的第一艘直升机母舰日向级1号舰“日向”号（DDH-181）就最先装备至第1护卫队群，并承担旗舰职责。

第2护卫队群因为战备训练水平最高，因此，也称“训练之2群”。此外，由于第2护卫队群司令部部署在日本九州地区的佐世保海军基地内，护卫队群内的舰员和水兵们大多出身自九州地区。九州地区的生活环境非常安定，第2护卫队群的士气也非常高。整体来看，第2护卫队群是日本与韩国、中国国境线毗连的精锐部队。

第3护卫队群出过东乡平八郎海军元帅这样的大人物，因此，在这支护卫队群服役的自卫官可以很容易晋升为指挥官，因此，第3护卫队群也称“文书之3群”。目前，第3护卫队群作战责任区为宽阔的日本海，它是直接针对朝鲜和俄罗斯的最前线部队。另外，第3护卫队群还有“田舍之3群”的别名，田舍就是部队。

第4护卫队群设在吴港海军基地内，由于身处温暖的濑户内海这样一个战略预备位置，因此，也称“预备之4群”。另外，第4护卫队群还有“修理之4群”的别名，这主要是因为这个队群是配备了大量陈旧驱逐舰的部队。不过，2011年日本东北地区大地震期间，日向级2号舰“伊势”号（DDH-182）直升机母舰配备到第4护卫队群，因此这个别名实际上已经过时了。

第1护卫队群

第1护卫队群是护卫舰队下属驱逐舰部队之一，其队群司令部设在横须贺海军基地长浦地区内，编制总兵力大约为1500人，为日本水面舰艇部队精锐中的精锐。

第1护卫队群正式创建于1954年（昭和29年）7月1日，它是日本水面舰艇部队中发展历史最悠久的部队之一，比日本海上自卫队的发展历史还要早。事实上，第1护卫队群的前身是成立于1953年（昭和28年）4月1日的日本保安厅警备队第1船队群。之后，1954年7月1日，随着日本防卫厅下属日本海上自卫队的创建以及自卫舰队的正式成立，第一船队群才正式改编为第1护卫队群。1961年（昭和36年）9月1日，随着护卫舰队正式成立，第1护卫队群由自卫舰队直辖变成护卫舰队下属部队。2008年3月26日，护卫队群编制由3个护卫队变成两个。

自1953年成立以来，第1护卫队群司令经历了第1船队群司令与第1护卫队群司令两个时期，这些司令基本都为2星海军少将军衔，个别司令到任时为海军上校军衔，不过，到任之后不久也都调整为海军少将。1953年至1954年，第1船队群司令只有1任。自1954年之后，第1护卫队群司令经历了41任。

位于横须贺海军基地长浦地区内的第1护卫队群司令部办公室正门

第2护卫队群

第2护卫队群为护卫舰队下属驱逐舰部队之一，日本水面舰艇部队的精锐之一，其队群司令部设在日本长崎县佐世保市内的佐世保海军基地。

1953年（昭和28年），作为第2护卫队群前身的第2船队群正式成立，当时，它是隶属于日本保安厅警备队的编制部队。

1954年（昭和29年）7月1日，随着日本防卫厅下属日本海上自卫队及自卫舰队的创建，第2船队群经过改编后正式更名为第2护卫队群。

1961年（昭和36年）9月1日，随着护卫舰队的正式成立，第2护卫队群由自卫舰队直辖变为护卫舰队直辖。

2008年（平成20年）3月26日，第2护卫队群下属护卫队编制由3个减少至两个。

自1953年创建以来，第2船队群司令经历了1任，第2护卫队群司令共经历了43任。

第3护卫队群

第3护卫队群是护卫舰队下属驱逐舰部队之一，其队群司令部设在日本京都府舞鹤市内的舞鹤海军基地，它是日本海军自卫队自卫舰队创建的第三个护卫队群。1960年（昭和35年）12月1日，自卫舰队继第1护卫队群和第2护卫队群之后新编了第3护卫队群。

1961年（昭和36年）9月1日，随着护卫舰队的创建，第3护卫队群由自卫舰队直辖改为护卫舰队直辖。

2008年3月26日，第3护卫队群下属护卫队编制由3个减少至两个。

与第1护卫队群和第2护卫队群不同，第3护卫队群并没有经历船队群时期，自1960年创建以来，第3护卫队群司令共经历了43任。

位于舞鹤海军基地内的第3护卫队群司令部办公室正门，可见门口摆放着古代日本的武士头盔，日本的尚武精神由此可见一斑

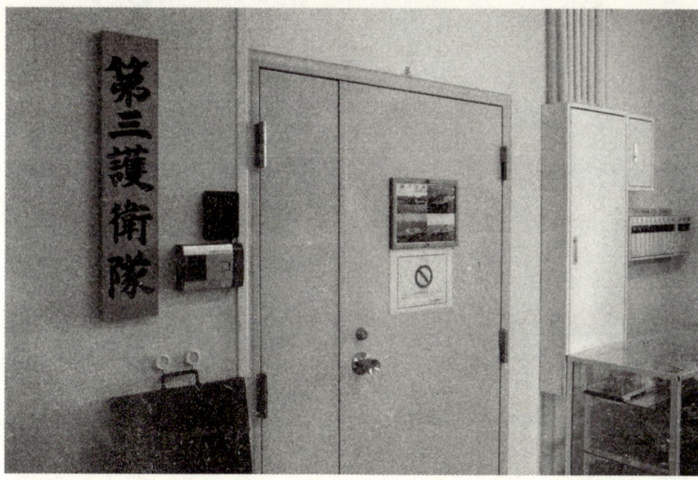

位于舞鹤海军基地内的第3护卫队群之第3护卫队司令部办公室正门

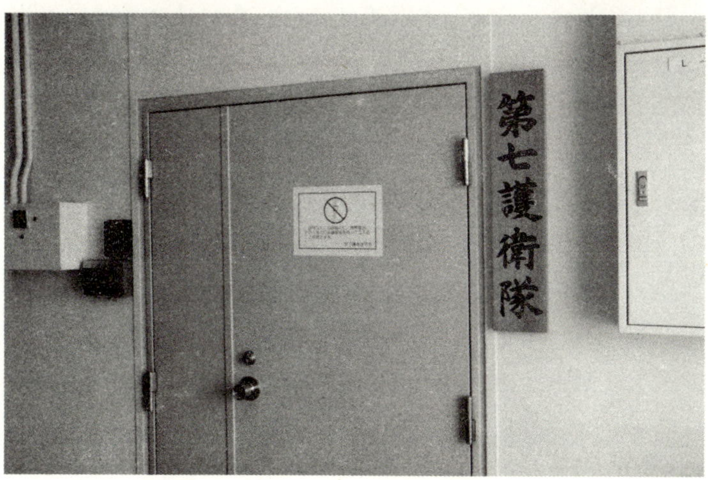

位于舞鹤海军基地内的第3护卫队群之第7护卫队司令部办公室正门

第4护卫队群

第4护卫队群为护卫舰队下属四大驱逐舰部队之一，其司令部设于日本广岛县吴市内的吴港海军基地。

1971年（昭和46年）2月1日，护卫舰队新编第4护卫队群。

2008年（平成20年）3月26日，第4护卫队群下属护卫队编制由3个减少至两个。

自1971年创建以来，第4护卫队群司令共经历了32任。

位于吴港海军基地内的第4护卫队群司令部与练习舰队司令部办公场所正门

护卫舰队地方配备部队

截至2013年10月，护卫舰队地方配备部队共由5支护卫舰队直辖护卫队（两位数编号的护卫队）组成，分别是第11护卫队、第12护卫队、第13护卫队、第14护卫队和第15护卫队。本章第一节已经介绍过这几支护卫队的编制。

位于舞鹤海军基地内的第14护卫队司令部办公室正门

海上训练指导队群——日本海上训练部队、战斗力生成部队

海上训练指导队群是护卫舰队隶属下的日本海上训练部队，其司令部设在横须贺海军基地新井地区内。

目前，海上训练指导队群司令由一名海军上校担任，另设首席幕僚2名，分别是一名海军上校的幕僚和一名海军中校的副官，他们的主要职责是帮助司令完成司令部的日常工作。

截至2013年10月，海上训练指导队群的部队编成包括5个海上训练指导队和1个制导武器教育训练队，它们分别是横须贺海上训练指导队（横须贺海军基地新井地区）、吴海上训练指导队（吴港海军基地）、佐世保海上训练指导队（佐世保海军基地干尽地区）、舞鹤海上训练指导队（舞鹤海军基地）、大凑海上训练指导队（大凑海军基地）和制导武器教育训练队（横须贺海军基地船越地区）。

其中，5个海上训练指导队的主要任务有3项：其一是对自卫舰（日本现役军舰，包括驱逐舰、护卫舰、补给舰等所有现役军舰）等舰员的训练进行指导；其二是对使用反潜战术训练装置的驱逐舰训练进行指导；其三是对上述训练内容进行相关的调查、研究等工作。

5个海上训练指导队编制包括一名海上训练指导队司令和一名副司令。副司令向下领导总务科、指导部和编集室（只有横须贺海上训练指导有编制）。指导部另设训练科、舰炮水雷科、船务航海科和反潜战术科（只有横须贺和佐世保海上训练指导队有编制）。

至于制导武器教育训练队，其主要职责是对日本自卫队配备的制导武器及战斗系统运用进行教育训练，为五大地方队配备的护卫队及导弹艇队提供训练支援，此外还要进行上述相关业务领域的调查与研究等工作。

制导武器教育训练队编制包括一名制导武器教育训练队司令和一名副司令。副司令向下领导总务科、训练科、教育部和研究室以及学生队。教育部另设教务科、制导武器科、情报处理科和维修科。

在日本海上自卫队的队群编制部队中，海上训练指导队群是一个历史比较悠久的部队，在其服役之间经历了多次改编。

1962年（昭和37年）7月1日，海上训练指导队群正式创建，这时该队群隶属于日本海上自卫队自卫舰队。1978年（昭和53年）7月1日，海上训练指导队群更名为开发指导队群，此时仍在自卫舰队领导之下。2002年（平成14年）3月22日，

海上训练指导队群再次恢复原来的部队名称。不过，经过这次改编之后，其上级司令部由自卫舰队更换为护卫舰队。

在自卫舰队领导期间，海上训练指导队群司令为2星海军少将，共经历了12任；在开发指导队群期间，开发指导队群司令也为2星海军少将，共经历了16任；在护卫舰队领导期间，海上训练指导队群司令军衔降为海军上校，截至2013年10月，共经历了8任。

第1海上补给队

第1海上补给队是日本海上自卫队中现役唯一的海上补给部队，它是由5艘补给舰编制组成的护卫舰队直辖补给舰部队。目前，第1海上补给队司令为海军上校军衔，部队司令部设在横须贺海军基地内。

2006年4月3日，第1海上补给队正式创建，之后划归护卫舰队编制之下，这支部队成立之后，护卫舰队直辖的补给舰全部编入作战序列。

自2006年创建以来，第1海上补给队司令经历了4任。

第1运输队——未来日本两栖战略投送部队

第1运输队内容详见第八章第一节。

第1海上训练支援队——护卫舰队海上训练支援部队

截至2013年10月，第1海上训练支援队编制2艘海上训练支援舰，分别是“黑部”号（ATS-4202）和“天龙”号（ATS-4203）。

第三章

护卫舰队兵器谱排名之直升机驱逐舰（DDH）

在3次防的制定期间，为了实现“8舰6机体制”的作战构想，日本海上自卫队正式开始建造直升机驱逐舰（DDH）这个全新的舰种。

截至2013年10月，作为直升机驱逐舰舰种，日本海上自卫队建造了第一代直升机驱逐舰榛名级、第二代直升机驱逐舰白根级、第三代直升机驱逐舰日向级（直升机母舰）和第四代直升机驱逐舰出云级（直升机母舰）。

其中，榛名级和白根级诞生于3次防与4次防期间，而日向级和出云级则为2008年护卫舰队大规模改革之后刚刚建成服役和正在建造中的全新军舰。

在日本海上自卫队及直升机驱逐舰舰种发展历史上，榛名级、白根级、日向级和出云级各有特点。其中，榛名级为第二次世界大战后第一种让日本重新获得海上空中作战能力的军舰，在当时的世界环境下，拥有3架反潜巡逻直升机搭载能力的驱逐舰舰种中只有日本有。

白根级虽然是榛名级的扩大改良型，不过，这级舰也创造了日本的历史：它是日本海上自卫队历史上第一个系统化舰，开创了日本海上信息化作战的时代。此后，日本海上自卫队的信息作战能力不断加强。

日向级是日本第一个采取全贯通飞行甲板设计的直升机驱逐舰，其反潜战设计及能力与榛名级和白根级相比有质的飞跃，最核心的体现是日向级同时起降反潜直升机的能力翻倍提升，相关的配套设施和设计也全面提升。因此，日向级拉开了日本反潜航空平台的序幕。自日向级开始日本海上自卫队反潜进入了后“8舰8机体制”时代，或可将其称为“8舰N机时代”；

出云级是日本第一个专职的海上反潜航空平台，其作为战斗舰的职能大大简化，这种设计理念完全体现了航空母舰的设计思想。

从作战功能上来看，无论是“8舰6机体制”“8舰8机体制”还是“8舰N机体制”，榛名级、白根级和日向级都具备反潜战中心、指挥舰与战斗舰的功能。因此，这3级DDH即可随护卫队群执行编队式的舰队作战任务，在这类作战任务中，它们的主要职责是承担海上反潜战中心及舰队指挥舰（护卫队群旗舰）职责，而战斗舰职责则退居次要地位。鉴于上述3级DDH具备防空、反潜、反舰、电子战等全面的单舰作战能力，因此，它们均可执行单舰作战任务。在这类作战任务中，这3级DDH中任何一艘在少量护卫驱逐舰的陪同下即可发挥战斗舰的功能，而反潜战中心及舰队指挥舰的职责则退居次要地位。

与上述3级DDH不同，出云级只有反潜战中心和指挥舰两项功能，而没有太强大的战斗舰功能。因此，出云级必须随护卫队群这样的编队执行舰队作战任务，而不能执行单舰作战任务。在编队式的舰队作战任务，出云级的防空、反潜、反舰、电子战等保护由舰队中的导弹驱逐舰及通用驱逐舰负责。

日本海上自卫队2代直升机驱逐舰与2代直升机母舰技术诸元对照列表：

		出云级直升机母舰（22/24DDH）	日向级直升机母舰（16/18DDH）	白根级直升机驱逐舰（50/51DDH）	榛名级直升机驱逐舰（43/45DDH）
排水量	标准	19500吨	13950吨	5200吨	4950吨
	满载	27000吨	19000吨	6800吨	6850吨
动力推进系统	配置方式	燃气轮机和燃气轮机联合动力装置（COGAG）		蒸汽涡轮机	
	输出功率	112000马力[1]	100000马力	70000马力	
	最大航速	30节		32节	31节
舰载武器	舰炮	无		5英寸54倍径单装速射型舰炮×2门	
		美制密集阵高性能20mm机关炮×2门			
	导弹系统	SeaRAM×2门	Mk.41 VLS×16单元（ESSM、VLA使用）	“海麻雀”防空导弹8联装发射系统×1部	
		—		“阿斯洛克”反潜导弹8联装发射系统×1部	
	鱼雷	鱼雷防御装置	3联装轻型鱼雷发射管×2部		
舰载直升机	搭载数量	14架	11架	3架	
	机型构成及数量	SH-60K×7架 MCH-101×2架	SH-60K×3架 MCH-101×1架	HSS-2B/SH-60J×3架	
	同时起降能力	可同时起降5架	可同时起降3架	不能同时起降（可连续起飞或降落2架）	

a 1马力（hp）=745.7瓦（W）。

第一节 棒名级直升机驱逐舰

在战后日本海上自卫队发展历史中，榛名级直升机驱逐舰是日本海上自卫队第一代直升机驱逐舰（DDH）。它可对舰载反潜巡逻直升机进行充分的运用，它的出现使得日本在第二次世界大战结束后重新获得海上空中作战能力。

榛名级搭载了3架舰载直升机，它是当时日本海上自卫队中拥有最强大海上航空作战能力的军舰，这级军舰在日本海上自卫队3次防期间于1968年度和1970年度各建造的一艘，目前已经全部退役。在服役期间，榛名级1号舰“榛名”号及2号舰“比睿”号分别担任各自护卫队群旗舰职责。

无论是在“8舰6机体制”时代，还是在“8舰8机体制”时代，基于非常全面的舰载武器系统及电子系统设计，榛名级既可作为护卫队群旗舰参加舰队作战任务，同时，又可实施单舰作战任务。在舰队作战任务中，榛名级可作为整个护卫队群的反潜战中心，其反潜作战单元主力为3架舰载反潜巡逻直升机，它们可实施远程反潜，另外，舰载的反潜导弹及反潜鱼雷可实施单舰反潜作战。除反潜战中心，榛名级还可利用大口径主炮为整个护卫队群提供防空补充。

在单舰作战任务中，除了非常优秀的反潜战能力外，榛名级还具备近距离防空、反舰及单舰自身防御作战能力。故此，它可脱离护卫队群，不需要僚舰提供反舰、反潜、防空保护而单独作战。不过，通常情况下，在执行单舰作战任务时，护卫队群会为榛名级配备1至2艘通用驱逐舰或导弹驱逐舰以提供安全保护。

总之，在参加高强度、多威胁的作战任务时，比如护航、海上反潜等，榛名级必须随护卫队群执行舰队作战任务；而在参加低强度、小威胁的作战任务时，比如处理可疑船只、民事紧急事态处理等，榛名级可在1至2艘僚舰的陪同下执行作战任务。

“榛名”号（DDH-141）

“比睿”号舰艏2门5英寸背负式主炮

“比睿”号舰艏部舰载武器特写，由前至后依次是1号5英寸主炮、2号5英寸主炮和3型A“海麻雀”近程防空导弹8联装发射装置

“比睿”号舰中部特写，由前至后依次是舰桥、动力舱烟囱、直升机机库，顶部安装了各种天线及电子装备，侧壁有1艘搭载艇（通常为摩托艇），主桅杆基部安装了各种雷达及雷达外罩

“比睿”号开放式舰艉设计特写，开放式舰艉上方悬挂着自卫舰旗，上层甲板为直升机甲板

日本海上自卫队第一代直升机驱逐舰的开发历史概况

早在日本海上自卫队创建之前，战后日本政府就立志于重新获得海上空中作战能力。在日本警备队创建期间，日本政府计划编成“反潜扫讨群（即HUK群）”这样具备海上空中作战能力的部队，希望美国海军能够提供轻型护卫型航空母舰。然而，由于预算、政治性等问题，这项计划最终没有实现。此外，在1次防期间，基于同样的作战思想，日本又提出可搭载6架直升机的6000吨级警备舰计划，后来又经过了造可搭载18架直升机的11000吨级警备舰的计划，在制定2

次防阶段的1959年又提出了标准排水量为8000吨级的直升机航母（CVH）计划，这些直升机母舰建造计划均因各种战后限制因素而最终取消。

进入20世纪60年代，随着苏联核潜艇的发展，日本海上自卫队迫切需要有效的应对措施。当时的苏联核潜艇具备非常强大的机动性能，可以非常轻松地摆脱反潜水面舰艇对它的追踪。故此，日本海上自卫队需要水面舰艇部队对反潜作战能力建设进行基本性的革新。

在3次防制定期间，考虑到日本海上自卫队在执行船队护航任务时，为了实施有效的反潜攻击，承担相关任务的编队必须由8艘驱逐舰构成，同时，展开部署的直升机数量要达到4架。这4架直升机只可用于平时状态下的展开部署，如果要进入高强度的作战展开部署，直升机数量就要升至6架，这就是"8舰6机体制"的基本作战构想。在此期间，随着尾翼稳定器及直升机甲板降落装置等相关技术的进步，驱逐舰级别的水面舰艇也拥有搭载强大反潜巡逻直升机的能力。在这种背景下，日本海上自卫队决定建造2艘可搭载3架反潜巡逻直升机的驱逐舰，并将它们配备到1个护卫队群内。在这作战思想指导下，榛名级直升机驱逐舰（DDH）便开始走向日本海上自卫队护卫队群的核心。

榛名级性能诸元列表

	建造时	现代化改装（FRAM）后
标准排水量	4700吨	"榛名"号（DDH-141）：4950吨 "比睿"号（DDH-142）：5050吨
满载排水量		"榛名"号（DDH-141）：6850吨 "比睿"号（DDH-142）：6950吨
全长	159米	
全宽	17.5米	
型深	11.0米	
吃水	5.2米	
动力推进系统	主锅炉×2部（三菱重工/石川岛播磨生产的2体水管锅炉，技术参数：压力60kgf/cm（850psi）、温度480℃、蒸汽发生量各130t/h）	
	蒸汽涡轮机（三菱重工/石川岛播磨生产的2体震动型，输出功率：35000hp/26MW）×2部	
	推进器×2轴	
最大航速	31节	
舰员定员编制	370名	

续表

<table>
<tr><th></th><th>建造时</th><th>现代化改装（FRAM）后</th></tr>
<tr><td rowspan="5">舰载武器</td><td colspan="2">73式5英寸54倍径单装速射型舰炮×2门</td></tr>
<tr><td></td><td>MK15型美制密集阵高性能20mm机关炮（CIWS）×2门</td></tr>
<tr><td></td><td>3型A“海麻雀”近程防空导弹8联装发射装置×1部</td></tr>
<tr><td colspan="2">74式“阿斯洛克”反潜导弹8联装发射装置×1部</td></tr>
<tr><td colspan="2">68式3联装轻型鱼雷发射管HOS-301×2部</td></tr>
<tr><td>舰载反潜巡逻直升机</td><td>HSS-2/HSS-2A反潜直升机×3架</td><td>HSS-2B/SH-60J反潜直升机×3架</td></tr>
<tr><td rowspan="3">舰载战斗系统（C^{4}I系统）</td><td></td><td>“榛名”号（DDH-141）：OYQ-6-2 CDS
“比睿”号（DDH-142）：OYQ-7B-2 CDS</td></tr>
<tr><td colspan="2">FCS-1A GFCS</td></tr>
<tr><td></td><td>FCS-2-12 MFCS</td></tr>
<tr><td rowspan="2">舰载雷达</td><td colspan="2">OPS-11C对空搜索雷达（主防空雷达）
OPS-20导航雷达</td></tr>
<tr><td>OPS-17对海搜索雷达</td><td>OPS-28对海搜索雷达</td></tr>
<tr><td>舰载声呐</td><td colspan="2">OQS-3舰艏安装式</td></tr>
<tr><td rowspan="3">电子战与对抗手段</td><td rowspan="3">NOLR-5 ESM装置</td><td>NOLQ-1-3 ESM/ECM装置</td></tr>
<tr><td>OLR-9B RWR</td></tr>
<tr><td>Mk.137对抗手段发射装置×4部</td></tr>
</table>

榛名级的舰体设计及动力系统

为了确保榛名级直升机驱逐舰的航空作战能力，在航空舾装工程中，军舰标准排水量设计升至4700吨。这是第二次世界大战结束后日本建造的最大吨位军舰，其舰体规模与太平洋战争期间日本帝国海军建造的轻巡洋舰基本相当。

从整体来看，榛名级舰型设计采用去掉抗浪甲板型（平甲板型）后端的长舰

---

a 1千克力（kgf）=9.8牛（N）。

艏楼型，为了确保舰体后部三分之一区域可用作直升机甲板的幅宽，舰体全长都设计了转向节。同时，为了方便舰载直升机的正常操作，舰上还安装了2组的尾翼稳定器。

动力舱烟囱采取与主桅杆进行一体化的麦克式，舰载直升机机库的设计变换至左舷一侧。在“榛名”号设计中，由于舰体上层建筑的气流紊乱，右舷一侧的废气排气口产生了排气逆流的现象。为了防止逆流现象，右舷一侧设计了相应的控制构造物。在“比睿”号的设计中，通过吸取“榛名”号的经验教训，舰体后部改成采取大型废气排气口的形式。此外，考虑到要用起重机来装卸舰载直升机，于是，榛名级在机库上方安装了大起重能力的起重机。

榛名级动力系统主机采用蒸汽轮机，不过，随着舰体的大型化，与传统的驱逐舰相比，榛名级蒸汽轮机的功率输出得到了大幅度的强化。战后，日本海上自卫队第一批装备日本国产蒸汽轮机的驱逐舰是春风级（28DD）。此后，日本驱逐舰除第一代秋月级（31DD）之外，所有蒸汽轮机的压力参数为30kgf /cm（430psi），温度为400℃（只有第一代秋月级驱逐舰蒸汽轮机的压力参数为40kgf /cm，即570psi，温度450℃）。榛名级压力参数则达到60kgf /cm（850psi），温度为480℃。榛名级主锅炉采用2部体水管型锅炉，蒸汽发生量为各130t/h。榛名级的主机涡轮构成焕然一新，它是由巡航与高压使用的一体型涡轮以及双流式的低压涡轮构成的2体震动型串并联型，减速器采用功率分支减速齿轮2级减速式。榛名级输出功率为35000马力（26000千瓦）。

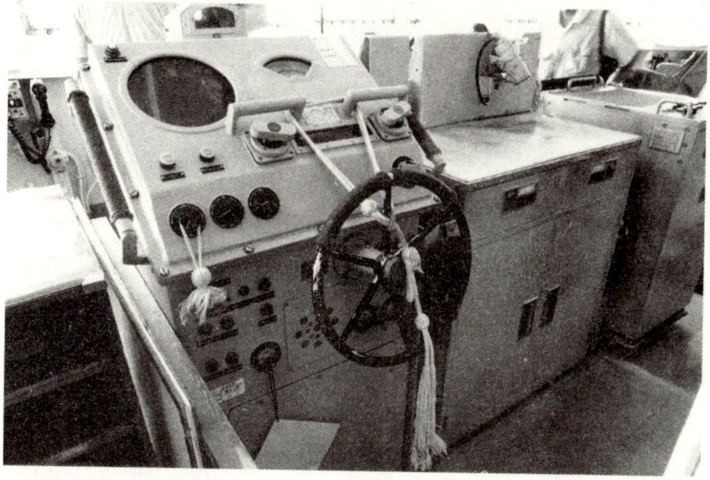

“比睿”号舰桥内的操舵轮，可见已经固定住，以防止参观人员触动

“比睿”号操舵轮附近的设备

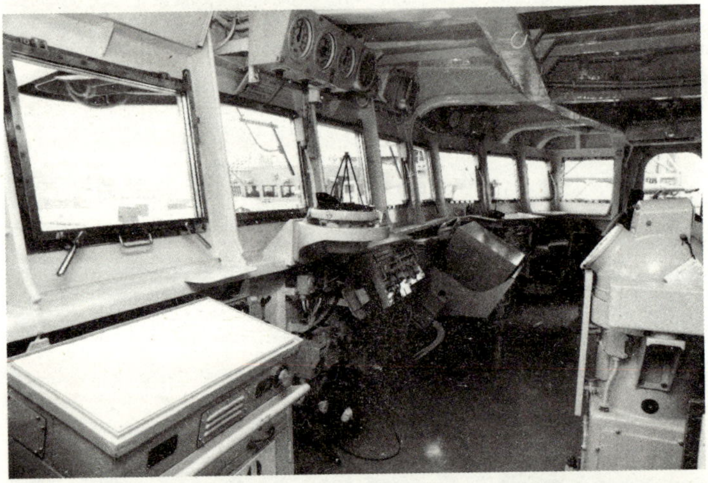

现代化改装后，“比睿”号焕然一新的舰桥内景

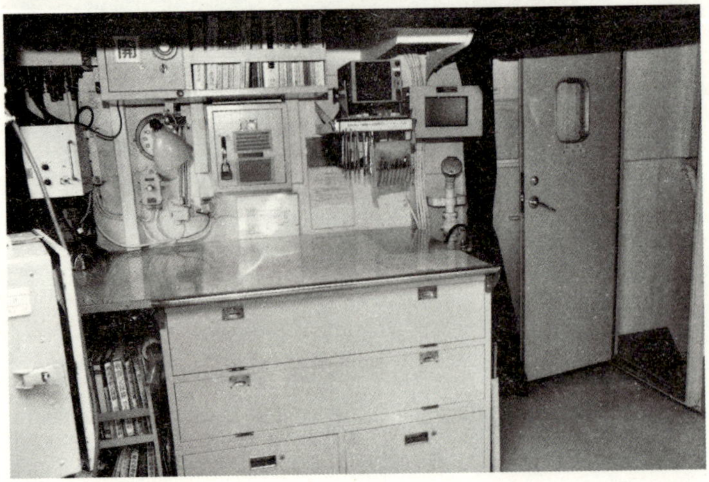

“比睿”号的海图台

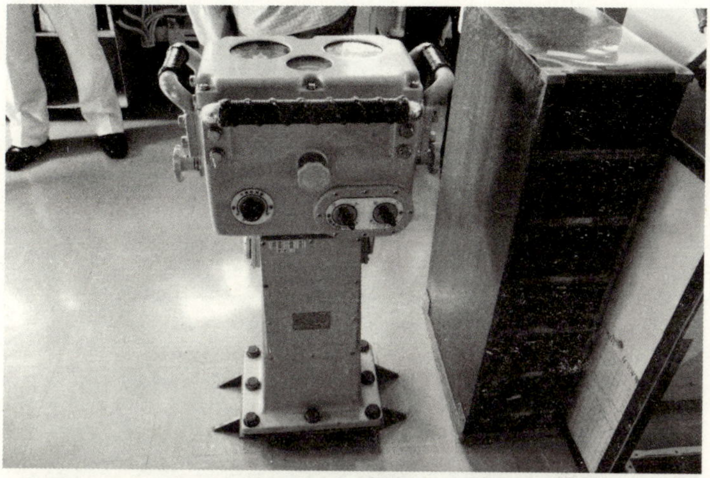

“比睿”号舰桥内的航速指示器

“比睿”号舰桥内的前视窗，向外可目视舰外的风景及舰艏部

“比睿”号舰桥前视窗上部的各种指示仪表

"比睿"号舰桥顶部的左右操舵仪表特写，中间仪表上的左半侧日文写着"取舵"（意思为"左舵"，也就是将舰艏转向左方，即指向左操舵），右半侧日文写着"面舵"（意思为"右舵"，也就是将舰艏转向右方，即指向右操舵）。左侧仪表为左操舵的前进与后退转速表，右侧仪表为右操舵的前进与后退转速表，上面的RPM为转速

"比睿"号舰桥内景概况

"比睿"号舰桥内的后部，可见记事板写的参观日期为平成22年（2010年）9月5日

“比睿”号舰长席，日本海上自卫队中不同舰长席的颜色表明舰长的军衔，比如：全为红色的舰长席说明舰长军衔为海军上校（一等海佐，简称一佐），一半红一半蓝的舰长席说明舰长的军衔是海军中校（二等海佐，简称二佐），全为蓝色的舰长席说明舰长的军衔为海军少校（三等海佐，简称三佐），全为黄色的座席说明使用这样席位的军官是将军，他们为护卫队群司令级别

“比睿”号的二佐舰长席

“比睿”号的黄色护卫队群司令席，说明他为2星海军少将。在日本海上自卫队军舰中，护卫队群等舰队司令的座席都位于舰桥内部的左侧，而舰长席都设在右侧，这说明日本军舰中以左侧为“尊”。

“榛名”号舰桥顶部特写，搭载艇上写着“榛名02”，每艘榛名级各搭载2艘这样的小艇，一侧船舷一部，编号分别为01和02，前面再加上舰名以区分

舰载电子传感器

棒名级很多舰载装备是在航空艑装条件下对高月级驱逐舰（38DDA）的重新设计和分配。

比如：在舰载电子传感器方面，榛名级基本沿袭了高月级的配置。具体来看，榛名级对空搜索雷达仍然采用高月级的OPS−11型，对海搜索雷达仍然使用高月级的OPS−17型，舰载声呐仍然采用高月级的舰艏安装式66式回波测距仪OQS−3型，无线电探测装置（ESM）仍然采用NOLR−5型。另外，在设计阶段，榛名级计划安装可变深度声呐，不过，这款电子传感器最终没有安装上舰。

“榛名”号舰体中部上层的各种电子装备

“榛名”号舰体中部，舰桥窗户上赫然标记着“2星”，这说明榛名号有一名2星海军少将坐镇指挥，这名少将为该护卫队群司令

“榛名”号舰桥窗户上的“2星”标记

“榛名”号舰桥两侧的突出平台

“榛名”号主桅杆设计及上面飘扬的“2星”护卫队群司令将旗

舰载武器系统

榛名级主炮仍然使用高月级（38DDA）搭载的5英寸54倍径单装速射型舰炮，不过，这款主炮不再是由美国进口的MK42型，而是由日本国产化的73式舰炮。同样，作为舰炮射击指挥装置（GFCS），榛名级不再采用高月级搭载的由美国生产的MK56型，而是由日本国产化的与MK56型具备相同功能的72式射击指挥装置1型A，即FCS-1A型。

至于主炮安装数量，根据舰载机设计人员的意见：为了能够同时起降两架反潜巡逻直升机，需要扩大飞行甲板，这样，5英寸主炮数量只能限制在1门。不过，舰炮设计人员的意见与此针锋相对，他们认为5英寸舰炮应该安装两门。最后，5英寸舰炮的安装数量确定为2门。于是，两门5英寸舰炮与74式“阿斯洛克”发射装置（美国Mk.16 GMLS的日本国产化型）以背负式集中安装在舰体前部。

在日本海上自卫队“8舰6机体制”作战构想时代，榛名级所搭载的5英寸舰炮主要负责为护卫队群内的导弹驱逐舰所安装“鞑靼人”舰空导弹系统提供补充，从而构成当时日本护卫队群的整体舰队防空体系。除5英寸主炮外，其他舰炮全部废除，于是，榛名级舰体后部构成一个全贯通的飞行甲板。

由“比睿”号舰桥内向外俯瞰舰艏部的武器装备，由前至后依次是1号5英寸主炮、2号5英寸主炮和3型A“海麻雀”近程防空导弹8联装发射装置

“比睿”号安装在舰艏部的一门5英寸主炮，本炮为2号主炮，其前面是1号炮，其后面是3型A“海麻雀”近程防空导弹8联装发射装置，1号和2号主炮都可为护卫队群提供防空补充

“比睿”号安装在舰艏部位于2号5英寸主炮后面、舰桥前面的一部3型A“海麻雀”近程防空导弹8联装发射装置，可见发射装置的封盖处于封闭状态，在军舰出海执行任务之前，8联装装置内都要事先装填好“海麻雀”近程防空导弹，备弹8枚

“比睿”号舰桥仰视图，可见舰桥顶部安装着各种电子装备及通信天线

“榛名”号舰桥及8联装导弹发射装置

航载直升机

榛名级舰载装备的核心是3架反潜巡逻直升机。在直升机驱逐舰发展历史中，世界第一个利用与驱逐舰级别相当的军舰进行大型反潜巡逻直升机搭载运用的海军是加拿大海军，加拿大海军较日本榛名级早一年时间建造了易洛魁人级反潜驱逐舰。不过，这款直升机驱逐舰的最大舰载直升机搭载数量是2架SH-3“海王”反潜直升机。此外，意大利和苏联海军也曾经设计了可搭载3架以上舰载直升机的战斗军舰，这些军舰都是巡洋舰级别。当时，在世界范围内，可搭载3架直升机的驱逐舰级别水面战斗舰艇是非常少见的，可以看作是一种极端的特例。

榛名级直升机机库及直升机甲板配置在舰体中央部至后部的甲板区域内，其中，直升机甲板设计全长为50米，最大宽度为17米，平均宽度为15米，甲板前方可停放1架直升机，与此同时，甲板后方的起降平台可进行1架直升机的起飞与降落操作。

作为日本海上自卫队第一代可运用直升机的驱逐舰，榛名级为了实现可运用小型舰载直升机的目的，在舰载航空系统中配备了直升机着舰固定与机身移动系统，当时这套系统是由加拿大进口的直升机甲板降落系统。榛名级的直升机甲板降落系统由3个部分构成，分别是设置在直升机机身下部的探测传感器、设计在舰体飞行甲板上的直升机甲板降落装置以及在飞行甲板上进行机身搬运的移动导轨。榛名级面向直升机机库的两侧舷部设置了2条用于直升机机身搬运的导轨。另外，在直升机甲板表面的右舷一侧，还安装了起降舰管制室（LSO）。

榛名级的直升机甲板降落系统是在加拿大海军圣劳伦特级直升机驱逐舰基础上经过改进而开发来的，在日本海上自卫队中，这套系统在装备到榛名级之前已经先期装备到知床级运输舰上进行运用试验。自装备到榛名级之后，直升机甲板降落系统经过了持续不断的改良。后来，日本海上自卫队几乎所有具备直升机搭载能力的驱逐舰（包括直升机驱逐舰、导弹驱逐舰、通用多功能驱逐舰）都安装了这套系统，日向级和出云级直升机母舰除外。

与意大利海军的安德烈娅·多里亚级导弹巡洋舰相同，榛名级的机库也设计在直升机甲板上。在服役时，“榛名”号搭载了HSS-2型反潜直升机。“比睿”号开始搭载HSS-2A型，随着日本海上反潜巡逻机的更新换代，“榛名”号与“比睿”号最终还是依次搭载了HSS-2B和SH-60J反潜巡逻直升机。

“榛名”号及其舰载直升机

“比睿”号直升机机库

机库内景

“比睿”号舰艉部舰载航空系统全景，包括直升机机库、直升机甲板、直升机着舰固定与机身移动系统等，可见一架SH-60J反潜巡逻直升机正停放在导轨上，可通过这个导轨将直升机由直升机甲板搬入直升机机库内

榛名级的现代化改装（FRAM）

在1983年度（昭和58年度）、1984年度（昭和59年度）计划期间，日本海上自卫队计划对2艘榛名级直升机驱逐舰进行现代化改装（FRAM）工程，改装工程分别于1987年和1989年结束。经过此次现代化改装之后，从舰体规模上来看，榛名级与其扩大改良型的白根级（50/51DDH）基本相当。

经过现代化改装后，榛名级最大的改变是安装了战术情报处理装置。其中，“榛名”号安装的是OYQ-6-2型，而“比睿”号则安装了OYQ-7B-2型。这些型号的战术情报处理装置也分别安装到同年度建造的朝雾级（58DD）通用驱逐舰上。至于战术数据链，这些战术情报处理装置都使用11号数据链进行情报数据的收发操作。

对海搜索雷达方面，榛名级安装了全新的OPS-28型，这款雷达具有掠海探测能力。

在舰载武器系统的改进方面，榛名级安装了作为近距离防空武器（CIWS）的美制密集阵高性能20毫米机关炮；在单舰防空武器系统方面，榛名级安装了“海麻雀”IBPDMS（改进的基本点防御水面发射导弹系统）轻型防空导弹，从而使单舰的防空能力得到进一步加强。“海麻雀”8联装发射装置安装在直升机机库的上方，至于美制密集阵则安装在舰桥的后上部。

经过现代化改装后，在安装了各种新型装备的基础上，“榛名”号标准排水量增加了250吨，“比睿”号标准排水量则增加了350吨。

榛名级的服役历史

1974年11月，随着榛名级2号舰“比睿”号的服役，2艘榛名级直升机驱逐舰都编入第1护卫队群新成立的第51护卫队内，驱逐舰所搭载的HSS-2A型舰载反潜直升机则都隶属于第21航空群编制下的第121航空队内。通过这些新型装备的服役，日本海上自卫队第1护卫队群率先实现了“8舰6机体制”的作战构想。此后，随着榛名级扩大改良型白根级（50/51DDH）直升机驱逐舰的服役，1981年，2艘白根级直升机驱逐舰又依次编入第2护卫队群新成立的第52护卫队内。于是，到80年代初期，以榛名级和白根级直升机驱逐舰为中心，日本海上自卫队第1和第2护卫队群两支作战编队率先实现了“8舰6机体制”的作战构想。

然而，不久之后，随着日本海上自卫队采取全新的“8舰8机体制”的作战构想，作为一种全新的战术单位编成，4艘榛名级和白根级直升机驱逐舰又分散编入到第1至第4四个护卫队群内，并分别承担各自护卫队群的旗舰职责，在这种情况下，原来4艘直升机驱逐舰所在的第51和第52护卫队也全部撤销。

1983年，“榛名”号和白根级2号舰“鞍马”号（51DDH）同时成为第2护卫队群的直辖舰，而“比睿”号和白根级1号舰“白根”号（50DDH）同时成为第1护卫队群直辖舰。此后，1984年，“榛名”号成为第3护卫队群直辖舰，“比睿”号成为第4护卫队群直辖舰。

2007年12月14日，停泊于横须贺海军基地内的“白根”号发生了火灾事故。经过此次事故，“白根”号的指挥通信系统零部件需要全部更换。如果要对“白根”号进行彻底的维修，需要花费大量的时间和经费，于是，日本海上自卫队计划让遭受损伤的“白根”号直接进入退役程序，而将节省下来的经费用于预定退役的“榛名”号的现代化改装。不过，最终选择方案是将预定退役的“榛名”号的零部件全部转移到“白根”号上来，“榛名”号仍然按照预定计划退役。

2011年3月16日，“比睿”号也正式退役。

榛名级同型舰

棒名级直升机驱逐舰在退役之前共建造了2艘同型舰，分别是1号舰“榛名”号和2号舰“比睿”号。其中，“榛名”号舰名来自日本榛名山，“比睿”号舰名来自日本比睿山。

2艘榛名级舰长为海军上校军衔。

在日本海上自卫队军舰中，“榛名”号的最大特征是安装了日本第一部直升机甲板降落装置，这部装置是一种直升机着舰时使用的固定及移动装置。为了避免直升机着舰与起飞时的舰体摇晃，“榛名”号又安装了4部尾翼稳定器。在金刚级宙斯盾导弹驱逐舰服役之前，榛名级（包括白根级）是日本海上自卫队中最大级别的驱逐舰。

基本概况如下表：

舷号	舰名	建造日期	下水日期	竣工日期	退役日期	建造船厂
DDH-141	“榛名”号	1970（昭和45年）3月19日	1972年（昭和47年）2月1日	1973年（昭和48年）2月22日	2009年（平成21年）3月18日	三菱重工长崎造船所
DDH-142	“比睿”号	1972年（昭和47年）3月8日	1973年（昭和48年）8月13日	1974年（昭和49年）11月27日	2011年（平成23年）3月16日	石川岛播磨造船所东京第1工厂

“榛名”号（DDH-141）服役经历

在服役期间，“榛名”号未参加过舰队作战任务，除舰队作战训练外，其实战任务都是低强度的单舰作战任务，另有2至3艘僚舰陪同。

“榛名”号于1973年2月28日服役后配属于第1护卫队群，其母港为佐世保海军基地。

1974年11月9日，在“第十雄洋丸事件”发生之际，为了避免堆积中的挥发油和丙烷爆炸而引起二次灾害，日本海上自卫队紧急派遣以“榛名”号为旗舰的临时处理部队前往事故现场。11月26日，“榛名”号在“高月”号（DD-164）、“望月”号（DD-166）和“雪风”号（DD-102）3艘驱逐舰的随同下到达事故现场开始进行事故处理。11月27日至11月28日，为了进行海水淹没处理，“榛名”号对“第十雄洋丸”号货船进行了实弹射击，最后，“第十雄洋丸号”沉没。

1974年11月27日，“榛名”号配属于第1护卫队群第51护卫队。

1975年7月，在本州南方海域，“榛名”号与“比睿”号、“秋月”号驱逐舰以及“卷潮”号和“鸣潮”号潜艇共同参加与美国海军之间举行的联合反潜训练。

1981年3月27日，“榛名”号配属于第2护卫队群第52护卫队。

1983年3月30日，“榛名”号成为第2护卫队群直辖舰；1984年3月30日，成为第3护卫队群直辖舰。

1986年3月31日，“榛名”号开始在三菱重工长崎造船所内接受现代化改装工作。通过这次改装，“榛名”号的反潜搜索能力、反导弹防御能力、战斗情报与指挥管制系统、电子战能力都有明显的提升，军舰服役期又延长了8年。

此次现代化改装工程于1987年10月结束，改装后重新担任第3护卫队群旗舰职责。

1989年，“榛名”号与“岛风”号导弹驱逐舰和“峰雪”号通用驱逐舰共同参加代号为“READIEX89-4A”的日美联合演习。

1999年，“榛名”号与“妙高”号宙斯盾导弹驱逐舰和“阿武隈”号护卫舰共同执行“能登半岛海面可疑船只事件”派遣任务。在这次任务中，“榛名”号针对可疑船只实施了警告射击。

2002年2月，基于《恐怖对策特别措置法》，“榛名”号与“泽风”号导弹驱逐舰和“常磐”号补给舰共同参加印度洋派遣任务，6月，任务结束后返回。

2003年7月，基于《恐怖对策特别措置法》，“榛名”号与“朝雾”号驱逐舰和“十和田”号补给舰共同执行印度洋派遣任务，10月，任务结束后返回。

2007年8月21日，“榛名”号对俄罗斯海军设在符拉迪沃斯托克（海参崴）港内的俄太平洋舰队基地进行了友好访问，到达之后的招待仪式在符拉迪沃斯托克港内的金角湾举行。

2008年3月26日，随着日本海上自卫队的部分改编，“榛名”号由第3护卫队群旗舰配属于第3护卫队群第3护卫队，从此不再担任护卫队群旗舰职责。

2008年，“榛名”号参加了当年度的环太平洋联合军事演习（RIMPAC-2008）。

2009年3月18日，“榛名”号正式退役，其替代舰“日向”号（DDH-181）直升机母舰也于当年正式服役。2009年10月，为了进行拆解处理，“榛名”号停泊到广岛县江田岛上，2010年1月，“榛名”号拆解工程结束。

“比睿”号（DDH-142）服役经历

在服役期间，“比睿”号未参加过舰队作战任务，除舰队作战训练外，其实战任务都是低强度的单舰作战任务，另有1至2艘僚舰陪同。

“比睿”号于1974年11月27日服役后配属于第1护卫队群第51护卫队。

1980年，“比睿”号与“天津风”号导弹驱逐舰共同代表日本海上自卫队首次参加当年度的环太平洋联合军事演习（RIMPAC-1980）。

1981年3月27日，“比睿”号配属于第2护卫队群第52护卫队；1983年3月30日，成为第1护卫队群直辖舰；1984年3月30日，成为第4护卫队群旗舰。

1987年8月至1989年3月，“比睿”号在三菱重工长崎造船所内开始进行现代化改装工程。通过此次改装，“比睿”号的反潜搜索能力、反导弹防御能力、战斗情报与指挥管制系统、电子战能力都有明显的提升。“比睿”号现代化改装的费用对效果比很低，同级的大规模改装只有2艘榛名级直升机驱逐舰。

2002年9月17日，基于《恐怖对策特别措置法》，“比睿”号与“五月雨”号驱逐舰共同执行印度洋派遣任务，12月，任务结束后返回。

2003年10月，基于《恐怖对策特别措置法》，“比睿”号与“曙”号驱逐舰和“常磐”号补给舰共同执行印度洋派遣任务，2004年1月，任务结束后返回。

2005年，“比睿”号参加了日本电影《男人们的大和》的拍摄工作。对于这部二战题材电影的拍摄，日本海上自卫队给予了全面的支持和帮助，“比睿号轮机舱画面在电影中出现，舰上的摩托艇也供片方使用。此外，本剧中大和号战列舰的航迹也由比睿号负责拍摄。

2010年7月23日至7月27日，在俄罗斯符拉迪沃斯托克（海参崴）的沿海，“比睿”号与“神通”号（DE-230）护卫舰共同参加代号为“SAREX”的日俄搜索与救援联合训练。

“比睿”号最后编制部队为第4护卫队群第4护卫队，母港为吴港海军基地。2011年3月16日，“比睿”号向吴港海军基地返还了驱逐舰旗后正式退役。自1974年服役以来，“比睿”号服役期长达36年零3个月，它是日本海上自卫队历代军舰中服役期最长的一艘。服役期间，“比睿”号的航行距离大约相当于环绕地球44周，海上航行时间大约79000小时。目前，“比睿”号的锚（宽大约1.9米，高大约3.1米，重达4.5吨）安放在日本海上自卫队第1技术学校的正门附近。

服役期间的“比睿”号（DDH-142）

位于“比睿”号舰艉部的自卫舰旗（日本军舰旗）

“比睿”号舰艏部特写，可见舰艏的锚，它今天保留在日本海上自卫队第1技术学校内

“榛名”号舰艉部特写

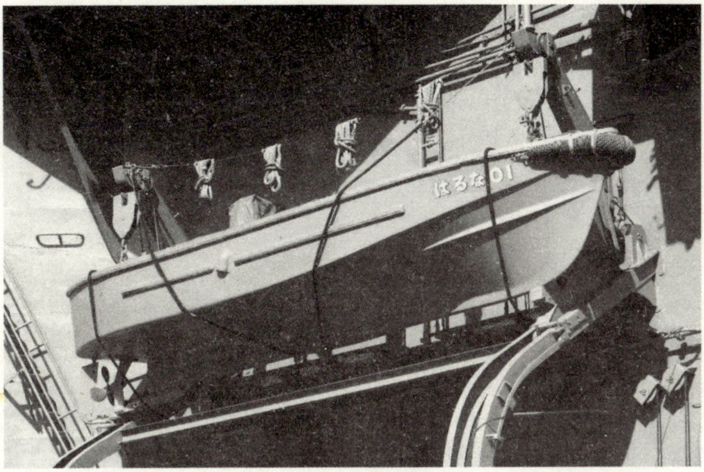

“榛名01”号搭载艇，说明它位于军舰的右舷部，左舷部为“榛名02”号搭载艇

| 第二节 | 白根级直升机驱逐舰

白根级直升机驱逐舰是继榛名级之后日本海上自卫队第二代直升机驱逐舰。根据4次防中的1975年度和1976年度计划，白根级各建造了1艘，总计建造了两艘。

从基本设计上来看，白根级是榛名级（43/45DDH）的扩大改良型，因此，在金刚级（63DDG）宙斯盾导弹驱逐舰服役之前，白根级是日本海上自卫队中最大级别的军舰，它代表着日本海上自卫队的名望和实力。

从作战运用上来看，白根级与榛名级基本相同，它们都可作为护卫队群的反潜中心而参加舰队作战任务，同时，也可在少量僚舰的陪同下执行多功能的单舰作战任务。无论是舰队作战，还是单舰作战，白根级都可通过舰载反潜巡逻直升机及单舰配备的反潜武器而构筑起远程、中程及近程3层反潜火力网。在这些反潜火力网中，即使是静音效果非常好的核潜艇恐怕也难以遁形。整体来看，白根级由舰载反潜武器及电子传感器构成一个球形的反潜网，进入反潜网内的常规动力攻击潜艇（SS）、攻击型核潜艇（SSN）以及弹道导弹核潜艇（SSBN）都可能遭到攻击。在实际的反潜作战中，根据作战的需要，白根级与护卫队群内其他的导弹驱逐舰、通用驱逐舰要进行一定的队形变换，以进行最佳的潜艇捕捉及自身保护模式。

在长达30多年的服役期内，白根级及其准同型舰榛名级为日本海上自卫队的反潜作战能力建设作出了重大贡献。根据计划安排，白根级将于平成26年（2014年）度末开始进入退役程序，按照日本防卫省现在的计划，白根级的替代舰将是正在建造中的2艘出云级直升机母舰。随着出云级直升机母舰的服役，日本海上自卫队的舰载直升机运用能力将会有质的飞跃，这款新型直升机航母还将提供更加强大的物资运输和补给能力。

跨海航行的“鞍马”号（DDH-144）

“白根”号与“鞍马”号并列停泊于横须贺海军基地内的吉仓码头上

进行公开演示护卫队群编队作战训练的“白根”号

日本海上自卫队护卫队群编队训练的行进队形，最前面是“白根”号，余下是3艘通用驱逐舰队，稍后是“日向”号直升机母舰，其后面有其他的导弹驱逐舰和通用驱逐舰

白根级的开发背景

在3次防期间，日本海上自卫队制定了“8舰6机体制”的作战构想。后来，在4次防期间，通过作战运筹学的方法，日本海上自卫队对“8舰6机体制”进行了具体化的编成，其中，8艘驱逐舰包括两艘可搭载3架HSS-2型反潜巡逻直升机的直升机驱逐舰（DDH）、1艘可搭载“鞑靼人”防空导弹系统的导弹驱逐舰（DDG）、1艘多目的驱逐舰（DDA）以及对上述3种驱逐舰进行补充和支援的4艘反潜驱逐舰（DDK），至此，“8舰6机体制”正式进入作战运用阶段。

在4次防方案的制作阶段，日本海上自卫队计划以“8舰6机体制”编成1个战术级作战部队（即1个护卫队群的编制），同时，又计划建造1艘更大吨位的军舰，用它对采取“8舰6机体制”编成的护卫队群提供更加强大的航空作战能力和舰队防空导弹作战能力，这艘军舰设计标准排水量为8700吨，发动机输出功率为12万马力，可搭载6架反潜直升机，计划装备具有强大舰队防空作战能力的“标准”系列防空导弹。考虑到这艘大型军舰未来还可能搭载、运用“鹞”舰载战斗机，故此将采用类似航空母舰的全贯通飞行甲板设计，这艘军舰的建造计划就是“大型直升机驱逐舰（DLH）计划”。后来，由于第一次世界石油危机的爆发，考虑经济因素，DLH驱逐舰标准排水量下降至8300吨，发动机输出功率减至10万马力，建造时不搭载“标准”舰队防空导弹，建造数量也由2艘减少至1艘。后来，在4次防展开期间，DLH驱逐舰的发展规模进一步缩小。在方案审查期间，日本防卫厅的内局一致通过，在向日本大藏省和国防会议事务局进行说明的过程中，大藏省并没有提出异议，在向国防会议事务局进行说明时却遭到当时事务局局长海原治的强烈反对。在这种情况下，日本防卫厅内局之一的防卫局局长伊藤圭一、海幕（海军司令部）防卫科长矢田次夫、防卫班长前田优，以及后来的海上幕僚长（海军司令）都向国防会议事务局局长海原治进行DLH驱逐舰方案的说明。不过，海原治最终没有听取这些人的说明。后来，围绕4次防的国防力量发展受到进一步限制，于是，DLH驱逐舰计划不得不取消。基于传统的“8舰6机体制”作战构想，日本海上自卫队只得以直升机驱逐舰（DDH）来代替DLH驱逐舰，这才有了白根级直升机驱逐舰的出现与发展。

白根级设计诸元及舰载系统概况

白根级直升机驱逐舰（DDH）设计标准排水量为5200吨，满载排水量为6800吨，设计全长159米，全宽17.5米，型深11.0米，吃水5.3米（“鞍马”号为5.5米）。舰员编制350人（“鞍马”号为360人）。

动力推进系统主锅炉为两部由石川岛播磨FWD2生产的双体水管锅炉（蒸汽参数包括压力为60kgf/cm^2，温度为480℃），两部由石川岛播磨重工生产的双体震动型蒸汽涡轮机，每部输出功率为35000马力（26000千瓦），共功率为7万马力，2轴推进，最大航速可达32节（鞍马号为31节）。

舰载武器配备两门73式5英寸54倍径单装速射型舰炮、两门美制密集阵20毫米高性能机关炮（CIWS）、1部MK25型8联装导弹发射装置（GMLS，可用于“海麻雀”近程防空导弹发射，后来更新至GMLS-3型）、1部74式8联装导弹发射装置（供“阿斯洛克”反潜导弹发射使用）、两部HOS-301型68式3联装轻型鱼雷发射管。

舰载直升机为3架HSS-2/SH-60J反潜巡逻直升机。

舰载C^{4}I系统配备美制AN/WSC-3 SATCOM（卫星通信系统）（后来换装了AN/USC-42型卫星通信系统）、服役后安装的最低工作频率（MOF）系统（“超级鸟”B2卫星通信包括NORA-1和NORQ-1 SATCOM）、海军战术情报系统（OYQ-3型TDPS战术数据处理系统加11号/14号战术数据链）、OYQ-101反潜情报处理装置（ASWDS）、TDS-2型目标指示装置、两部FCS-1A GFCS（舰炮射击指挥装置）、1部WM-25 MFCS（导弹射击指挥装置）——后来换装FCS-2-12

导弹射击指挥装置——和1部MK114 UBFCS（水中射击指挥装置）。

舰载雷达配备1部OPS-12三坐标对空搜索雷达、1部OPN-8高度测定雷达、1部OPS-28对海搜索雷达和1部OPS-22导航雷达。

舰载声呐配备1部OQS-101舰艏安装式声呐、1部SQS-35（J）可变深声呐（“白根”号采用）和1部SQR-18拖曳式声呐（“鞍马”号采用）。

电子战及对抗手段配备NOLQ-1电子支援措施（ESM）/电子干扰（ECM）装置、4部MK137型6联装诱饵发射器和1部AN/SLQ-25拖曳式音响诱饵。

白根级的整体设计

在舰体与动力系统设计方面，白根级基本沿用了前级榛名级（43/45DDH）的设计方案。在日本海上自卫队军舰中，白根级是最后一级仍然采取蒸汽涡轮机和麦克式烟囱设计的军舰。

在舰型设计上，白根级与榛名级相同，都为去掉抗浪甲板型（平甲板型）后端的长舰艏楼型，同时，为了确保舰体后部三分之一区域可用作直升机甲板的幅宽，舰体全长都设计了转向节。

白根级动力舱烟囱仍然采取与主桅杆进行一体化的麦克式，不过，与榛名级不同的是白根级的烟囱增至2座。此外，随着舰上指挥与控制能力的加强，白根级的舰桥构造物也由榛名级的3层扩大至4层。

榛名级考虑到要用起重机来装卸舰载直升机，于是，在机库上方安装了大起重能力的起重机，不过，白根级并没有这样的作业要求，因此，机库上方的起重机也换成更小型、吊装能力只有5吨的型号。

为了应对被动式反潜战的需要，白根级的整体设计大幅度降低水中辐射杂音，比如：给舰体安装了防辐射罩，给螺旋桨安装了防辐射材料，等等。

白根级动力系统主机沿用了榛名级2号舰“比睿”号的配置，主锅炉是2部由石川岛播磨重工FWD公司生产的D型2体水管型，锅炉的蒸汽参数包括压力为60kgf/cm（850psi），温度为480℃，蒸汽发生量为各130t/h。主蒸汽锅炉机是由石川岛播磨重工生产的双流式功率分支减速齿轮2级减速2体震动型串并联型，每部蒸汽涡轮机的输出功率为35000马力（26000千瓦）。

“鞍马”号舰艉设计特写，可见开放式舰艉及上部的自卫舰旗、直升机甲板及直升机机库

“鞍马”号开放式舰艉的内部情况

“鞍马”号主桅杆，上面飘扬着一面“2星”将旗，这说明有一名海军少将级的护卫队群司令坐镇军舰指挥

“鞍马”号舰桥顶部的布局结构

“鞍马”号舰桥左舷部特写

“鞍马”号的左舷布局，由前至后依次有2号5英寸主炮、74式“阿斯洛克”反潜导弹8联装发射装置、舰桥、舰桥侧壁上的鞍马02号搭载艇等

舰载信息战系统（C^4ISR系统）

在舰体与动力系统设计方面，白根级虽然大量地沿用了榛名级的设计，不过，在舰载装备方面，白根级在很多地方都进行了更新换代，尤其是在舰载战斗系统的设计与配置方面。

白根级战术情报处理装置安装的是OYQ-3型TDPS（战术数据处理系统）。在日本海上自卫队军舰中，白根级是第一个安装战术情报处理装置的军舰。同时，为了有效运用11号双向战术数据链，白根级开始全面实现海军战术情报系统（NTDS），故此，在日本海上自卫队军舰发展历史上，白根级也被称作是日本海上自卫队的第一个“系统化”舰。尽管如此，白根级不具备舰载武器管制功能，为此白根级安装了由日本国产开发的数字式目标指示装置（TDS）。

同时，与榛名级相比，白根级的舰载电子传感器也全面更新换代。比如：白根级对空搜索雷达（主防空雷达）采用了OPS-12型三坐标雷达，对海搜索雷达则安装了OPS-28型二坐标雷达，上述这些高性能雷达都是第一次达到装备化要求而安装上舰。由此也可以看出白根级的综合作战能力较榛名级有质的飞跃。此外，白根级还安装了OPN-8型高度测定雷达，它与OPS-22型导航雷达联合使用可对舰载直升机进行引导。

白根级壳体声呐仍然采用日本国产且全新开发的OQS-101型75式回波测距仪，这部声呐采取舰体安装方式进行搭载。同时，“白根”号安装了由美国进口的SQS-35（J）VDS（可变深式声呐），而“鞍马”号则安装了同样由美国进口的AN/SQR-18A TACTASS（战术拖曳式阵列声呐系统）。这种声呐是日本海上自卫队面向被动式反潜战的核心装备，与传统声呐相比，其反潜搜索范围有质变的飞跃。此外，为了增强反潜情报处理的效率化，白根级还安装了由日本国产开发的OYQ-101型反潜情报处理装置（ASWDS）。

白根级电子战装置采用由“朝风”号（49DDG）导弹驱逐舰开始达到装备化水平的NOLQ-1型无线电探测干扰装置，这部电子战装备是同时拥有电子战支援（ESM）和电子攻击/干扰（ECM）双重能力的系统。此外，白根级还安装了OLR-9B型的导弹警报装置。

舰载武器系统

作为驱逐舰，白根级是日本海上自卫队第一个安装“海麻雀”BPDMS（基本点防御导弹系统）近程单舰防空导弹的军舰。

“海麻雀”发射装置使用MK25型GMLS（导弹发射系统），其安装位置在直升机机库上方，这套发射装置是将MK16型“阿斯洛克”反潜导弹GMLS（发射系统）中的MK112型（日本国内许可生产的型号为74式）8联装发射装置安装到76毫米联装炮的发射架上而形成的，这是一种武器装备的“混搭”产品。MK25型GMLS可发射RIM-7E防空导弹，事实上，RIM-7E是空对空型AIM-7E“麻雀”导弹的海基版。

“海麻雀”防空导弹的射击指挥装置（MFCS）采用的是进口产品，它是由荷兰电信公司（即现在的泰利斯荷兰分公司）研制的WM-25型。在这些先进导弹系统的支持下，白根级是除导弹驱逐舰（DDG）之外，日本海上自卫队第一个安装舰对空（防空）导弹系统的驱逐舰。此外，在日本海上自卫队中，安装“海麻雀”BPDMS（基本点防御导弹系统）的军舰只有白根级，自1977年（昭和52年）度计划的初雪级（52DD）通用驱逐舰之后，所有新建主力战斗舰都安装了“海麻雀”IBPDMS（改进的基本点防御水面发射导弹系统）防空导弹。在2003年至2004年展开的现代化改装工程中，白根级的“海麻雀”BPDMS也更新至IBPDMS，同时，导弹型号更新为RIM-7M型，导弹发射系统也针对IBPDMS特点进行了全新的开发，即为MK29型GMLS经过日本国产化的近程防空导弹发射装置3型（GMLS-3）。导弹射击指挥装置（MFCS）也换装成81式射击指挥装置2型12（FCS-2-12）。不过，这款FCS是在高月级（37DD）进行现代化改装（56FRAM）之际安装上舰的，因为它是高月级驱逐舰退役后保留使用的射击指挥装置。

白根级的主炮和反潜武器仍然沿用了榛名级的配置，由于舰艉部设计有直升机机库和直升机甲板，因此，2门73式5英寸54倍径单装速射型舰炮采取背负式进行安装，“阿斯洛克”反潜导弹8联装发射装置（74式“阿斯洛克”发射装置）则集中配置于舰桥前方。白根级的舰炮射击指挥装置（GFCS）仍然采用榛名级搭载的72式射击指挥装置1型A（FCS-1A），至于，水中攻击指挥装置（UBFCS）则安装的是由美国进口的最新型MK114型。

此外，“鞍马”号是日本海上自卫队中第一个安装美制密集阵高性能20毫米机关炮作为近距离防空武器（CIWS）的军舰，“白根”号在服役后也安装了这款武器。

1986年时的“白根”号，可见第2座麦克式烟囱上安装了WM-25 MFCS（导弹射击指挥装置），机库上方安装了MK25型8联装导弹发射装置（GMLS）

“鞍马”号舰艏部武器配备特写，可见白根级的舰艏武器布局结构设计与榛名级完全相同，由前至后依次是1号5英寸主炮、2号5英寸主炮和1部74式8联装导弹发射装置（供“阿斯洛克”反潜导弹发射使用），其中，；两门采取背负式集中安装的5英寸主炮可为护卫队群的航空防空提供补充。白根级与榛名级不同的地方是舰桥前部的导弹发射装置由“海麻雀”近程防空导弹发射装置改成“阿斯洛克”反潜导弹发射装置，而“海麻雀”防空导弹发射装置则换到了机库上方

2012年时的“白根”号，经过现代化改装工程之后，第2座麦克式烟囱上的导弹射击指挥装置由WM-25换装了FCS-2-12，机库上方的8联装导弹发射装置也由MK25型换装了MK29型，此外，舰桥周围还安装了AN/WSC-3、NORA-1、NORQ-1等电子传感器

停泊于舞鹤海军基地北吸码头最东端的“白根”号和“日向”号直升机母舰正在向舞鹤日本市民提供公开参观活动。图为“白根”号两门5英寸主炮特写，“前面”是日向号

由“日向”号直升机母舰的后部甲板看后面停泊在北吸码头上的“白根”号，可见舰艏的2门主炮布局及最前端的自卫队旗和下部的锚

“鞍马”号舰艏两门5英寸主炮特写

“白根”号舰桥及74式“阿斯洛克”8联装反潜导弹发射装置

“白根”号2号5英寸主炮特写，可见舰桥顶部、主桅杆基部上下叠式安装的2部火控雷达为FCS-1A GFCS（舰炮射击指挥装置），它们分别为1号和2号主炮射击提供火控

“白根”号舰桥顶部的观视平台及上下叠式安装的2部火控雷达，为FCS-1A GFCS（舰炮射击指挥装置）

舰载直升机

与榛名级相同，白根级最大的直升机搭载能力是3架反潜巡逻直升机，1号舰“白根”号服役时搭载的直升机型号为HSS-2A，后来更换为HSS-2B。2号舰“鞍马”号服役时搭载了HSS-2B，后来与“白根”号同时换装了SH-60J和SH-60K反潜直升机。在世界范围内，最早利用驱逐舰相当规模的军舰进行大型舰载直升机运用的海军是加拿大海军。加拿大海军比榛名级早一年建造了易洛魁人级驱逐舰，这款驱逐舰最多可搭载两架“海王”反潜直升机，而可搭载3架直升机的驱

逐舰是日本海上自卫队所特有的舰种及运用方式。

2013年，在东南亚岛国文莱举行的代号为“ADMM＋MMHADR实兵演习”中，“白根”号分别搭载了1架SH－60J反潜直升机和1架来自日本陆上自卫队的UH－1J直升机参加演习。

白根级直升机机库全景，可见机库内的右舷一侧停放了1架直升机，左舷一侧并列停放了两架直升机。白根级机库设计与榛名级正好相反，前者第2座麦克式烟囱的排烟通道由机库右舷一侧排出，在这种情况下，为了空间布局上的方便，于是，白根级机库便采取上述的设计

白根级直升机飞行甲板全景，可见，这部分甲板占据舰体后部三分之一的空间，这种设计成为白根级突出的特征之一。可以看见，飞行甲板上停放着2架HSS-2直升机，它们均采取露天固定方式

“白根”号直升机机内景

一架SH-60J反潜巡逻直升机正通过“直升机着舰固定与机身移动系统”中的导轨进入“白根”号直升机机库

“鞍马”号的直升机机库，一架SH-60J停放于导轨的末端

白根级同型舰概况

与榛名级相同，白根级直升机驱逐舰（DDH）共建有2艘同型舰，分别是1号舰“白根”号和2号舰“鞍马”号。其中,“白根”号的舰名来自日本白峰三山；“鞍马”号的舰名来自日本京都府的鞍马山。

2艘同型舰基本概况如下：

舷号	舰名	建造日期	下水日期	竣工日期	建造船厂	编制	母港	备注
DDH-143	“白根”号	1977年（昭和52年）2月25日	1978年（昭和53年）9月18日	1980年（昭和55年）3月17日	石川岛播磨重工东京第1工厂	第3护卫队群第3护卫队	舞鹤	第3护卫队群旗舰　平成21年3月由横须贺→舞鹤
DDH-144	“鞍马”号	1978年（昭和53年）2月17日	1979年（昭和54年）9月20日	1981年（昭和56年）3月27日	石川岛播磨重工东京第1工厂	第2护卫队群第2护卫队	佐世保	第2护卫队群旗舰

白根级服役期间发生的重大事故

“白根”号的重大事故

2007年12月14日，停泊于横须贺海军基地内的“白根”号发生了重大火灾事故，舰载战斗指挥所（CIC）内的所有设备因火灾全部损坏。

2007年12月14日夜晚10时19分左右，处于无人值班状态下的白根号（DDH-143）舰载战斗指挥所（CIC）发生了重大火灾，舰员发现火灾后迅速采取了消防措施。不过，在仅有舰员参与的初期消防行动中，火灾并没有得到有效的控制。“白根”号发生火灾后，无论是“白根”号本身，还是日本海上自卫队横须贺基地都没有向横须贺市消防局进行火灾通报。相反，发现火灾的当地市民却向消防局进行了火灾报警。深夜11时35分左右，横须贺市消防局对白根号灭火进行了全力的支援，经过日本海上自卫队和横须贺市消防局的全力抢救，“白根”号火情于12

月15日上午6时19分得到全面扑灭，在此期间，白根号的火势足足燃烧了8小时。

火灾发生时，战斗指挥所内空无一人，这是初期消防措施不力的重要原因。而且，战斗指挥所的内部构造极其复杂，这才导致整个火势蔓延了长达8小时，指挥所内的计算机及仪表类设备全部损坏，因为消防过程中使用了海水灭火，加之火热猛烈，这些舰载电子设备无法幸存。为了防止火势蔓延至其他舱室内，消防行动中的大面积放水导致整个战斗指挥所遭水淹没。

经过此次火灾破坏，舰载战斗指挥所及舰上指挥通信系统全部损坏，不能再使用。在这种情况下，日本海上自卫队曾经考虑让“白根”号暂时退役，后来又决定将预计于2009年3月18日退役的“榛名”号（DDH-141）的舰载战斗指挥所所有设备都移植到“白根”号上来，于是，“白根”号就没有进入退役程序。

经过初步推算，在安装全新设备的情况下，“白根”号维修需要大约2年时间，维修费用大约需要200亿日元（最终增加至大约300亿日元）。在移植“榛名”号指挥通信系统设备的情况下，“白根”号最终维修费用大约为50亿日元。

2009年4月，为了对战斗指挥所损坏舱室进行移植改造工程及顺便展开的现代化改装工程，“白根”号进入IHI-MU横滨工厂的维修干船坞内进行工程改造。

改造工程结束之后，“白根”号由第1护卫队群第1护卫队编制转换至第3护卫队群第3护卫队，2009年9月末，其母港配置到舞鹤海军基地内。经过“白根”号的此次重大火灾事故，日本海上自卫队所有现役军舰都追加安装了火灾报警装置。

最开始，火灾的火源被认定是战斗指挥所内的雷达液晶显示器。经过日本海上幕僚监部事故调查委员会的调查，最终认定火灾原因是舰内电压在没有变压时一部中国生产的保冷温库过热而打火燃烧起来。于是，日本防卫省对负有责任的日本海上幕僚长（海军司令）和“白根”号舰长等相关人员作了减薪的处分。

2008年12月15日，“白根”号在横须贺海军基地内与维修船发生冲撞事故，幸好双方没有人员伤亡。

“鞍马”号的重大事故

1982年10月13日，停泊于佐世保海军基地母港内的“鞍马”号发生了主锅炉爆炸事故。

2009年10月25日，在日本神奈川县相模湾海域，作为观阅舰之一的“鞍马”号在参加完平成21年度自卫队观舰式活动之后遂返回母港佐世保海军基地，在航行途中于2009年10月27日深夜，在日本关门海峡海域，与一艘韩国籍集装箱货船发生了冲撞事故。在此次非常严重的冲撞事故中，“鞍马”号包括主锚卷起部分在内的舰艏部遭受了非常严重的损坏，为准备观舰式活动而堆放在舰艏仓库内的涂料也因为冲撞发生了火灾。火灾大约持续了10个半小时。在此次事故中，“鞍马”号有6名舰员负伤，不得不紧急停靠附近的门司港进行休整。韩国籍货船没有人员伤亡。

2009年11月8日，在门司港内，“鞍马”号在“天草”号多用途支援舰的引导下，依靠2艘58号级拖船的牵引缓慢驶出门司港。随后，”鞍马”号依靠自身动力于11月9日上午返回母港佐世保海军基地，在基地干船坞内进行了损坏部分的入坞维修工程。由于基地干船坞维修能力有限，2010年初至6月9日，“鞍马”号在三菱重工长崎造船所内进行了全面维修，此次维修总计花费了9亿4000万日元。

“白根”号（DDH-143）服役经历及派遣经验

“白根”号于1980年3月17日服役后成为护卫舰队直辖舰。1981年9月18日，配属于第1护卫队群第51护卫队；1983年3月30日，成为第1护卫队群直辖舰；1984年3月30日，成为第1护卫队群旗舰。在此后的一段时间内，“白根”号是当时日本海上自卫队中最大级别的驱逐舰，基于旗舰的功能设计，舰上配置了可接待VIP人员的高级办公室等基础设施。此外，在有外国军舰访问等礼宾场合，“白根”号除了要担当东道国的接待舰外，还要接受日本政府机关人员的视察，在观舰式活动中担任观礼舰，以及其他各种宣传报道任务。因此，在服役期间，“白根”号代表着日本海上自卫队的门面。

1982年、1988年、1998年和2012年，“白根”号4次代表日本海上自卫队参加了当年度的环太平洋联合军事演习（RIMPAC）。

2004年1月至2004年9月期间，“白根”号进行了现代化改装工程，在这次改装中，用于近程防空导弹管制用途的射击指挥装置由进口的WM-25型换装成日本国产的81式射击指挥装置2型-12（FCS-2-12），近程防空导弹发射装置也换装成日本国产的GMLS-3型，同时，“海麻雀”近程防空导弹也换成最新的RIM-7M型。上述这些装备全由2003年11月退役的“菊月”号驱逐舰移植过来。

2008年3月26日，根据部队编制调整，“白根”号配属于第1护卫队群第1护卫队。

2009年3月18日，随着“榛名”号的退役、“日向”号（DDH-181）直升机母舰的服役，“白根”号配属于第3护卫队群第3护卫队。

2012年，“白根”号参加了当年度的美国海军“舰队周”活动，活动之后又参加了2012年的环太平洋联合军事演习。

2013年6月18日，在东南亚文莱举行的东盟峰会期间，“白根”号参加了由日美中俄韩等18国参加的联合演习，这在东盟范围内尚属首次，在演习期间，“白根”号搭载了1架来自日本海上自卫队SH-60J直升机和1架来自日本陆上自卫队的UH-1J直升机。联合演习内容模拟大型台风袭击，随后各国联合展开救援行动。除“白根”号外，日本航空自卫队的C-130运输机也参加了演习。

自服役以来，“白根”号的母港一直为横须贺海军基地，随着配属至第3护卫队群后，其母港也调整至舞鹤海军基地。

“白根”号预定于2015年3月退役，其替代舰为出云号直升机母舰1号舰出云号（DDH-183）。

参加2012年“舰队周”之后的“白根”号照片，与改装之前相比，可见“白根”号的导弹射击指挥装置（MFCS）和导弹发射系统（GMLS）都进行了更新，着舰标识也采取全新的方式

停泊于舞鹤海军基地西部原通用造船舞鹤事业所造船厂内的“白根”号全景

停泊于舞鹤海军基地西部原通用造船舞鹤事业所造船厂内的“白根”号，舰艏2门5英寸主炮及舰艏设计特写

停泊于舞鹤海军基地西部原通用造船舞鹤事业所造船厂内的“白根”号，主桅杆及麦克式烟囱特写

停泊于舞鹤海军基地西部原通用造船舞鹤事业所造船厂内的“白根”号，直升机机库侧壁特写

停泊于舞鹤海军基地西部原通用造船舞鹤事业所造船厂内的“白根”号，舰桥、主桅杆、麦克式烟囱及直升机机库侧壁特写

停泊于舞鹤海军基地西部原通用造船舞鹤事业所造船厂内的“白根”号，开放式舰艉特写

停泊于横须贺海军基地吉仓码头上的“白根”号，另一侧为一艘十和田级补给舰，舰后背景为吾妻岛油库区

“鞍马”号（DDH-144）服役经历及派遣经验

“鞍马”号于1981年3月27日服役后配属于第2护卫队群第52护卫队。

在日本海上自卫队中，“鞍马”号是第一个安装美制密集阵高性能20毫米机关炮作为近距离防空武器（CIWS）的军舰。此后，日本所有主力水面舰艇都安装了这款武器。随着密集阵的上舰，“鞍马”号针对反舰导弹的自卫能力明显加强。此外，“鞍马”号还是日本海上自卫队中第一个安装可对敌潜艇进行远距离探测的战术拖曳式声呐的军舰，这种声呐可与舰载反潜巡逻直升机联合工作，从而在敌潜艇接近驱逐舰之前进行探测并发起反击。在鞍马号之后建造的通用驱逐舰，都将密集阵和战术拖曳式声呐作为自身舰载武器的标准装备。

1983年3月30日，鞍马号成为第2护卫队群直辖舰；1984年3月30日，成为第2护卫队群旗舰。

2001年11月，基于《恐怖对策特别措置法》，“鞍马”号与“雾雨”号驱逐舰、“滨名”号补给舰共同执行印度洋派遣任务，这支派遣部队主要承担情报收集任务，2002年2月，任务结束后返回。

2003年8月至2004年4月期间，“鞍马”号在三菱重工长崎造船所进行了现代化改装工程。在此期间，承担近程防空导弹管制的射击指挥装置型号由进口的WM-25型换装成日本国产的81式射击指挥装置2型-12（FCS-2-12），防空导弹的发射系统也换装成日本国产的GMLS-3型，防空导弹也更换为RIM-7M型。上述这些装备都移植自2001年8月退役的“高月”号驱逐舰。

2005年1月14日，在印度洋大海啸发生后，为了展开国际救援，基于《国际紧急援助队派遣法》，“鞍马”号作为日本陆海空三军自卫队一员编入派遣部队，紧随先行出发的“国东”号运输舰和“常磐”号补给舰，由佐世保海军基地跟进。

2005年11月，“鞍马”号与“夕立”号驱逐舰共同出动处理日本海上自卫队声称的中国海军“汉级核潜艇侵犯日本领海事件”。

2012年6月21日至6月22日，在朝鲜半岛南方海域，日美韩三国海军实施了联合海上训练。日本海上自卫队参加训练的有“鞍马”号、“雾岛”号（DDG-174）宙斯盾导弹驱逐舰和“夕立”号（DD-103）驱逐舰，美国海军有“乔治-华盛顿”号（CVN-73）核动力航母及其他军舰，韩国海军也有数艘军舰参加。

2012年10月14日，“鞍马”号参加日本海上自卫队年度观舰式活动，时任日本首相野田佳彦乘坐到鞍马号上进行观阅。

目前，“鞍马”号隶属于第2护卫队群第2护卫队，母港为佐世保海军基地。截至2013年9月，“鞍马”号服役已经32年。按照计划，其替代舰为出云级直升机母舰2号舰24DDH，预定于2017年服役。

修理结束后停泊于码头上的“鞍马”号

停好的“鞍马”号与码头另一侧的“白濑”号破冰舰

丨第三节丨日向级直升机母舰

截至2013年10月，在日本海上自卫队现役军舰中，日向级直升机母舰仍然是设计尺寸最大、排水量最大的主力战舰。1号舰“日向”号（DDH-181）于2004年度（平成16年）预算建造，2号舰“伊势”号（DDH-182）于2006年度（平成18年）预算建造，因此这两艘军舰又分别称为16DDH和18DDH。

日向级与世界上可运用“鹞”式短距垂直起降（STOVL）型舰载战斗机的轻型航母基本相当，比如西班牙海军的“阿斯图里亚斯亲王”号航母（2013年2月提前退役）、泰国皇家海军现役的“查克里纳吕贝特号”航母等。不过，日本防卫省至今尚未确定日向级是否要搭载固定翼舰载战斗机。

从舰体设计尺寸来看，日向级的舰体设计甚至超过一些国家海军装备的轻型航母和两栖攻击舰。按照国际标准，这样的庞大舰体及设计标准，通常情况下都称为直升机母舰。日本海上自卫队将其称为直升机驱逐舰，正是为了掩盖这种军舰所具备的强大作战能力。由于日本海上自卫队一直将反潜战作为第一要务，因此，日向级沿袭了前一任榛名级的基本设计，也沿袭了榛名级的舰种分类。

日向级直升机母舰仍然突出反潜战能力，不过，与榛名级和白根级两级直升机驱逐舰相比，日向级的反潜作战能力有“质”的飞跃。首先，榛名级和白根级只能在同一时间内操作1架反潜巡逻直升机，而日向级可在同一时间内操作3架反潜巡逻直升机，这无疑增强了军舰的反潜反应速度、反潜活动范围和潜艇捕捉能力；其次，与榛名级和白根级搭载的SH-60J反潜直升机不同，日向级搭载了反潜增强型的SH-60K反潜直升机，它的反潜作战能力要远远强于前者；最后，日向级的反潜作战系统核心升级为OQQ-21声呐系统，这种强大的反潜电子装备远远强于榛名级与白根级的装备。

与一般国家装备的直升机母舰相比，日向级安装有更加强大的单舰作战武器装备，其综合海上战斗力堪比大型主力导弹驱逐舰。因此，日向级既适合以舰队编队形式参与海战，同样，也能以单舰形式参与海战，其单舰作战装备包括导弹垂直发射系统、反潜鱼雷发射管、大型大功率舰艏声呐、全新开发的C^4I系统等，这些武器系统可承担非常强大的单舰反潜作战能力。与之形成鲜明对比的是，正在建造中的两艘出云级直升机母舰却只安装了一些具备最低限度自卫能力的单舰作战武器，由此看来，出云级直升机母舰将更注重以舰队编队形式参与海战。

在拖船帮助下进入母港的“日向”号（DDH-181）

即将停靠码头的“伊势”号

在拖船缓缓的推力作用下，“日向”号停泊到码头上。可见在码头与日向号舰体之间有一些大型橡胶式浮筒，它可以避免军舰舰体与码头设施之间互相造成损坏

日向级基本概况

日向级直升机母舰在日本海上自卫队中的舰种分类是直升机驱逐舰（DDH），舰名取自日本旧国名“日向”和“伊势”，于2006年至2009年期间建造，2009年开始服。其前级舰为白根级直升机驱逐舰，下一代替代舰为出云级直升机母舰（22DDH）。

日向级标准排水量为13950吨，满载排水量为19000吨，设计全长197米，全宽33米，舰高48米，型深为22米，吃水7米，推进系统采取COGAG工作方式，主机为4部LM2500燃气轮机（25000马力），2部推进器，航速可达30节，乘员340人至360人，近距离防御武器系统（CIWS）为2部高性能20毫米机关炮，配备7挺M2型12.7毫米机关枪，配备1部16单元MK41型MOD22导弹垂直发射系统。

日向级拥有一个大型的全贯通主飞行甲板，因此，可同时运用日本海上自卫队现役的大多数巡逻直升机，这是一种标准的直升机母舰。

由于舰体容积庞大，舰载直升机数量众多，日向级具备非常强大的人员及物资运输能力，它可承担两栖突击登陆、两栖战略投送、两栖任务派遣、灾害派遣等任务。与其他主力战舰相比，此舰种可承担救灾、撤侨、维和等民事任务；与其他直升机驱逐舰相比，此舰种可承担用途非常广泛的多任务作战能力。这是日向级与其他日本海上自卫队现役军舰最主要的一个区别特征。

发展历史概况

日向级直升机母舰为榛名级直升机驱逐舰的替代舰。榛名级直升机驱逐舰1号舰“榛名”号（DDH-43）于1973年服役，鉴于其老化状况严重，2000年，中期防内阁会议决定起动榛名级后续舰的建造计划。根据这次会议，日本内阁提出了3种舰型的设计方案。第一种设计方案的舰型与一直以来的直升机搭载护卫舰相同，都是主甲板上层建筑物设计在舰艏部，舰艉部设计有直升机起降平台。第二种设计方案的舰型是舰桥将主甲板分成前后两个部分，舰桥的前后部分都设计有直升机起降甲板。第三种设计方案的舰型为全贯通主甲板，也就是最终采取的这个设计方案。

在这三种设计方案中，第二种是当初计划选择的，这个方案的设计是主桅杆和烟囱都靠近右舷一侧，左舷一侧设计有与前后直升机起降甲板相连的大型防波板和巨大的舰桥。

2003年，为了提高新型舰的直升机同时运用能力，舰型设计改为第三种方案，同时，向外发布了舰体设计想像图。

在2005年度预算中，日本防卫省紧随日向级1号舰之后要求批准2号舰的建造预算。不过，迫于相关弹道导弹防御建设的压力，日本政府未能批准。在2006年度预算中，日本防卫省的要求才得到满足，日向级2号舰的建造预算于当年度通过。

2003年，日本防卫厅公布的“日向”号设计图（无舰载机）

2003年，日本防卫厅公布的“日向”号设计图（带舰载机分布）

日向级的立体设计模型

舰体设计

与榛名级直升机驱逐舰相比，作为其发展型的日向级直升机母舰，各种能力都有了根本性的提高，其标准排水量也创建了日本海上自卫队历代自卫舰之最，达到了13950吨，满载排水量更是达到了19000吨。

从舰型设计和舰载装备来看，日向级与日本海上自卫队以往的驱逐舰和护卫舰完全不同，这类舰种在日本海上自卫队中主要承担潜艇驱逐（DD）任务，当然这种潜艇驱逐任务主要是通过舰载反潜直升机（H）来完成，故此，日本海上自卫队将其舰种分类定为直升机搭载护卫舰（DDH）。日向级的主战装备是一部16单元MK41导弹垂直发射系统，可发射几种舰对空防空导弹，不过，没有装备速射炮这类大口径舰载主炮，因此，单舰的舰对舰作战不是日向级的主要任务。

在设计阶段，日向级并未考虑运用V/STOL型固定翼舰载战斗机。在搭载和运用这种作战飞机时，大多数的外国军舰都设置了带一定倾角的滑跃甲板，但日向级并没有设计这种助飞甲板。现役阶段的日向级飞行甲板可操作和运用高强度起降的MH-53E这种大型舰载直升机，目前，日本海上自卫队现役的MH-53E直升机设计全重为33.3吨，比“鹞”式II短距垂直起降战斗机的设计全重还重一些。

日向级舰桥设计靠近右舷部，舰艏至舰艉部为全贯通的上部甲板，同时，兼具飞行甲板的任务，这个全贯通甲板可同时起降3架舰载直升机，舰体后部约三分之一部分为水平的直升机甲板，它与以往的直升机搭载护卫舰设计基本相同，不过，这部分起降甲板不具备同时起降舰载直升机的能力，它只有在某一个时间段内进行一种舰载直升机操作，或起飞，或着陆。此外，通过优化设计，遮挡视野的舰桥气流事件也大幅度减少，这样，直升机进行着舰的操作也更加容易。

日向级舰体与上层建筑物都进行了隐身化设计，主要体现在舰体侧面都进行了倾斜设计，舰体表面也都进行了平滑处理，这些措施都可有效防止敌舰对海搜索雷达等探测装备对军舰的探测和跟踪。

作为日本海上自卫队护卫队群的旗舰，日向级具备全面的旗舰能力，可搭载全编制的舰载指挥部，设计有司令办公室、舰载作战参谋人员事务室、司令部人员居住空间、可供紧急灾害对策本部使用的大型会议室等参谋机构设施。

此外，作为主力战斗舰，日向级在设计阶段就充分考虑了女性舰员的搭载问题。舰上设计了专门的女性自卫官居住空间，这部分居住空间可搭载17名女性自卫官。

日本海上自卫队直升机搭载护卫舰舰种基本技术对照表

（包括日向级、白根级和榛名级）

技术标准	日向级	白根级	榛名级
标准排水量	13950吨	5200吨	4950吨
满载排水量	19000吨	6800吨	6850吨
动力系统	4部LM2500燃气轮机（共100000马力）	2组蒸汽涡轮机（共70000马力）	

续表

<table>
<tr><th>技术标准</th><th>日向级</th><th>白根级</th><th>榛名级</th></tr>
<tr><td>航速</td><td>30节以上</td><td>32节</td><td>31节</td></tr>
<tr><td>舰载武器</td><td>高性能20毫米机关炮2部
12.7毫米机关枪7挺
MK41垂直发射系统：16单元（ESSM、VLA）1部
轻型鱼雷3联装发射管2部</td><td colspan="2">54口径5英寸单装速射型舰炮2门
高性能20毫米机关炮2部
海麻雀8联装发射装置1部
阿斯洛克8联装发射装置1部
轻型鱼雷3联装发射管2部</td></tr>
<tr><td>直升机搭载能力</td><td>11架</td><td colspan="2">3架</td></tr>
<tr><td>固定直升机搭载数量</td><td>反潜巡逻直升机3架
（根据需要，可固定搭载扫雷-运输直升机1架）</td><td colspan="2">反潜巡逻直升机3架</td></tr>
<tr><td>直升机同時起飞和着陆</td><td>可能（可同时操作3架）</td><td colspan="2">不可能</td></tr>
</table>

通过上表可以看出，与前一级白根级直升机驱逐舰相比，日向级标准排水量增加幅度达8750吨，其中，约480吨为情报与指挥通信能力提升、设置多任务分区等改进措施增重，约3230吨为直升机同时运用能力提升、增设直升机机库及维修空间、设计2部直升机升降机等改进措施增重，约830吨为舰载武器能力提升、装备舰用声呐及火控系统等改进措施增重，约1120吨为推进系统、配电系统、发电能力提升及装备大功率发动机、发电机等改进措施增重，约2940吨为抗浪性、居住性提升以及动力系统舱段二重构建改造、双层床铺改造、追加休息区舱段等改进措施增重。

与日本海上自卫队其他直升机搭载护卫舰（DDH）相比，日向级拥有更加宽阔的直升机甲板和大型机库，直升机运用能力更加强大。它只需要短短的20分钟时间就可完成一次舰载直升机的起飞和着舰操作，这样的直升机可分为轻型、中型和重型3种。当处于飞行状态中的直升机遇有问题时可立刻进行着舰操作，不会耽误正在进行起飞操作中的直升机升空，这就是同时具备直升机起飞与着舰操作的优势。此前的所有直升机搭载护卫舰都不具备这种技术优势，因此，会面临各种运用制约。在更加宽阔的机库内，日向级可提供直升机主旋翼维修这样级别的大修操作，在进行此类维修期间，不需要再像其他直升机搭载护卫舰一样要到主甲板上去实施，这样就不会影响主甲板上其他的直升机。即使是在极端恶劣的气象条件下，日向级仍可同时展开各种甲板飞行操作和机库内维修活动。

日向级飞行甲板可同时进行3架反潜巡逻直升机的起飞与着舰操作，另外配有1个供运输直升机等其他类型直升机运用的备用直升机起飞与着陆平台，机库可最多存放7架直升机，这样飞行甲板和机库最多可停放11架直升机。

根据平成18年度防卫预算要求，日向级的舰体设计追加了一些设备安装，主要包括在烟囱之间安装海上补给装置、在机库内安装一个中间区及移动装置。

“日向”号内部的各种管线、配线、通道及舷梯设计

“日向”号的航海舰桥内景

“伊势”号的动力舱发动机控制中心

航海舰桥的外部构造

航海舰桥外部平台上的日本海军军官

右舷侧面的小艇存放舱

由舰艏部眺望舰岛及飞行甲板平台

舰岛全视，前方为航海舰桥（主桅杆下方），后方为航空操作与指挥舰桥，中间为动力舱的排烟烟囱及通风孔

主桅杆下的航海舰桥

正视航空操作舰桥及其顶部的玻璃窗户、雷达外罩设施

日向号舰岛右侧布局

锁甲板内景

“日向”号的舰艏部构造

C^{4}I指挥通信系统

作为主力战舰，日向级可完全容纳一个日本海上自卫队护卫队群司令部登舰，其配套基础设施组成舰载指挥作战司令部，这样功能的设施包括旗舰司令部作战室和舰队情报中心（FIC）。其中，舰队情报中心位于第2层甲板，毗连联合情报中心（CIC）的后部，它与美国海军航母及两栖攻击舰所设置的TFCC（特混舰队指挥中心）具备相同的作战指挥与控制功能。在舰队情况中心内，设置有MOF系统的新型舰载终端，这就是所谓MTA的日本海上自卫队基干指挥线路。

此外，为了增强通信功能，日向级还安装了比其他直升机搭载护卫舰所安装的SUPERBIRD B2更先进的系统，这就是高速、大容量的SUPERBIRD D系统，它是一种卫星通信系统。此外，根据情况的需要，日向级还可使用更大容量的Ku波段卫星通信。考虑到要与美国海军进行联合海上作战，日向级上还设置了作为美国海军基干指挥线路的GCCS-M，这种通信线路可通过USC-42 Mini-DAMA供美国海军FLTSATCOM等UHF频率卫星通信使用。

同在第2层甲板前方，日向级设计有一个多目的室。在多目的室内安装有OA地板和可移动式隔断舱，在一些必要的情况下，多目的室的构造布局可进行重大改变，以适应在执行大规模灾害派遣任务时，供由日本地方自治体组成的灾害对策本部使用，在执行海外派遣任务时，供日本陆海空联合任务部队司令部等指挥机关使用。

在联合情报中心（CIC）内设置有OYQ-10型先进作战指挥系统（ACDS），这套系统主要承担单舰作战的战斗指挥与控制任务。OYQ-10系统可为各种舰载装备操作员提供判断支援和操作支援服务，针对各种预想的战术情况，基于大型作战数据库，OYQ-10可通过运用形式化的IF-THEN规则对战术条令进行管制。通过这套系统，装备操作员对各种舰载装备的直接操作降低到最小程度，而战术决策的速度却达到了最大化的程度。同时，通过NOYQ-1舰内联合网络系统，OYQ-1系统又可与FCS-3防空战斗系统、OQQ-21反潜战斗系统、舰载电子战装置等作战系统进行连接。由此，OYQ-1先进作战指挥系统可将全舰的战斗系统纳入到一个统一的系统中来，这套全新的战斗指挥系统总称为先进技术战斗系统（ATECS）。

航空系统设计

通过采取全贯通直甲板设计，日向级具备同时起降大多数舰载直升机的能力；通过配备航空支援设备，日向级又具备级别非常高的舰载直升机维修支援能力；通过配备大型机库，日向级又具备多架直升机容纳能力；通过安装高度先进的C^4I系统，日向级又具备复杂的航空管制能力。通常情况下，日向级可搭载3架SH-60J型或SH-60K型反潜巡逻直升机，与前任榛名级和白根级直升机驱逐舰完全相同。不过，在一些必要的情况下，日向级还可追加搭载1架MCH-101扫雷与运输直升机。

包含航空维修区和直升机升降机在内的日向级机库设计全长为120米，全宽为19米至20米，在机库面积仅为60米×19米的空间范围内，日向级可为日本海上自卫队1个护卫队群搭载标准编制的8架SH-60系列反潜巡逻直升机，这大大提升了护卫队群机动作战能力。通过防火隔断舱，日向级机库被分隔成前后两个机库区。其中，后部直升机升降机包含在后方机库区内，一个20米×20米的航空维修区也设置在后方机库区内，这是最大的一个航空维修区，它可在舰内条件下对舰载直升机的主旋翼进行维修。后部直升机升降机可由飞行甲板直接到达后方机库区，在前后两个机库区，日向级共设计了两部这样20米长度的升降机设施。其中，后部升降机的宽度为13米，它可搭载1架主旋翼处于展开状态下的SH-60系列直升机，后部升降机还可直接将直升机由飞行甲板搬运至航空维修区内。前部直升机升降机的宽度为10米，为小型升降机。此外，对应机库，日向级在舰体前后两侧还安装了2部武器弹药运输升降机，它们可承担直升机机载反舰导弹、鱼雷等武器装备的运输任务。

日向级飞行甲板表面共设计有4个直升机起降平台，其中3个起降平台可同时进行直升机起降操作。日向级没有采取侧舷升降机设计。

在执行大规模灾害派遣任务时，日向级可搭载日本海上自卫队第72航空队和第73航空队所装备UH-60J搜索与救援直升机。同样，在大规模海上作战行动中，日向级还可承担海上作战基地职责，这时主要搭载各种反潜巡逻直升机、武装直升机。

舰载直升机清洗需要大量的淡水资源，因此日向级安装了海水淡化装置，。些海水淡化装置与没有搭载舰载直升机的金刚级宙斯盾导弹驱逐舰是同型同数量。此外，作为辅助热源，日向级还安装了锅炉设备，这些锅炉的型号和数量也与金刚级驱逐舰相同。

前部舰载机升降机及两架舰载直升机

停泊在吴港海军基地内的“伊势”号飞行甲板全视

飞行甲板上舰载消防车

飞行甲板表面的特种铺装材料，防滑性能特别优秀

从舰艏向舰艉前看“日向”号的机库

机库侧面及停放中的一架直升机

正在操作中的舰岛左侧升降机

升降机及舰岛周边的设置

刚刚升至飞行甲板表面的前部升降机

“伊势”号的航空操作舰桥内景

"伊势"号机库及各种特种车辆，包括消防车、拖车、维修车等

单舰作战系统

日向级在舰艉部右舷附近安装了1部16单元的MK 41型导弹垂直发射系统，它可装填和发射防空用增强型"海麻雀"舰对空导弹（ESSM）、反潜用07式垂直发射鱼雷投射火箭（即新型的垂直发射型"阿斯洛克"反潜导弹（VLA））。

自从榛名级直升机驱逐舰以来的DDH舰种都可搭载16枚"海麻雀"近程舰对空导弹（其中8枚装填在垂直发射系统内准备随时发射，另外8枚储存在武器舱内）和16枚"阿斯洛克"反潜导弹（其中8枚装填在垂直发射系统内准备随时发射，另外8枚储存在武器舱内）。不过，日向级所搭载的"阿斯洛克"导弹总数下降，作为补偿，装填"海麻雀"舰对空导弹的MK 41垂直发射系统可每个发射单元另外搭载4枚MK 25型霰弹，这样日向级的实际备弹数和总数都增加了，并且在不需要装填动作的MK41垂直发射系统帮助下，整舰的作战快速反应能力大大加强。此外，日向级还在武器舱内储存了16枚"海麻雀"导弹，作为备弹，这些导弹只够一次导弹齐射。

防空作战系统

日向级防空作战系统核心由日本防卫省全新开发的FCS-3火控系统和OYQ-10先进作战指挥系统构成，这些战斗系统都是具备高度自动化的防空作战系统。

增强型“海麻雀”舰对空导弹是“海麻雀”IPDMS导弹的发展型，前者的机动攻击性能比后者更强。此外，为了同时对多个目标进行反应，增强型“海麻雀”在中途巡航过程中使用惯性制导方式，这样导弹的飞行路径就作了最优化处理。在近距离作战中，为了增强导弹的机动性，导弹的推力也得到增强，导弹的射程也延伸至最大50千米。在射程的末段，导弹的机动性急剧下降，因此增强型“海麻雀”只具备有限的舰队防空作战能力。在日本海上自卫队主力战舰中，从新建时就开始装备增强型“海麻雀”导弹的，日向级还是第一个。

为了有效应对比增强型“海麻雀”可拦截区域更近的近距离航空威胁，日向级还在飞行甲板前端和舰艉部左舷一侧安装了2部美制密集阵高性能机关炮，这些武器主要为近距防御系统（CIWS）。

“日向”号的舰艉部美制近防密集阵（CIWS）

FCS-3火控系统

FCS-3为英文“FIRE CONTROL SYSTEM火控系统3型”的缩略语，其日本防卫省公布的官方正式名称为“00式火控系统”，该系统是继荷兰“阿帕”雷达、英国“桑普森”雷达之后，世界第三套舰载多功能有源相控阵雷达。

FCS-3型雷达由日本海上自卫队自主负责开发，是同时兼备火控系统（FCS）和舰载主防空雷达双重功能的大型雷达系统，为一套综合性的舰载防空作战系统，FCS-3型雷达拥有的超强综合作战性能目前在整个东北亚地区都无出其右者，在全世界的范围来看也走在了技术前列，并很可能会取得进一步的技术优势和世界领先地位。

“东瀛之盾”来源于持续不断的技术积累和资金投入

早在20世纪80年代初期，当时的日本海上自卫队正在论证引进美国海军的宙斯盾系统，但对于没有航母同时又缺乏远程防御能力的日本防卫力量来说，即使是引进了宙斯盾系统也难以拦截所有的反舰导弹攻击。此时日本海上自卫队拥有的是一次只能对付一枚反舰导弹攻击的“海麻雀”防空导弹和20毫米口径的近防舰炮系统，这样简单的近程防御很可能会让“八八舰队”瞬间葬身大海。鉴于此，日本海上自卫队计划引进可同时拦截多个空中攻击目标的单舰防御武器系统，并且其外形尺寸和设计总重量要必须满足日本海上自卫队设计的通用多功能驱逐舰的要求。然而，当时世界上并没有合适的系统可以引进，于是日本海上自卫队决定自行研制。

FCS-3型雷达的研制发韧期可以追溯到1980年至1987年间开始的日本防卫五三中期业务预算至五六中期业务预算，并且在随后的30年间持续不断地投入了大量的研制经费和人力、物力，故此该型雷达才能不断地得到技术方面的积累，并一步步改进和升级，最终成为世界最先进的舰载多功能防空雷达之一。

1986年，当时的日本防卫厅技术研究总部先后耗费了3年时间进行首套FCS-3型雷达技术验证产品的试验性生产，随后这套工作于C波段的相控阵雷达进行了一系列的陆基试验。在各种陆基试验不断取得阶段性成果的基础上，1990年，FCS-3型雷达在进行舰载实战性能测试的前提下，日本防卫厅技术研究总部又开始开发、研制和试生产雷达的阵列面天线，随后，雷达产品和阵列面天线均取得成功。

在FCS-3型雷达研制初期，日本海上自卫队开始在初雪级通用多功能驱逐舰上试验装备这款雷达系统，以测试雷达的实战作战性能。搭载在初雪级通用驱逐舰上时，FCS-3型雷达的主要作战功能都是充当一部防空作战子系统，这套子系统与同时舰载的OPS-14型二坐标防空雷达、OYQ-5型战术情报处理系统、81式火控系统（当时通用的称呼为FCS-2型火控系统）和由“海麻雀”舰空导弹改进后的基本点防御防空导弹发射系统（IBPDMS）共同组成了初雪级驱逐舰的综合作战指挥系统。

在随后研制的朝雾级导弹驱逐舰中，日本海上自卫队又以OPS-24型三坐标雷达替换了OPS-12型二坐标雷达，OYQ-5型战术情报处理系统又升级为OYQ-6型和OYQ-7型版本，而FCS-3型雷达却没有什么太大的技术改进和升级，从上面朝雾级导弹驱逐舰舰载防空电子系统来看，很明显在防空作战能力方面有一个明显的障碍，这主要是来自FCS-3型雷达的。也就是说，在整个防空作战过程中，当OYQ战术情报处理系统通过OPS防空雷达进行空中目标情报处理后，在得到确切的空中形势判断与作战决定时，FCS-3型火控雷达系统的介入出现了障碍。这个障碍就是FCS-3型雷达只能通过舰上武器操作水兵的手动操作才能完成武器发射等操作，而且，其他的大部分作战过程也都需要依赖人的手动操作才能完成，这就很难把握那些稍纵即逝的战机。同时，这种手动的武器操作又成为缩短反应时间的一个重要障碍。

为了克服上述的技术困难，FCS-3型雷达在随后的开发过程中进行了改进，其自动化程度也不断提高，并开始装备于新一代的单舰点防御导弹系统（PDMS）中。在随后的研制与开发过程中，FCS-3型雷达首先实战装备于村雨级驱逐舰的后期型，随后又装备在了高波级驱逐舰。不过装备在上述驱逐舰上的FCS-3型雷达都不是最后定型阶段的正式产品，只能算是实战性能测试中的试验品。

1995年，FCS-3型雷达开始装备于“飞鸟”号试验舰（舷号ASE-6012），随后开始进行了长达5年时间的技术性能与实战性能检验，2000年，FCS-3型雷达最终定型，并正式命名为“00式火控系统”。在2000年的试验中，FCS-3型雷达进行了以应对各种防空威胁为主的空中目标搜索与跟踪试验，并取得了圆满成功。从此，FCS-3型雷达正式成为一款具备多功能的大型舰载防空雷达系统。

为了避免FCS-3型雷达开发结束后就面临落伍的境地，日本海上自卫队决定持续不断地对这套雷达进行技术更新，以保证其不断领先的技术优势，在做出这样的决定后。2004年，在2000年FCS-3型雷达定型后的第四年，日本海上自卫队又开发出了改进型的FCS-3型雷达产品，鉴于其强大的综合性能，日本防卫省决定将其装备于正在计划中的日向级直升机驱逐舰上。

2009年，日本海上自卫队的最新锐轻型航母日向级直升机驱逐舰开始装备已经具备实战能力的改进型FCS-3型雷达，这就是“FCS-3改”型雷达。经过9年时间的后续研制，这种FCS-3改型雷达的技术性能又得到了突飞猛进的发展。其主要改进之处有几点，一是可以对舰载的各种防空导弹进行制导；二是增加了X波段的工作频率；三是另外增加了一部新型作战子系统——这就是名称为“先进技术作战系统”的ATECS新型作战指挥系统，该系统可以与日本海上自卫队自主研制的OYQ-10型新型战术情报处理系统等进行高效的连接。

堪称迷你版“宙斯盾”的综合防空作战指挥系统

FCS-3型雷达的阵列面天线是由无数个布置在雷达表面的砷化镓或其他镓的化合物（比如氮化镓）半导体元件聚集在一起构成的。这些无数个超小型雷达直接向空中发射无线电波，初期的FCS-3型雷达阵列面天线大约由1500多个砷化镓半导体元件构成，后期的各种改进型产品其镓化合物半导体元件数量更多。由这种方式制成的雷达阵列面天线其最大的优点是冗余性高，由于半导体元件有上千个，因此即使其中有少数元件发生故障，也不会影响雷达的整体工作效果。各元件自成模块，这样其可维修性也非常好，可在海上很方便地进行更换。FCS-3型雷达存在的主要缺点是效率低，并且存在发热问题。为了解决这些问题，FCS-3型雷达系统采用了水冷降热方式，在雷达阵列面天线的背面分布着纵横交错的冷却水管。当然，这其中的负面影响是增加了雷达相当的重量和体积。

目前的FCS-3型雷达是工作于C波段的多功能雷达与工作于X波段的导弹制导雷达的组合型双波段有源相控阵雷达，可以通过安装于水面舰艇舰桥上部的固定式雷达阵列面天线进行全方向的半球空间防空目标搜索与追踪。

在FCS-3型雷达研制过程初期，对于其工作波段的选择曾有过激烈的争论，日本海上自卫队当初只是设想这套雷达系统是工作在C波段的可以实施单舰点防空的多功能雷达。当年美国海军在开发“宙斯盾”系统时对于雷达工作频率的选择也出现了激烈的对立，在选择S波段和C波段的问题上，美国海军舰船局和兵器局意见不统一。最终，当时的工程项目负责人温斯顿海军舰队司令决定选择更低工作频率的S波段。

通过美国海军对宙斯盾系统雷达工作频率的争论，日本海上自卫队对FCS-3型雷达的工作频率选择也进行了认真的讨论，他们认为C波段雷达与S波段雷达相比，C波段雷达在低空海上目标搜索与追踪方面具备更加优越的性能表现，同时，雷达的阵列面天线也可以做到更加小型化和轻便化的目标，这样在进行舰体舾装时就会更容易一些。C波段雷达还拥有范围更加广泛信号频带宽度的突出特点，并具备很好的电子抗干扰（ECCM）性能。从另一方面来看，C波段雷达也存在着一些不足，比如对空中目标的探测距离没有S波段雷达远，适应暴风雨等极端恶劣天气的探测性能不好等劣势。

项目开发初期，日本海上自卫队计划FCS-3型雷达将与以99式空空导弹（AAM-4）为基础而研制的采取末段主动雷达制导方式（AHRIM）的XRIM-4型舰空导弹配合使用，以这种方式构成的舰载防空作战系统是日本海上自卫队准备实施的一个大规模研制计划。后来，XRIM-4型舰空导弹的研制计划被无限期推迟，而美国方面又决定中途停止改进型“海麻雀”（ESSM）防空导弹的实用化开发。因此，日本海上自卫队不得不重新考虑FCS-3型雷达与改进型“海麻雀”导弹之间的协调运用，于是，FCS-3型雷达进行了改良设计，这种改进型不仅增加了X波段的工作频率，而且还增加了供有源相控阵雷达使用的照射雷达。

表面上看，FCS-3型雷达的阵列面天线明显比宙斯盾舰的小，这主要是因为前者采取了C波段，而后者采用了工作频率更低的S波段。FCS-3型雷达所采用C波段的主要特点是可从较远的距离上探测反舰导弹等小型空中攻击目标，但对更远距离空中目标的搜索与探测能力比较低，对近距离目标的精确跟踪能力也比较低，因此需要用其他雷达来弥补这两个方面的不足。

FCS-3型雷达具有很强的抗饱和攻击能力，号称迷你版的“宙斯盾”，目前可以同时与32个目标进行作战，而宙斯盾舰也只不过是12个以上的目标。尽管这是目前日本海上自卫队官方公布出来的理论结果，还不知道其具体作战性能如何。但只通过抗饱和攻击能力这一点，就可以看出日本国产的FCS-3型雷达的防空作战能力不可小觑。

FCS-3型雷达在日向级直升机母舰上的应用

与“飞鸟”号试验舰上搭载的FCS-3型雷达4个C波段雷达阵列面天线中的3个被挪用做底架不同，日向级直升机驱逐舰上搭载的FCS-3型多功能雷达中的C波段雷达阵列面天线均采用了砷化镓半导体元件制成，并且所有4个阵列面天线均是全新生产的产品。与“飞鸟”号试验舰相比，日向级驱逐舰上FCS-3型雷达最大的改进之处是在C波段雷达的右方各增加装备了一部X波段雷达，这部雷达主要用于对改进型“海麻雀”防空导弹的制导。为了增强对改进型“海麻雀”导弹的制导，日本海上自卫队又引进了由荷兰泰利斯公司生产的先进相控阵雷达（APAR），这种雷达可以为FCS-3型雷达提供断续等幅波照射（ICWI）算法的辅助功能。日向级舰载FCS-3型雷达另外一个重大改进之处是可以与OYQ-10型新型战术情报处理系统共同组成一个先进的舰载作战指挥系统（ACDS），这套作战指挥系统将会大幅度提高FCS-3型雷达的作战能力。OYQ-10型战术情报处理系统的主要特征是可以为负责舰载武器操作的水兵提供判断支援和操作支援服务，这样便可以及时而准确地完成预想的作战操作，。同时，该装置采用IF-THEN规则，并以形式化的数据库为基础来完成各种控制操作。通过这些技术改进，舰载武器操作依赖于人的程度被降低到了最低限度，其自动化操作程度大大提高，从而使作战决策有了质的飞跃。

FCS-3型雷达和OYQ-10型战术情报处理系统组成的作战指挥系统还可进一步包含新型反潜情报处理系统（ASWCS）和海上舰用电子战控制系统（EWCS），从而组成作战功能更加强大的新型作战指挥系统（ATECS）。此外，以FCS-3型雷达为核心的作战指挥系统中还大量采用了商用现货（COTS）产品，这也是一个重大改进之处，比如日向级驱逐舰上使用的商用现货处理器要比“飞鸟”号试验舰上的处理能力提高至少100倍以上。

日向级驱逐舰上的FCS-3型雷达同时还具备对空搜索雷达和对海搜索雷达的功能，这样，再包括火控雷达和防空雷达这两种基本功能，这套雷达一体化集成了四种雷达功能，同时，整套雷达还进行了紧凑化设计，便于安装和使用。为了突出对近程海上目标和沿海情况的了解和把握，日向级驱逐舰只保留了OPS-20C型导航雷达，而原来水面舰艇一直采用的OPS-24型对空搜索雷达和OPS-28型对海搜索雷达则由于FCS-3型雷达的装备而全部取消。由于日向级驱逐舰是可以搭载多架直升机的轻型航母，因此，由FCS-3型雷达和OYQ-10型战术情报系统组成的作战指挥系统对舰载直升机的飞行也提供了非常全面的航空管制功能。日向级驱逐舰所搭载的FCS-3型雷达的最大防空探测距离为200千米，最大空中目标跟踪总数为300个。

综合上述情况来看，日向级驱逐舰所搭载的FCS-3型雷达不仅承担防空作战指挥功能，还承担其他三种不可替代的重要作战指挥功能。由于日向级驱逐舰上搭载的FCS-3型雷达与“飞鸟”号试验舰搭载的试验雷达之间存在着巨大的差别，日本海上自卫队有一段时间曾经把日向级搭载的FCS-3型雷达称作“FCS-3改”型雷达，后来则全部统称为“FCS-3”型雷达。

航海舰桥上方一大一小的FCS-3型雷达的阵列面天线

FCS-3雷达天线外罩特写

反潜、反水面作战系统

日向级反潜作战系统核心为OQQ-21声呐系统，这是一款全新开发的综合性大型舰艏声呐，它联合了声呐探测装置、反潜情报处理装置和水中攻击指挥装置三种功能于一身。OQQ-21声呐系统接受了“飞鸟”号试验舰的长期海上实战运用测试，其长长的声呐流线型罩前部安装有与一直以来声呐设备完全相同的圆筒形声呐阵列面，在声呐流线型罩后方的两侧面分别安装有舷侧阵列面。与以往的声呐系统相比，OQQ-21的探测距离和浅水海域的探测精度都有了非常明显的提升，鉴于此，日向级并没有安装可确保航空运用能力得以实现的战术拖曳声呐。

作为反潜火力装备，日向级安装了可通过MK 41垂直发射系统发射的垂直发射式阿斯洛克（VLA）反潜导弹以及舷侧HOS-303型3联装轻型鱼雷发射管。在

16个发射单元的MK41垂直发射系统中，有12个发射单元可以分配给垂直发射式阿斯洛克反潜导弹使用。此外，在未来的作战运用中，MK41还计划使用07式垂直发射鱼雷投射火箭（新型“阿斯洛克”）。

HOS-303型3联装轻型鱼雷发射管为68式3联装轻型鱼雷发射管的最新型，它可发射新型的97式轻型鱼雷。

包括本舰的舰载直升机，日向级可对整个作战舰队的反潜巡逻直升机进行统一指挥与控制，因此，整个舰队可展开大规模的反潜战行动。在这些舰队舰载直升机中，SH-60K装备有AGM-114M“地狱火”空对舰导弹，这些武器可对没有安装大口径火炮和反舰导弹的日向级提供间接的反水面火力支援。

为了有效应对来自大洋环境下的恐怖攻击，日向级共安装了7挺M2型12.7毫米口径的机关枪。至于密集阵近距离防御武器系统是拥有光学照射功能的BLOCK 1B型，它可小型、高速的水上威胁目标进行有效的打击和防御。

日向级同型舰

截至2013年，日向级直升机母舰现役两艘，分别是“日向”号和“伊势”号，两艘同型舰在外观上基本完全相同，不过，“伊势”号安装了大型燃料罐及相关海上补给装置，故此可对军舰实施海上横向补给。同时，为了提高直升机运用能力，“伊势”号还在机库内追加安装了起倒式的高架工作台。两艘日向级服役主要用于取代退役的两艘榛名级直升机驱逐舰，而两艘白根级直升机驱逐舰退役后将分别由两艘22DDH级直升机母舰取代。

“日向”号舰名来自日本古国名的日向国，“伊势”号舰名也来自日本古国名的伊势国。两艘同型舰的舰长均为海军上校军衔，日向级基本概况如下：

舷号	舰名	建造日期	下水日期	竣工日期	建造船厂	编制	母港
DDH-181	“日向”号	2006年（平成18年）5月30日	2007年（平成19年）8月23日	2009年（平成21年）3月18日	IHI MU横滨工厂	第1护卫队群第1护卫队	横须贺
DDH-182	“伊势”号	2008年（平成20年）5月30日	2009年（平成21年）8月21日	2011年（平成23年）3月16日	IHI MU横滨工厂	第4护卫队群第4护卫队	吴港

海外派遣与参战经历

世界全球化的脚步越来越快，随之而来的是各种威胁和危机也更趋于多元化。除大规模战争之外，世界性军事作战行动也急剧增加。日向级直升机母舰正是完全以这个作战背景而研制的主力战舰，它将会在未来的世界性军事行动中发挥非常有效的作用。对日本这样一个自然灾害频发的国家来说，日向级还可承担抗震救灾、自然灾害派遣等各种人道主义救援任务。

日向级采用了全贯通甲板等一系列先进的航空设计，其对各种飞机的运用程度达到了最高水平。即使是那些没有采取舰载用途设计的日本陆上自卫队陆军航空兵飞机，以及消防救灾直升机等民用飞机，都可在日向级的飞行甲板上进行起飞和着陆操作。这种功能非常有用，在大规模自然灾害发生时，日向级可充分发挥海上基地的作用，届时，日本海上自卫队MCH-101扫雷运输直升机可进行救灾物资运输，救难飞行队装备的UH-60J直升机可进行伤病员的收治，消防、警察和海上保安厅的直升机可进行管制、补给支援等后勤保障性工作。同时，日向级还可向日本地方自治体相关的单位提供联合对策本部及其配套设施，此外，日向级上还配备有以集中治疗室为中心的大规模舰载医疗设备。

2009年9月5日，“日向”号停泊至日本横滨市横滨港码头上与日本陆上自卫队（派遣UH-1直升机）、日本海上保安厅（派遣AS332直升机）、日本神奈川县警察（派遣AS365直升机）和横滨市安全管理局（派遣AS365直升机）5家单位举行了一次联合防灾训练演习。上述5个单位的派遣直升机在“日向”号飞行甲板上进行直升机起飞与着舰训练，其中，日本海上自卫队的SH-60K直升机主要承担伤病员运输和收治训练。

2009年10月，“日向”号作为受阅舰艇之一参加了当年由日本海上自卫队举行的观舰式活动。

2009年11月10日至11月18日，“日向”号参加了日本海上自卫队和美国海军举行的Annualex 21G海上联合军演，此次也称平成21年度海上自卫队演习。

2011年3月11日，东日本大地震发生，16日下午，“日向”号由横须贺海军基地向东日本三陆海岸挺进。在救灾行动中，“日向”号向受灾地区运输了大量救灾物资，并向受灾者提供洗浴支援服务。出发之前，“日向”号搭载了4架SH-60K反潜巡逻直升机，这些直升机承担了大部分物资搬运及其他人道主义救援任务。

执行任务的“日向”号（前）及另一艘直升机驱逐舰（后）

海上作业的“日向”号及飞行甲板情况

“日向”号正在进行海上舰机协同训练

以“伊势”号为旗舰的护卫队群行进队形，可见“伊势”号及其他后面的宙斯盾导弹驱逐舰、多功能通用驱逐舰队列，还有美国海军的提康得罗加级导弹巡洋舰

第四节 出云级直升机母舰

出云级直升机母舰是日本海上自卫队正在建造中的大型军舰，其舰种分类为直升机驱逐舰（DDH）。1号舰出“云号”由平成22年度（2010年度）提供预算建造，2号舰（舰名未定）由平成24年度（2012年度）提供预算建造，故此这两艘军舰又称22DDH和24DDH。

在平成22年度预算中，日本政府为1号舰“出云”号建造批准了1139亿日元的建造经费，其第一次预算经费更是高达1208亿日元。“出云”号从2012年1月开工建造，预计在大约3年时间内建造完成，2013年8月6日下水，此后是漫长的舾装工程，计划于平成26年度（2014年度）末取代预定退役的“白根”号直升机驱逐舰。

在平成24年度预算中，日本政府为2号舰24DDH批准了1155亿日元的建造经费，预定于平成28年度（2016年）取代按计划退役的“鞍马”号（DDH-144）。

出云级是日本海上自卫队最新的直升机母舰建造计划，因其标准排水量为19500吨，故此又称19500吨级直升机母舰。

2013年8月6日，刚刚由横滨事业所矶子工厂下水的“出云”号（DDH-183）直升机母舰

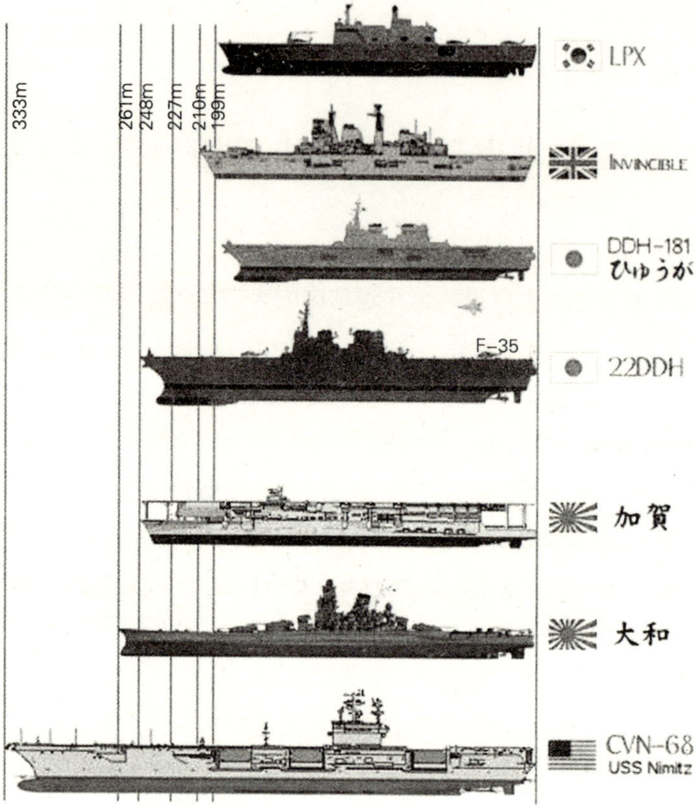

出云级与韩国海军独岛级（LPX）直升机母舰、英国皇家海军无敌级轻型航母、日本“日向”号（DDH-181）、日本帝国海军“加贺”号航母、“大和”号战列舰以及美国海军尼米兹级“尼米兹”号（CVN-68）核动力航母的舰体三维尺寸设计对比示意图

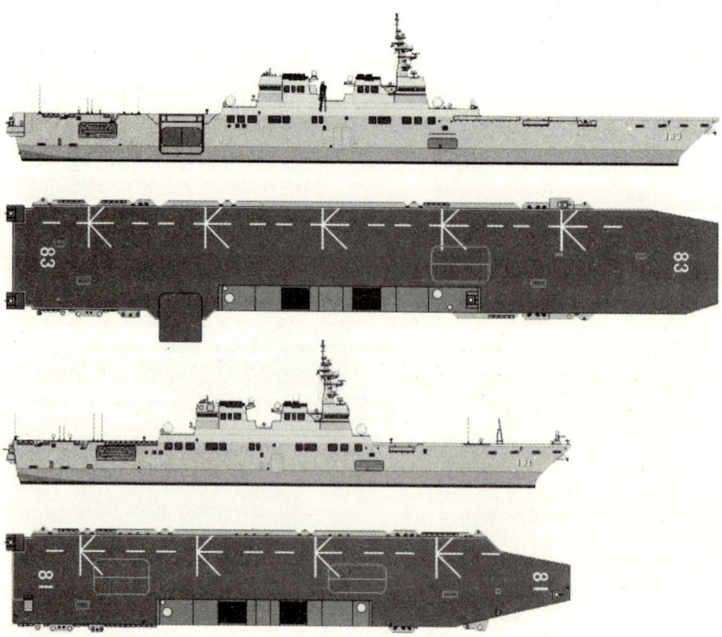

出云级直升机母舰与日向级直升机母舰三维尺寸对照示意图

出云级直升机母舰与日向级直升机母舰并行航行想象示意图

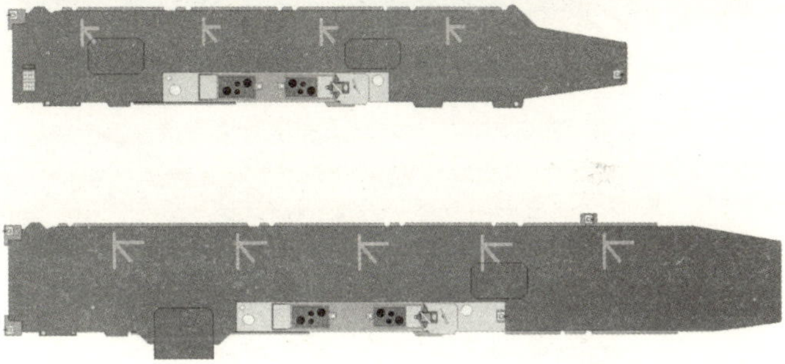

出云级直升机母舰与日向级直升机母舰舰载航空系统对比示意图，最明显的区别有2处，分别是出云级有5个直升机起降平台，日向级则有4个，出云级有一部侧舷升降机，而日向级一直保持日本帝国海军的传统，一律采取飞行甲板内的升降机设计

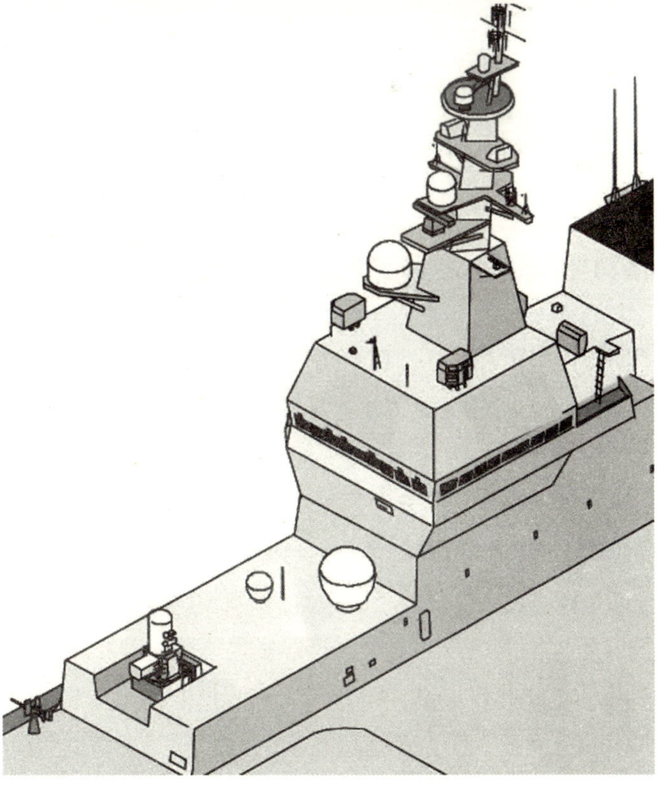

出云级直升机母舰前方舰岛布局结构、电子设备配备以及近防武器系统示意图

出云级飞行甲板设计，可见舰载机布局示意图中使用了F-35“闪电”Ⅱ舰载战斗机，不过，这款设计中没有采取侧舷升降机设计方案

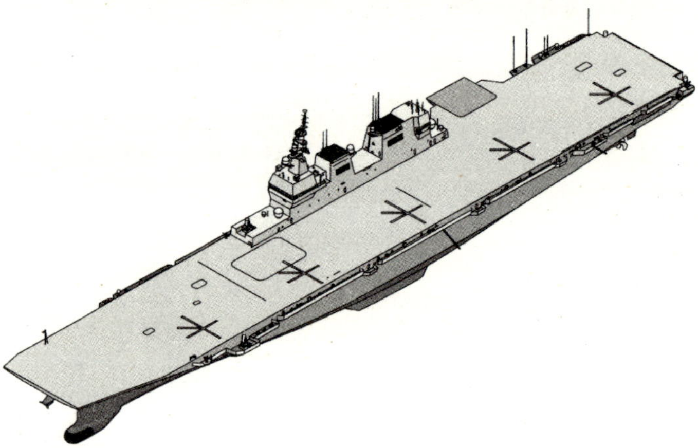

2009年，日本防卫省公布的出云级直升机母舰设计想像示意图，其中5个直升机起降点比日向级多一个，前方舰岛主桅杆上不再配备FCS-3改型有源相控阵雷达

借口中国海军威胁论的开发过程与背景

2009年8月31日，日本防卫省决定为日本海上自卫队建造一艘到目前为止可以搭载直升机数量最多的驱逐舰，全舰采用由舰艏至舰艉的全贯通式飞行甲板设计，其基本定位目标为一艘轻型航空母舰。

2009年9月，在鸠山由纪夫当选日本新首相之后，日本政府于10月提交了新的国防采购预算案，其中包括1181亿日元的新型直升机母舰采购计划。

2009年12月23日，日本政府围绕2010年相关国防预算编成中的自卫队主要武器装备采购问题召开会议，最终确定建造一艘22DDH级直升机母舰的预算费用。

截至2013年10月，日本海上自卫队护卫舰队的主要战术部队共由4个护卫队群构成，每个护卫队群均配备有8艘驱逐舰和8架反潜巡逻直升机，这就是所谓的

"8舰8机体制"。日本防务省把建造这样一艘大型水面舰艇的理由归结为中国海军的不断强大。日本防卫省所属幕僚机关参谋部的相关负责人强调说，中国海军的水面舰艇部队已经配备了具备超强打击能力的海基巡航导弹，这种巡航导弹的服役增强了中国海军的海上打击能力，因此，日本方面有必要就这一变化背景作出回应，也非常有必要强化未来日本方面相关海上安全的监视与应对。

日本政府建造出云级直升机母舰的另一个理由是近年来国际与地区危机援助任务不断增加。目前，参与国际维和行动已经升级为日本防务省航空、陆上、海上三大自卫队的一项基本任务，日本方面也正在积极拓展这方面的行动，期望能够派遣更多的维和部队参与国际事务，以达到增强自身国际地位的政治目的。从日本海上自卫队目前已经拥有48艘驱逐舰的情况来看，如果再能建造更多新型的大型直升机母舰充当运输和后勤支援的海上平台，那么日本参与国际维和行动和地区危机处理的能力将会得到进一步的加强，其处理能力和效率也会进一步提高。

出云级设计诸元及舰载系统概况

出云级设计标准排水量为19500吨（计划），满载排水量为27000吨（计划），设计全长248.0米，全宽38.0米，型深23.5米，吃水7.5米。舰员编制大约470名（包括搭乘人员等在内的定员编制大约为970人，不包括兵力运输能力）。

出云级动力推进系统采取燃气轮机和燃气轮机联合动力装置（COGAG）工作方式，主机配备4部由美国通用电力生产的LM2500IEC型燃气轮机，单机输出功率为28000马力，2轴推进器（5片桨叶，可变距），最大航速可达30节。

舰载武器配备两门美制密集阵20毫米高性能机关炮、两部"海拉姆"近程防空导弹系统。

舰载直升机配备7架SH-60K反潜巡逻直升机、两架运输救援直升机，最大直升机搭载量为14架。

舰载C^4I系统配备OYQ-12战术情报处理装置。

舰载雷达配备1部OPS-50型三坐标对空搜索多功能雷达、1部OPS-28对海搜索雷达和1部OPS-20导航雷达。

舰载声呐配备1部OQQ-22舰艏声呐。

舰载电子战及对抗手段配备NOLQ-3D-1电子干扰装置、6部OLQ-1一式鱼雷防御措施（MOD+FAJ）。

2013年初，正在JMU横滨事业所矶子工厂内建造的“出云”号直升机母舰，可见正在建造飞行甲板以下的部分

2013年，正在建造中的舰岛部分

2013年中，正在JMU横滨事业所内建造的“出云”号直升机母舰，可见飞行甲板以下部分已经建成，正在建造一体化舰岛部分

出云级直升机母舰想像示意图，可见其基本舰型设计与日向级基本相同，都为全贯通飞行甲板、右舷中部一体化舰岛（包括航海舰桥、动力舱烟囱和航空操作舰桥）和封闭式舰艉与舰艏，一部升降机首次突破性地设计在侧舷部，飞行甲板内另有一部。到日向级为止，日本航母的升降机设计一直保持日本帝国海军时代的传统。美国海军的航母可将升降机设计在侧舷部和飞行甲板内，这也是来自二战时期的传统

具备多任务且突出海上反潜航空平台的航空母舰

与前级直升机母舰日向级相比，出云级的舰体全长增加了51米，达到了248米，标准排水量增加了5500吨，达到了19500吨，满载排水量将达到25000吨以上，其综合作战能力与意大利海军2010年服役的“加富尔”号轻型航空母舰基本相当。

与日向级直升机母舰一样，建造中的出云级直升机母舰也将承担起日本海上自卫队所属各护卫队群中旗舰及航空运用中枢舰的职责，同时，还能够非常有效地承担起执行海上及近海灾难救助与支援等人道主义任务，并可以处理地区冲突与危机，参与国际军事与政治活动，当海外日本侨民遇到危险时还可运送他们回国。在执行这些民事任务时，出云级直升机母舰就相当于一个海上浮动的据点，此外，出云级直升机母舰还新增加了舰队作战指挥功能、执行多任务功能、舰队通信指挥功能等日向级不具备的能力，并且，舰载飞行甲板可同时进行多架反潜巡逻直升机的起飞与着陆操作，与航空能力增强相适应又配备有非常先进的航空系统维修设备以及维修设备车间等。

与日向级直升机母舰相比，在建造成本方面，虽然出云级直升机母舰的舰体规模要增加40%左右，但两级舰的建造成本基本相同，单艘出云级直升机母舰的建造成本要比日本海上自卫队不能大量搭载直升机的通用驱逐舰（DD）更低廉一些。比如：与日本海上自卫队正在建造中的秋月级通用驱逐舰相比，出云级直

升机母舰的舰体要比其大4倍以上，而其1208亿日元的首次预算建造成本要比秋月级通用驱逐舰750亿日元的建造成本低廉50%以上。换言之，出云级直升机母舰通过秋月级等通用驱逐舰来执行护航作战功能，因此，其自身建造就节省了不必要的高昂武器系统安装成本。与日向级相比，出云级直升机母舰也是削减了过多的武器配备，专职于舰载反潜巡逻直升机，从而从不必要的作战任务中解放出来而真正成为一级名副其实的轻型航空母舰。

为了能够承担起执行海上作战指挥、航空管制、两栖运输、海上综合物资补给等多任务作战的旗舰，出云级直升机母舰的舰体结构进行了更加优化的设计，尤其是舰体大型化的设计，以确保全舰具备更加优秀的可适航性、多目的操作性、适居住性等基本条件。

此外，为了确保日本近海、领海、200海里经济专属区内以及远洋海上交通的安全，并可以有效地对周边海域担负起巡逻与防御的职责，出云级直升机母舰将舰载有可执行海上作战保护与监视任务的武装直升机，以及执行反潜战的反潜巡逻直升机。这样，舰队的反潜作战战和遂行海上作战能力将会比原来有很大程度的提升。

建成服役后，出云级直升机母舰将会成为日本海上自卫队中最大级别的军舰，尽管其满载排水量还没有公开，不过，通过标准排水量对比也可以得出这样的结论。从历史发展的角度来对比，出云级的舰体设计规模比第二次世界大战期间日本帝国海军的“飞龙”号（标准排水量17300吨，海试排水量为20165吨，舰体全长为227.35米）标准航母还要大，与当时美国海军装备的约克城级（标准排水量为19800吨，舰体全长为247米）航母基本相当。在当代世界海军中，与出云级舰体规模相当的大型军舰有意大利海军的“加富尔”号轻型航母、西班牙海军的“胡安-卡洛斯一世”号两栖登陆舰。

日向级直升机母舰与出云级直升机母舰基本技术数据对照表

主要技术特性	出云级直升机母舰（22DDH）	日向级直升机母舰（16DDH）
标准排水量	19500吨	13950吨
舰全长	248米	198米
舰全宽	38米	33米
最大航速	30节	30节

续表

主要技术特性	出云级直升机母舰（22DDH）	日向级直升机母舰（16DDH）
近防武器系统（CIWS）	2座	2座
“海拉姆”反舰导弹防御系统（SeaRAM）	2座	无
导弹垂直发射装置（VLS）	无	16单元Mk41导弹垂直发射系统
FCS-3改型有源相控阵雷达	无	有
“阿斯洛克”助飞鱼雷发射装置	无	1部
三联装近程鱼雷发射装置	无	2座
舰载巡逻直升机	7架	3架
舰载运输与灾难救助直升机	2架	无
直升机搭载总数量	14架	11架
同时起降直升机数量	5架	4架
两栖运输能力	50辆载重3·5吨卡车	无
海上油料补给能力	有	无
预算资金总额	1208亿日元	1164亿日元（其中“日向”号1057亿日元，“伊势”号975亿日元）

东北亚地区新建最大的海上舰载航空系统

与日向级直升机母舰相比，出云级直升机母舰的航空系统在其基础上进行了很大程度的改进，这也是为什么出云级直升机母舰被称作是日向级直升机母舰改进型的原因。

出云级飞行甲板设计与日向级完全相同，都为全贯通型，在日向级基础上，出云级飞行甲板长度延长了50米，宽度增加了5米。

整体来看，出云级直升机母舰飞行甲板全长与舰体全长相当，均为248米，宽为38米，舰上分布在同一条直线上的直升机起降点为5个，比日向级多了一个起降点，因此，出云级直升机母舰可以同时进行降落与起飞操作的舰载直升机数量也将达到5架，舰载直升机总数可达到14架以上，舰岛被设计在右舷舰舯部位置，这样会腾出更多的飞行甲板空间。前方舰岛主要负责军舰的航海和航空操作，主要包括全舰的海上航行操作以及舰载机航空飞行管制操作；后方舰岛负责舰队操作，主要包括综合作战任务分配，比如应对各种不同事态的舰队作战指挥功能、海上燃油补给等多用途功能、舰队指挥通信功能等。在后方舰岛的后面配备有一部直升机升降机，其直升机往返机库的搬运能力与日向级基本相同，舰内直升机机库总面积及直升机停放能力为日向级直升机母舰的二倍以上。此外，出云级的机库甲板面积要比日向级大2倍以上，这是为了相应增加车辆运输甲板的尺寸。由于出云级直升机母舰舰载直升机运输总数量、飞行甲板停泊直升机总数量以及执行任务的直升机总数量都有相应的大幅度提升，因此，其舰载航空与直升机维修车间及配套设施也相应增加了许多。

出云级的升降机与日向级同型，也在前后部共安装了2部。不过，日向级的升降机都采取飞行甲板内安装方式，出云级的前部升降机仍然采取飞行甲板内安装，而后部升降机则采取侧舷部安装方式。这种升降机配置方式与意大利海军的“加富尔”号轻型航母完全相同。侧舷部安装方式升降机的主要优点为可运输更加大型的舰载机。

虽然到目前为止日本防卫省的相关负责人还没有明确表示出云级直升机母舰将配备美制F-35“闪电”II短距离垂直起降型（STOVL）攻击战斗机，但从出云级直升机母舰的总体布局结构设计上来看，其强大的综合航空作战系统已经完全具备了这样的能力，究竟会不会搭载短距离垂直起降型战斗机还要看时机是否适合。

出云级直升机母舰舰载有不同作战功能的直升机，其中一些直升机可以在作战水域内执行海面巡逻任务，同时，可搜寻、探测和追踪水中的攻击潜艇，进行反潜战任务。所有直升机都可以在敌方海基巡航导弹打击范围外执行巡逻与探测任务，而这一点恰恰是针对中国海军的。

综观上述各种航空系统，出云级直升机母舰的航空综合作战能力要比日向级有很大程度的提升。出云级直升机母舰真正具备了一艘航空母舰所应该具备的航空管制与航空操作能力，并且完全抛弃了日向级直升机母舰所承担的海上作战功能。

两栖综合运输能力

出云级直升机母舰承担两栖综合运输任务的空间主要由飞行甲板下面的三层运输甲板构成，其中，一层甲板主要用于运输日本陆上自卫队配备的各种大型重型运输车辆、日本航空自卫队及自身配备的重型武装直升机以及相关配属装备；一层甲板主要用作舰载直升机综合操作、维修保养车间，可对各种直升机故障进行检修；一层甲板主要用作舰员居住空间、受灾人员运送、武装人员运送以及舰载卫生医疗设施空间——这层甲板空间将主要发挥民事救助功能，参加国际和平援助活动、灾难派遣、侨民运送等诸多民事任务。

整体来看，出云级直升机母舰可以运送4000名日本陆上自卫队全副武装人员或海上自卫队特种作战部队队员，包括随身配备的武器装备，以及50辆日本陆上自卫队配备的新型73式SKW-475·476重型载重运输卡车。同时，该级直升机母舰还可充当舰队综合作战补给舰（AOR、JSS）使用，可为护卫队群中的其他水面舰艇和潜艇提供海上油料与生活、作战物资补给功能，舰载各种油料和饮用淡水为30万升。进行补给时，最多可分别为3艘通用驱逐舰提供海上综合补给。

为了承担运输舰功能，出云级在侧舷部设置了可用于车辆装卸的大型斜坡设施。这种斜坡设施与直升机机库的存放能力结合起来就形成了类似货船的滚装功能，与舰上居住区结合就形成了一座大型的人员与车辆运输平台。

出云级直升机母舰可以运送的73式SKW-475·476重型载重运输卡车为日本陆上自卫队最新配备的车型，其基本技术参数如下：车长为7.150米，车宽为2.485米，车高为3.080米，车身重量为8570千克，公路运输载重6吨，越野运输载重3.5吨，人员运输能力为22人。

与法国海军现役西北风级两栖战略投送舰（BPC）、西班牙海军现役“胡安·卡洛斯一世”号两栖战略投送舰（BPE）、韩国海军现役独岛级两栖攻击直升机母舰（LPH）、美国海军现役黄蜂级船坞登陆直升机母舰（LHD）、意大利计划建造中的LHD16000型和LHD20000型船坞登陆直升机母舰，以及澳大利亚计划建造中的堪培拉级船坞登陆直升机母舰不同，出云级直升机母舰在舰艉部没有设计具备两栖登陆作战能力的浸水船坞。上述国家海军的直升机母舰由于设计了具备两栖突袭攻击作战能力的舰艉部船坞，并可搭载各种类型的两栖登陆攻击艇，因此其两栖作战能力要强出很多。出云级直升机母舰只能在充分利用港口设施的基础上执行港口对港口的有限的两栖运输任务。

与上述直升机母舰相比，出云级的另一个不同具备油料补给功能，它可以充当海上作战舰队的补给舰。这样，作战舰队不需要停靠港口进行燃油补给，整个舰队增强了海上持续作战的能力，这样便可以节约大量的军费预算。

作为补给舰，出云级可携带33万升的干货、油料和真水，这些物资可为3艘通用驱逐舰提供全面的补给。

此外，出云级还拥有医疗舰的功能，其舰载医疗系统设计以摩周级补给舰为基础，舰上拥有最多35张治疗床位的野战医院设备。此外，根据不同需要，出云级可与大隅级运输舰一样在直升机机库内为日本陆上自卫队展开野外手术系统等医疗设施的运用。因此，与日向级相比，出云级的舰载医疗功能大幅度提高。

与日向级完全不同的武器系统

与日向级完全不同，出云级完全突出海上反潜航空平台的职能，而将单舰作战能力限制到了最低水平。在这种设计理念限制下，出云级舰载武器仅限于最低程度的自卫武器，而没有安装像日向级一样的防空、反潜、反舰等武器系统，甚至反潜鱼雷也没有。在完全司职海上大型反潜航空平台之后，出云级不能像日向级一样实施没有护卫的单舰作战任务，它必须随护卫队群这样的编队进行舰队作战任务。

虽然出云级直升机母舰具备非常强大的综合多用途作战功能，但是自身武器系统配备却采用了最小规模的装备标准，其主要原因是舰载武器只限于自身防御用途，并没有打算让该级舰参与到具体的海上作战任务中。出云级直升机母舰具体自身防御武器系统包括两部美制密集阵高性能20毫米口径近防机关炮，两座“海拉姆”反舰导弹防御装置。

出云级的“海拉姆”最大射程只有9.6千米。其安装的密集阵与美国海军的独立级濒海战斗舰为相同型号，在此基础上，它与RIM-116 RAM的11联装发射装置共同组成出云级的近距离防空导弹系统。

与日向级相比，出云级直升机母舰舰载主防空雷达与火控系统不会再沿用日向级的FCS-3改型有源相控阵雷达，可以发射“阿斯洛克”反潜导弹和改进型“海麻雀”（ESSM）近程舰空导弹等武器的导弹垂直发射系统也将省略。

此外，日向级直升机母舰自身具备反潜作战能力，可对敌方潜艇进行探测，甚至于发起毁灭性的打击。出云级直升机母舰本身没有配备可以实施反潜战的“阿斯洛克”反潜导弹（短程火箭助飞鱼雷），但配备了反潜直升机，因此具备日向级一样的反潜战能力。尽管如此，从日本防务省公布的出云级直升机母舰想像设计示意图中可以看出，该级舰还是配备了OQQ-22型反潜探测声呐系统，可由这种系统实施基本的反潜作战任务。

按照日本海上自卫队的未来作战构想，日向级直升机母舰将承担起反潜作战集群的旗舰。同时，该作战集群将由一艘金刚级或爱宕级宙斯盾导弹驱逐舰（DDG）和两艘秋月级通用驱逐舰（DD）担任舰队防空作战任务，并由宙斯盾导弹驱逐舰担任舰队防空指挥功能的中枢舰，舰队反潜作战功能则由水面舰艇之间的数据链接来实现。而出云级直升机母舰的服役将会对这样的反潜作战集群进行进一步的充实，并将由出云级直升机母舰担任舰队司令部的职能。

出云级的动力推进系统

出云级的动力推进系统设计与日向级基本相同，采取COGAG（燃气轮机和燃气轮机联合动力装置）的工作方式，主机配备4部由美国GE公司生产的LM2500型燃气轮机，每2部装备到一个轮机舱内。由于出云级舰体更大，因此，通过采用大输出功率模块的方式，每部燃气轮机的输出功率由日向级的25000马力升至28000马力。

舰载C^4ISTAR功能

在专职“海上反潜航空平台”的设计理念下，出云级的舰载电子装备及舰载声呐也大幅度简化。

在日向级的基础上，出云级的C^4ISTAR（指挥、控制、通信、计算机、情报、监视、侦察等）系统也在整体上进行了轻便化与简化改进。

日向级的多功能雷达采用日本国产的FCS-3型，出云级也仍然搭载同一系列的不同型号。由于出云级已经省略了舰载导弹装备，因此其多功能雷达的导弹射击指挥功能也省略掉，只专职于对空搜索和航空管制功能。在这些变化的基础上，出云级多功能雷达的正式名称为OPS-50。FCS-3将C波段的对空搜索天线和X波段的追踪天线（ICWI）的2个天线做成一组，面向四个方向共有4组，OPS-50只安装了C波段的对空搜索天线。这些天线为固定式的有源相控阵（AESA）工作方式，其安装方法与日向级完全相同。在舰岛前部，它们可在0度至270度之间进行扫描，在舰岛后部，它们可在90度至180度之间进行扫描。此外，为了潜望镜探测等搜索，出云级还安装了一部旋转式OPS-28对海搜索雷达。

在舰载声呐方面，与日向级安装的由舰艏部圆筒形基阵和长大型侧面基阵组成的OQQ-21声呐不同，出云级选择了省略侧面基阵而只保留舰艏基阵的OQQ-22声呐。这种省略主要是因为出云级已经从完全的战斗舰中脱离出来，而司职航空平台，故此，其主动反潜战能力只保留了最低限度。

出云级同型舰

截至2013年10月，出云级直升机母舰计划建造2艘，分别是1号舰“出云”号和2号舰24DDH号（舰名未定）。

新型直升机母舰对东北亚局势的影响

整体来看，出云级直升机母舰无论从作战功能上看，还是从标准排水量等一些基本参数上看，就是一艘彻头彻尾的轻型航空母舰。此外，尽管出云级直升机母舰没有设计舰艉部用于两栖登陆突袭攻击的浸水船坞，然而，只需要再建造第二艘相同类型或另行设计第三级直升机母舰时带上即可。因此，这样具备空中攻击能力以及近海两栖突袭登陆攻击能力的直升机母舰将会违反日本和平宪法的规定，挑战日本立国的根本，也必然会对东北亚地区的军事平衡造成不可估量的影响。

出云级直升机母舰建成服役后，势必会增强日本海上自卫队的作战实力。届时，韩国和中国海军实力也必然会根据情况作出调整。这样，东北亚地区的军事局势走向将会出现很多不确定的因素，而日本海上自卫队出云级直升机母舰也将会背负第一枚“多米诺骨牌”、打开“潘多拉魔盒”的恶名。具体影响究竟如何，中国人民在拭目以待，世界人民也在拭目以待。

第四章

护卫舰队兵器谱排名之导弹驱逐舰（DDG）

自1960年日本海上自卫队开始采购第一艘“天津风”号（DDG-163）导弹驱逐舰以来，截至2013年10月，日本导弹驱逐舰已经经历了五代的发展历史，分别是第一代天津风号、第二代太刀风级、第三代旗风级、第四代金刚级（第一代宙斯盾导弹驱逐舰）和第五代爱宕级（第二代宙斯盾导弹驱逐舰）。另有消息称日本正准备开发第六代导弹驱逐舰，这也是日本的第三代宙斯盾导弹驱逐舰。

无论是在以前的“8舰6机体制”、“8舰8机体制”时代，还是现在的“8舰N机体制”时代，导弹驱逐舰舰一直都是日本海上自卫队四大护卫队群中战斗舰艇的核心和绝对主力。这种战斗舰艇在护卫队群中主要承担舰队防空（区域防空）作战任务，为了承担超过几百千米范围内的舰队防空作战任务，每一代的导弹驱逐舰都安装了当时世界上最先进的舰队防空导弹系统。这种系统主要包括舰队防空导弹发射装置、舰队防空导弹、照射雷达、作战指挥系统等四大部分。

在执行舰队防空作战任务时，日本导弹驱逐舰可为护卫队群中的直升机驱逐舰/直升机母舰这样的反潜战中心提供广阔的防空保护，以阻止来自远程的反舰导弹及敌机的攻击，还可为护卫队群的通用驱逐舰群提供区域防空保护。离开导弹驱逐舰的空中保护，护卫队群将不堪一击，瞬间即溃。

从历史发展顺序、军舰基本设计以及舰队防空作战系统的组成来看，日本海上自卫队五代导弹驱逐舰可分成3个类型，第一个类型只由“天津风”号构成，第二个类型包括太刀风级和旗风级构成，第三个类型包括金刚级和爱宕级构成。

其中，第一个类型的“天津风”号只有1艘同型舰，别的导弹驱逐舰的基本设计、舰队防空作战系统与它都不一样。“天津风”号舰队防空作战系统包括“鞑靼人”系统、“鞑靼人”防空导弹、MK13 MOD0型“鞑靼人”单装防空导弹发射装置（用于“鞑靼人”防空导弹发射，后来也可发射“标准”SM-1MR防空导弹）、MK74型导弹射击指挥装置（GMFCS）和AN/SPG-51B射击指挥雷达。

第二个类型的太刀风级和旗风级基本设计相同，后者为前者的扩大改良型，两级舰的舰队防空导弹作战系统也基本相同。太刀风级舰队防空作战系统包括“鞑靼人D”系统、“标准”SM-1MR防空导弹、

MK13 MOD3/4型单装防空导弹发射装置（用于发射“标准”SM-1MR防空导弹）、MK74 MOD13型导弹射击指挥装置（GMFCS）和AN/SPG-51C射击指挥（照射）雷达（用于“标准”导弹发射的照射）。旗风级的舰队防空作战系统与太刀风级基本相同，不同之处是AN/SPG-51C射击指挥（照射）雷达取消，导弹发射的照射及火控都由MK74 MOD13型导弹射击指挥装置（GMFCS）负责。

第三个类型的金刚级和爱宕级基本设计相同，后者为前者的扩大改良型，两级舰的舰队防空导弹作战系统也基本相同。金刚级舰队防空作战系统包括舰载宙斯盾武器系统（AWS）基线4/5版本、“标准”SM-2防空导弹、MK41 MOD6型防空导弹垂直发射（29+61发射单元，可用于发射“标准”SM-2防空导弹和标准”SM-3弹道导弹拦截导弹）和AN/SPY-1D多功能有源相控阵雷达。爱宕级的舰队防空作战系统也与金刚级基本相同，其中的变化之处有：爱宕级的舰载宙斯盾武器系统升级至基线7.1J版本；MK41发射系统由MOD6升级至MOD20版本，发射单元也升级64+32个，另外这套系统不能发射“标准”SM-3弹道导弹拦截导弹，因此不具备弹道导弹拦截能力。

日本海上自卫队5代导弹驱逐舰（DDG）综合概况对照表：

舰种划代	舰级	建造数量	服役概况	设计排水量（呈明显递增趋势）	三维尺寸（长×宽×吃水）（米）	舰员编制	最大航速
第一代	“天津风”号	1艘	1965年2月15日服役、1995年11月29日退役（作为靶舰被击沉）	标准排水量3050吨	131×13.4×4.1	290人	33节
第二代	太刀风级	3艘（“太刀风”号、“朝风”号和“泽风”号）	服役期间为1976年至2010年	标准排水量3850吨、满载排水量5200吨	143×14.3×4.65	277人	32节

续表

舰种划代	舰级	建造数量	服役概况	设计排水量（呈明显递增趋势）	三维尺寸（长×宽×吃水）（米）	舰员编制	最大航速
第三代	旗风级	2艘（“旗风”号和“岛风”号）	1986年开始服役，至今仍然现役	标准排水量4600吨、满载排水量5900吨	150×16.4×4.8	260人	30节
第四代	金刚级	4艘（“金刚”号、“雾岛”号、“妙高号”和“鸟海”号）	1993年开始服役，至今仍然现役	标准排水量7250吨、满载排水量9485吨	161×21×6.2	300人	30节
第五代	爱宕级	2艘（“爱宕”号和“足柄”号）	2007年开始服役，至今仍然现役	标准排水量7700吨、满载排水量10000吨	165×21×6.2	300人	30节

第一节 太刀风级导弹驱逐舰

太刀风级导弹驱逐舰是继“天津风”号（35DDG）之后日本海上自卫队第二代导弹驱逐舰（DDG），它基于日本海上自卫队第3次防卫力整备计划（简称为3次防）进行采购和建造。在日本海上自卫队中，太刀风级是动力推进系统仍然采用蒸汽涡轮机的最后一级驱逐舰。

停泊于母港内的“泽风”号（DDG-170）

太刀风级开发概况

在1次防末期，日本海上自卫队在“天津风”号导弹驱逐舰上首次安装了“鞑靼人”防空导弹系统，对于这种舰队防空武器的性能表现，日本海上自卫队非常满意。但这艘导弹驱逐舰的采购费用太高，当时，1艘高月级多目的驱逐舰的采购费用大约为70亿日元，而“天津风”号的采购费用却高达大约98亿日元，这对当时的日本海上自卫队来说是极高的成本。在“天津风”号之后几乎10年时间内，日本都无法再建造如此高性能的导弹驱逐舰。

后来，随着日本海上自卫队装备的直升机驱逐舰（DDH）开始走出近海海域面向远洋作战，日本海上自卫队需要建造大型的导弹驱逐舰以提供舰队防空能力。于是，从昭和46年（1971年）度计划起，日本海上自卫队开始采购太刀风级导弹驱逐舰。3艘太刀风级的单艘采购费用最终飙升至大约185亿日元。

太刀风级担当护卫舰队旗舰

1998年，日本海上自卫队对“太刀风”号进行了舰队司令部功能改装，改装过程中，第2号炮塔被拆掉，随后安装了大量的舰队司令部设备。此后，直到2007年1月15日退役，“太刀风”号一直担任日本海上自卫队护卫舰队旗舰职责。

随着太刀风号的退役，日本海上自卫队废除了护卫舰队旗舰的任务分派。尽管如此，2007年3月25日，太刀风级3号舰“泽风”号开始承担护卫舰队直辖舰。事实上，这种直辖舰就相当于舰队旗舰。

不过，“泽风”号在担当直辖舰期间，第2号炮塔并没有拆除。2010年6月25日，随着泽风号的退役，日本海上自卫队又废除了以护卫舰队旗舰作为参考标准的护卫舰队直辖舰的任务分派。

此后，日本海上自卫队护卫舰队再也没有旗舰和直辖舰的任务分派。

太刀风级的性能诸元概况

太刀风级设计标准排水量为3850吨（“泽风”号增加100吨），满载排水量为5200吨，舰体设计全长143米，全宽14.3米，型深9米，吃水4.65米。舰员编制227人（“朝风”号和“泽风”号为250人）。

动力推进系统主锅炉为两部由三菱长崎CE公司生产的双体水管型锅炉，蒸汽涡轮机为两部由三菱重工生产的船用双体震动型蒸汽涡轮机，每蒸汽涡轮机的输出功率为30000马力（22000千瓦），双轴推进器（转速为340r/min），最大航速可达32节。

太刀风级舰体设计及动力系统

从舰体设计规模来看，“天津风”号舰载装备深受舰体小型化的限制。太刀风级的舰体规模在“天津风”号基础上明显扩大，充分利用了高月级多目的驱逐舰的设计理念，其整体设计是直接将“鞑靼人”防空导弹系统融入了高月级

（38DDA）的舰体。

太刀风级主锅炉采用与“高月”号（38DDA）和“望月”号（40DDA）属同一系列的船用2体水管型锅炉，由三菱重工长崎造船所和美国CE公司生产，这型锅炉的输出功率及蒸汽参数与高月级驱逐舰基本相同，其蒸汽压力为40kgf/cm²（570psi），温度为450摄氏度，蒸汽发生量为各120吨每小时。主蒸汽涡轮机是由三菱重工生产的船用双体震动型混联型，汽缸的构成与榛名级（43/45DDH）直升机驱逐舰相同，为高压巡航一体型涡轮机与低压涡轮机的组合体。

太刀风级动力系统设置了专门的发动机操纵室，这个操纵室可对锅炉、涡轮机、各种辅机的操纵及运转情况进行全面的自动监视。与其他采取蒸汽涡轮机作为动力系统的军舰相比，太刀风级的自动化操作水平明显提高。

此外，与高月级驱逐舰相同，太刀风级的烟囱是与主桅杆设计在一起的一体化麦克式，共设置了2座烟囱。

“泽风”号舰桥内的操舵轮

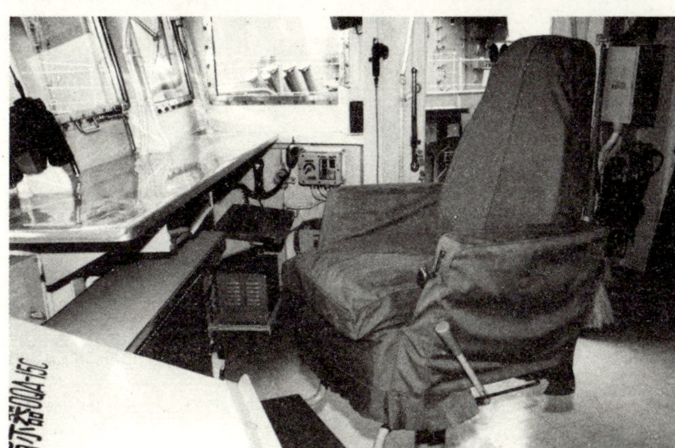

“泽风”号舰桥内位于右舷部的舰长席，可以看出泽风号此时的舰长为海军中校

太刀风级舰载装备

作为日本海上自卫队的导弹驱逐舰，太刀风级第一个安装了“鞑靼人-D”防空导弹系统，所携带导弹也由RIM-24型“鞑靼人”换装为RIM-66型的“标准-MR”防空导弹，其他舰载武器还有MK42型5英寸舰炮和“阿斯洛克”反潜导弹，上述所有舰载武器配置基本以高月级驱逐舰为标准。

太刀风级前甲板安装了5英寸舰炮和“阿斯洛克”反潜导弹发射装置，舰体后部也安装了5英寸舰炮，舰艉部安装了MK13型单装导弹发射系统（GMLS），此外，供“标准”防空导弹进行发射管制的2部AN/SPG-51型照射雷达也安装在舰体后部。

太刀风级的防空导弹系统由“鞑靼人”升级至“鞑靼人-D”，后者是前者的改良型，由美国海军开发，“鞑靼人-D”在“鞑靼人”的基础上融入了美国海军的海军战术情报系统（NTDS），不过，太刀风级以美国海军的海军战术情报系统为标准安装了相当级别的战术情报处理装置。通过这些信息化系统的上舰，太刀风级成为日本海上自卫队中第一个安装如此大规模高性能计算机的军舰舰级。作为舰载信息系统的核心，太刀风级的战术情报处理装置可对各种舰载电子传感器及舰载武器进行综合管制。3艘太刀风级同型舰安装了不同的战术情报处理装置，其中，1号舰“太刀风”号（46DDG）安装的是OYQ-1B WES（武器效能系统），2号舰“朝风”号（48DDG）安装的是OYQ-2B TDS（战术数据系统）。

这些战术情报处理装置在没有安装战术数据链的情况下可对战术情报处理（NTDS）及武器管制（MK13 WDS）进行一元化的综合处理，它们是舰载战斗系统的核心。在后续改装过程中，太刀风级逐步可对11号数据链进行运用。

根据计划年度安排，与2号舰“朝风”号相差5年时间之后建造的3号舰“泽风”号（53DDG）安装了更新型的战术情报处理装置，即为OYQ-4 CDS（作战指挥系统），它可运用11号数据链，供主炮管制使用的射击指挥装置以及对海搜索雷达、声呐等舰载装备也都进行了更新换代，舰载电子仪器也全部更新到后4次防时代。

另外，“泽风”号舰载武器系统中的导弹发射装置（GMLS）也更新至可发射“鱼叉”反舰导弹的Mk.13 mod.4型，“阿斯洛克”反潜导弹发射装置也增加了自动装填功能。这些舰载战斗系统基本都由第三代导弹驱逐舰旗风级（56/58DDG）继承下来。此外，3艘太刀风级都在后来安装了2门美制密集阵高性能20毫米机关炮，这些武器的上舰大大提高了军舰整体的近距离防空能力。

根据计划安排，太刀风级1号舰“太刀风”号的替代舰为爱宕级宙斯盾导弹驱逐舰1号舰“爱宕”号（14DDG），2号舰“朝风”号的替代舰为爱宕级2号舰“足柄”号（15DDG），至于太刀风级3号舰“泽风”号的替代舰计划还没有正式公布。

从舰艉部看“泽风”号的舰载装备局部，可见由舰艉至舰艏的装备依次有1部Mk.13 mod.4导弹发射装置（GMLS）、1门5英寸主炮、2部上下并列安装的AN/SPG-51C导弹射击指挥装置（照射雷达）、1部AN/SPS-52B三坐标雷达

“泽风”号安装于舰艏部舰桥前方的1部74式“阿斯洛克”反潜导弹（SUM）8联装发射装置特写，可见发射装置封盖处于封闭状态下，每部装置可在军舰出海前装填8枚“阿斯洛克”反潜导弹，很显然，这种倾斜式发射的“阿斯洛克”早于垂直发射型的“阿斯洛克”（VLA）

"泽风"号74式"阿斯洛克"反潜导弹（SUM）8联装发射装置左舷仰视

"泽风"号的舰艏部5英寸主炮，它与舰艉部的另一门5英寸主炮可为护卫队群的"鞑靼人-D"舰队防空提供补充，其后为"阿斯洛克"反潜导弹8联装发射装置

"泽风"号的舰艉部5英寸主炮特写，其顶部为2部上下并列安装的AN/SPG-51C导弹射击指挥装置（照射雷达），它可对"标准"防空导弹的发射进行管制

“泽风”号舰艉5英寸主炮后面的Mk.13 mod.4导弹发射装置（GMLS），它是“鞑靼人-D”防空导弹系统中的防空导弹发射装置，这部装置可发射“标准”SM-1MR防空导弹（SAM）和“鱼叉”反舰导弹（SSM），在进行“标准”防空导弹发射时，对发射操作进行管制的2部AN/SPG-51C照射雷达就并列安装于舰艉5英寸主炮的顶部

“泽风”号舰队防空作战武器集中特写，包括“标准”防空导弹发射装置、5英寸主炮及导弹发射管制雷达

太刀风级舰载武器及电子装备详细列表

由于建造间隔时间较长，因此，3艘太刀风级同型舰之间的舰载装备差距较大，下面列表对这些变化进行了对照说明：

<table>
<tr><th></th><th>“太刀风”号（46DDG）</th><th>“朝风”号（48DDG）</th><th>“泽风”号（53DDG）</th></tr>
<tr><td rowspan="5">舰载武器</td><td colspan="3">73式5英寸54倍径单装舰炮×2门</td></tr>
<tr><td colspan="3">美制密集阵高性能20mm机关炮（CIWS）×2门
（服役后期安装上舰）</td></tr>
<tr><td colspan="2">Mk.13 mod.3单装导弹发射装置×1部（可发射“标准”SM-1MR防空导弹）</td><td>Mk.13 mod.4导弹发射装置（GMLS）×1部
（可发射“标准”SM-1MR防空导弹（SAM）/“鱼叉”反舰导弹（SSM））</td></tr>
<tr><td colspan="3">74式“阿斯洛克”反潜导弹（SUM）8联装发射装置×1部</td></tr>
<tr><td colspan="3">HOS-301 3联装轻型鱼雷发射管×2部</td></tr>
<tr><td rowspan="5">舰载C⁴I系统</td><td colspan="3">最低工作频率（MOF）系统（“超级鸟”B2卫星通信）
（服役后安装上舰）</td></tr>
<tr><td>OYQ-1 WES</td><td>OYQ-2 TDS</td><td>NTDS（OYQ-4 CDS+11号/14号战术数据链）</td></tr>
<tr><td colspan="3">Mk.74 mod.13导弹射击指挥装置</td></tr>
<tr><td colspan="2">FCS-1A（72式）主炮射击指挥装置</td><td>FCS-2-21（81式）主炮射击指挥装置</td></tr>
<tr><td colspan="3">SFCS-6A水中射击指挥装置（UBFCS）</td></tr>
<tr><td rowspan="5">舰载雷达</td><td colspan="3">AN/SPS-52B三坐标雷达</td></tr>
<tr><td colspan="3">OPS-11B对空搜索雷达</td></tr>
<tr><td colspan="2">OPS-17对海搜索雷达</td><td>OPS-28对海搜索雷达</td></tr>
<tr><td colspan="3">OPS-20导航雷达</td></tr>
<tr><td colspan="3">AN/SPG-51C导弹射击指挥装置（照射雷达）×2部</td></tr>
<tr><td>舰载声呐</td><td colspan="2">OQS-3A舰艏安装式</td><td>OQS-4舰艏安装式</td></tr>
<tr><td rowspan="4">舰载电子战与对抗措施</td><td>NOLR-6 ESM</td><td colspan="2" rowspan="2">NOLQ-1统合电子战（ESM/ECM）装置
（包括OLR-9B导弹警报装置）</td></tr>
<tr><td>OLT-3 ECM</td></tr>
<tr><td colspan="3">Mk.36 mod.2 SRBOC（Mk.137发射装置×4门）</td></tr>
<tr><td colspan="3">AN/SLQ-25反鱼雷诱饵</td></tr>
</table>

“泽风”号的主桅杆，大部分舰载C^4I系统设备、舰载雷达及舰载电子战与对抗措施都安装在主桅上

太刀风级同型舰

太刀风级同型舰共建有3艘，分别是1号舰“太刀风”号、2号舰“朝风”号和3号舰“泽风”号。

3艘太刀风级舰长或为海军上校，或为海军中校。

基本概况如下表：

舷号	建造序号	舰名	建造日期	下水日期	竣工日期	退役日期	建造船厂	服役期
DDG-168	2308	“太刀风”号	1973年（昭和48年）6月19日	1974年（昭和49年）12月17日	1976年（昭和51年）3月26日	2007年（平成19年）1月15日	三菱重工长崎造船所	31年
DDG-169	2309	“朝风”号	1976年（昭和51年）5月27日	1977年（昭和52年）10月15日	1979年（昭和54年）3月27日	2008年（平成20年）3月12日	三菱重工长崎造船所	29年

续表

舷号	建造序号	舰名	建造日期	下水日期	竣工日期	退役日期	建造船厂	服役期
DDG-170	2310	“泽风”号	1979年（昭和54年）9月14日	1981年（昭和56年）6月4日	1983年（昭和58年）3月30日	2010年（平成22年）6月25日	三菱重工长崎造船所	27年

太刀风级服役经历

“太刀风”号（DDG-168）

“太刀风”号基于《第3次防卫力整备计划》作为昭和46年度计划3800吨级驱逐舰2308舰建造，1976年3月26日服役后成为第2护卫队群的直辖舰。

1983年3月30日，“太刀风”号配属于第2护卫队群第62护卫队；1993年3月26日，配属于第4护卫队群第1护卫队。

1998年2月，第2号炮塔拆除后进行了舰队司令部功能改装工程，此后，作为护卫舰队第3代旗舰部署于横须贺海军基地内。

2007年1月15日，“太刀风”号正式退役。

2009年6月5日至6月8日，在日本八丈岛东南海域，日本海上自卫队对退役的“太刀风”号进行了实弹射击训练，在训练中，作为实弹射击靶舰的“太刀风”号遭受多艘军舰及舰载机射击后沉没。

1990年，航行于菲律宾吕宋岛附近海面的“太刀风”号

参加2006年度日本海上自卫队观舰式活动的“太刀风”号

服役期间停泊于吴港海军基地内的“太刀风”号，其后为“妙高”号宙斯盾导弹驱逐舰

吴港海军基地新型E码头上的“太刀风”号及其他通用驱逐舰和导弹驱逐舰

2008年，退役后的“太刀风”号处于靶舰状态

“朝风”号（DDG-169）

“朝风”号于1979年3月27日服役后，成为第1护卫队群的直辖舰。

1981年3月27日，“朝风”号配属于第1护卫队群第61护卫队；1995年3月16日，配属于第4护卫队群第64护卫队。

2002年7月，基于《恐怖对策特别措置法》，“朝风”号与“电”号驱逐舰共同执行印度洋派遣任务。

2008年3月12日，“朝风”号退役。在服役27年时间内，“朝风”号海上航行距离相当于绕行地球大约36周，总里程为117.35万千米，曾经4次代表日本海上自卫队参加环太平洋联合军事演习（RIMPAC）。

退役后，从2009年6月开始，“朝风”号一直停泊于佐世保海军基地附近的佐世保湾内。2009年8月中旬，“朝风”号到达日本佐贺县伊万里市的伊万里港内开始进行拆解处理，2010年3月，“朝风”号拆解工程结束。

在平成18年度日本海上自卫队观舰式中，作为受阅军舰之一的“朝风”号航行于行进队列之中

“朝风”号的舰艏布局

“朝风”号的舰艉布局

退役后的“朝风”号停泊于港内，可见舷号已经去掉

“泽风”号（DDG-170）

“泽风”号基于《第4次防卫力整备计划》作为昭和53年度计划3800吨级驱逐舰2310舰建造，1983年3月30日服役后配属于第2护卫队群第62护卫队，母港为佐世保海军基地。

由于建造间隔时间较长，“泽风”号与太刀风级1号舰和2号舰的外观区别非常明显，比如：“泽风”号舰桥构造物前面的下半部分为倾斜面，“阿斯洛克”反潜导弹的装填方法也由传统的起重机吊装方式改变为直接装填方式。同时，舰艉部安装的MK13型单装导弹发射装置不仅可以发射“标准”SM-1防空导弹，而且，还可发射“鱼叉”反舰导弹，此外，5英寸舰炮的射击指挥装置更新为2型，对海搜索雷达也换装了OPS-28型。

2002年2月，基于《恐怖对策特别措置法》，“泽风”号与“榛名”号直升机驱逐舰、“常磐”号补给舰共同执行印度洋派遣任务，6月，任务结束后返回。

2007年1月15日，继“太刀风”号之后，“泽风”号承担护卫舰队第4代旗舰职责。

2010年6月26日，“泽风”号与“初雪”号通用驱逐舰一起向时任横须贺地方总监的松冈贞义海军上将（3星）返还了自卫队旗，而后正式退役。在服役期间，“泽风”号总航程大约为69万海里（大约128万千米）。

停泊于横须贺海军基地内的“泽风”号

横须贺海军基地吉仓码头上，与“浦贺”号（MST-463）扫雷母舰停泊在一起的“泽风”号

停泊于吉仓码头上的“泽风”号侧视

| 第二节 | 旗风级导弹驱逐舰

旗风级导弹驱逐舰是日本海上自卫队继“天津风”号、太刀风级（46DDG）之后建造的第三代导弹驱逐舰，其下一代就是大名鼎鼎的金刚级宙斯盾导弹驱逐舰。与“天津风”号、太刀风级一样，旗风级仍然担任舰队防空作战任务，因此，舰载舰队防空作战系统成为整舰的设计中心。

从日本海上自卫队导弹驱逐舰舰种发展历史来看，旗风级并没有什么惊世骇俗之举，只是一级沿续太刀风级设计的普通导弹驱逐舰。与太刀风级相比，在舰载武器布局与设计方面，旗风级的主要变化之处有两个：其一，将舰队防空导弹发射装置由舰艉部移至舰艏部，相应的火控雷达也由舰艉部移至舰艏部，雷达数量没变；其二，增加安装了倾斜式“鱼叉”反舰导弹发射装置。

旗风级导弹驱逐舰1号舰“旗风”号（DDG-171）

停泊于横须贺海军基地船越地区日本海上自卫队自卫舰队、护卫舰队等司令部大楼外码头上的“旗风”号，可见与舰艏主炮大致相同位置的水线部分排水口正在排放经过处理后的污水

“旗风”号导弹驱逐舰，可见舰队防空导弹系统集中安装于舰艄部

旗风级导弹驱逐舰2号舰“岛风”号（DDG-172）

向日本民众公开展示中的“岛风”号

旗风级的基本概况

旗风级导弹驱逐舰虽然从划代上来看是第三代导弹驱逐舰，不过，与第二代太刀风级导弹驱逐舰相比，两级军舰在舰载装备方面并没有太大的变化。具体来看，作为导弹驱逐舰舰种，旗风级是日本海上自卫队中第一级使用燃气轮机作为动力推进系统主机的导弹驱逐舰，其动力推进系统工作方式采取燃气轮机和燃气轮机联合推进（COGAG），即采取巡航与高速并用的推进方式，在巡航阶段只有一部分主机工作，在高速阶段则全部主机都工作。

COGAG推进方式是日本海上自卫队第一次实际运用尝试，此后，日本海上自卫队所有计划建造的甲型警备舰（包括通用多功能驱逐舰、导弹驱逐舰和直升机驱逐舰三种日本核心主力战舰）都采取COGAG推进方式。因此，从日本海上自卫队军舰发展历史上来看，旗风级所采用的COGAG是一次非常重要的全新设计，它开创了一个时代。

下一代金刚级实际上是美国海军阿利·伯克级宙斯盾导弹驱逐舰的准同型舰。与此不同，旗风级的基本设计完全由日本独自开发。因此，日本的国产军舰建造技术很多。

初期计划，日本海上自卫队预定建造5艘旗风级驱逐舰，不过，由于受制导方式的限制，日本最后决定引入美国海军的宙斯盾导弹驱逐舰，而旗风级只建造了两艘就此结束。旗风级安装的照射雷达不仅数量有限（两部），而且，雷达对目标的追踪数量也严重受限，因此整个军舰的防空作战能力就明显不足，这是旗风级遭淘汰的最主要原因。

旗风级服役后还没有进行任何现代化的改装工程，因此服役20多年来舰体外观及舰载装备都没有太大的变化。根据平成24年度和平成25年度预算，在日本海上自卫队要求对两艘旗风级军舰进行现代化改装以延长服役期的情况下，日本政府已经开始提供先行零部件采购所需要的预算，根据计划安排，在现代化改装之后，两艘旗风级的服役期可再延长5至10年时间。

“岛风”号轮机舱内的操作控制中心，这个中心可对所有的舰上动力推进系统进行管理和控制

“旗风”号的发动机操纵室

基本技术参数及舰载系统

旗风级设计标准排水量为4600吨（“岛风”号增加50吨），满载排水量为5900

吨（“岛风”号增加50吨），舰体设计全长150米，全宽16.4米，型深9.8米，吃水4.8米。舰员编制260人。

动力推进系统采取COGAG工作方式，主机为两部罗尔斯·罗伊斯奥林巴斯TM3B型燃气轮机和两部罗尔斯·罗伊斯斯佩SM1A型燃气轮机，总输出功率72000马力，两轴推进，最大航速可达30节。

舰载武器配备两门73式54倍径5英寸单装舰炮、两门美制密集阵20毫米高性能机关炮（CIWS）、1部Mk.13 mod.3防空导弹单装发射装置（可发射“标准”防空导弹）、两部4联装“鱼叉”反舰导弹发射筒、1部74式8联装“阿斯洛克”反潜导弹（SUM）发射装置和68式324毫米3联装轻型鱼雷发射管。

舰载C^4I系统配备最低工作频率（MOF）系统——“超级鸟”（SUPERBIRD）B2卫星通信、海军战术情报系统（OYQ-4-1战术数据系统加上11号和14号战术数据链）、两部Mk.74 mod.13导弹射击指挥系统（FCS）、两部81式2型-21C射击指挥装置（主炮火控系统）和1部SFCS-6A水下射击指挥系统。

舰载雷达系统配备1部SPS-52C三坐标主防空雷达、1部OPS-11C对空搜索雷达和1部OPS-28B对海搜索雷达。

舰载声呐系统配备1部OQS-4舰艏声呐。

电子战与对抗手段配备1部NOLQ-1-3型ESM/ECM（电子支援措施/电子对抗措施）、1部OLR-9B型雷达报警接收机和4部Mk.137型诱饵与照明弹发射装置。

舰载航空系统设计有直升机甲板和机库，不过，没有配备随舰同行的固定舰载直升机。

旗风级的舰体设计

从基本设计上来看，旗风级在舰艉部甲板设计有可供舰载直升机起飞与降落使用的飞行甲板，不过舰上并没有设计供舰载机直升机存放与进行初级维护的机库，因此无法分配固定的舰载直升机，只可允许舰载直升机进行中途停留。在远洋过程中，为了控制军舰的摇晃，旗风级为此专门设计安装了尾翼稳定器。

整体来看，旗风级的基本舰型设计沿袭了白根级（50DDH）直升机驱逐舰的设计，主要继承设计有三个，分别是背负式配置的前甲板主副舰炮武器、增强抗浪性设计的斜肋骨线舰体布局和所谓的“舰艉开放式甲板”，此外，在舰桥设计上，旗风级包括涡轮排气孔在内的上层建筑还以初雪级（502DD）通用多功能驱逐舰为基础。

为增强海上战场快速反应能力，旗风级在前甲板1号主炮位置的前边还安装了1部旋转式防空导弹发射装置，以此相对应，一些相关防空导弹发射的装置也都配备在前甲板。同时，为了保护防空导弹发射装置免于海浪的影响，舰艏部被设计成具备保护功能的堡垒状，从整个日本海上自卫队建造的驱逐舰来看，只有旗风级采取了这样的设计。旗风级前甲板由前至后的武器装备分别是Mk13单装防空导弹发射装置、5英寸单装舰炮、阿斯洛克8联装发射装置。

从设计外观上来看，旗风级1号舰旗风号与2号舰岛风号并没有区别，不过，岛风号的锚采取了直线形状的全新设计，即海军锚。

“岛风”号的舰艉开放式甲板设计，上面为自卫舰旗及直升机起降平台

“旗风”号的开放式舰艉

“岛风”号的舰体中部右侧舷设计布局

“旗风”号舰桥顶部的左右舷观礼平台

“旗风”号动力舱烟囱前后部的设计布局，可见舰艏前部有起重机正在向舰队防空导弹发射装置内吊装“标准”防空导弹

“旗风”号动力舱烟囱设计特写

舰载武器系统

旗风级的舰载武器系统设计以太刀风级导弹驱逐舰3号舰“泽风”号为基础进行，本级军舰作战系统的核心是战术情报处理装置，它是由OYQ-4系统发展而来的OYQ-4-1系统。在与旗风级同时期建造的军舰中，旗风级的作战系统配置水平最高。

旗风级的主舰载武器是美国海军的“鞑靼人”D型防空导弹系统，这套导弹系统所使用的防空导弹是采取半主动式雷达制导的“标准”SM-1MR导弹，导弹系统所使用的两部照射雷达安装在舰桥顶部，在通常情况下，1部照射雷达负责导弹制导，而另1部照射雷达则负责目标追踪。

旗风级的近距离防御武器是美国海军的密集阵20毫米高性能机关炮（CIWS），建成时，本级舰在舰体后部的两侧舷部共计安装了两部，它们可有效提高旗风级的近距离防空作战能力。

旗风级舰载主炮是Mk 42型5英寸舰炮（即73式单装速射炮），它们是高月级（37DDA）驱逐舰1号舰和2号舰在现代化改装过程中拆除掉的留用装备，这型舰炮在前甲板与后甲板以首尾同型舰方式共计安装了两门。前甲板的1号舰炮安装位置要比甲板高一些，后甲板的2号舰炮安装在相当的位置。在日本海上自卫队中，旗风级是最后一级仍然装备MK42型舰炮的军舰。

“鱼叉”反舰导弹发射筒安装在旗风级舰体中央后部的侧舷突击部，作为导弹驱逐舰，在日本海上自卫队中将鱼叉导弹发射筒作为专用装备的军舰，旗风级是第一个，而太刀风级导弹驱逐舰3号舰泽风号的防空导弹发射装置不仅可以发射防空导弹，而且还可发射反舰导弹，因此，没有安装专用的反舰导弹发射装置。

后甲板2号主炮的后面是舰载直升机的起降飞行甲板，在舰载直升机进行起降期间，为了避免直升机与炮身之间的接触和碰撞，2号舰炮的炮塔可向正侧面旋转。

“旗风”号在前甲板最前端安装的MK-13 MOD3防空导弹单装发射装置，其后面是73式54倍径5英寸单装舰炮

正在进行防空导弹吊装的“旗风”号

“旗风”号舰艏5英寸主炮向日本民众进行公开射击演示

与太刀风级将舰队防空作战系统集中于舰艉部不同，旗风级将舰队防空作战系统集中于舰艏部，图中可见“旗风”号集中于舰艏的舰队防空作战系统，包括舰队防空导弹发射装置、5英寸主炮及防空导弹发射管制雷达

“旗风”号舰体中部的设计布局

“旗风”号舰艏主炮、反潜导弹发射装置及舰桥

“旗风”号舰艏主炮特写

“旗风”号位于前甲板1号舰炮后面安装的74式“阿斯洛克”反潜导弹（SUM）8联装发射装置

“岛风”号的74式“阿斯洛克”反潜导弹（SUM）8联装发射装置

“岛风”号的8联装反潜导弹发射装置特写

两侧舷突击部安装的4联装“鱼叉”反舰导弹发射筒

右侧舷部安装的68式324毫米3联装轻型鱼雷发射管

美制密集阵20毫米高性能机关炮（CIWS）

“岛风”号的舰艉5英寸主炮及左右舷安装的2部美制密集阵高性能20毫米机关炮

“岛风”号的舰艉5英寸主炮特写，两侧舷2个白色圆柱武器为美制密集阵高性能20毫米机关炮，白色圆盘为舰艉主炮的火控雷达（即舰炮射击指挥装置）

“旗风”号舰艉右侧舷部装备一览（由舰艏向舰艉看），由舰艉至舰艏依次是5英寸主炮、右舷部的密集阵机关炮、“旗风01”号搭载艇和68式324毫米3联装轻型鱼雷发射管

旗风级同型舰

旗风级同型舰共建有两艘，分别是1号舰“旗风”号和2号舰“岛风”号。其中，“旗风”号基于日本海上自卫队《中期业务计划》作为昭和56年度计划4500吨级驱逐舰2311号舰建造，而“岛风”号是基于《中期业务计划》作为昭和58年度计划4500吨级驱逐舰2312号舰建造。与“旗风”号相比，“岛风”号的排水量均增加50吨，“岛风”号所使用的主锚也由“旗风”号的空穴式锚换成海军锚。

“旗风”号和“岛风”号舰长或为海军上校，或为海军中校。

2舰基本概况如下：

舷号	舰名	建造日期	下水日期	竣工日期	建造船厂	编制	母港
DDG-171	“旗风”号	1983年（昭和58年）5月20日	1984年（昭和59年）11月9日	1986年（昭和61年）3月27日	三菱重工长崎造船所	第4护卫队群第4护卫队（司令部设在吴港海军基地内）	横须贺基地
DDG-172	“岛风”号	1985年（昭和60年）1月13日	1987年（昭和62年）1月30日	1988年（昭和63年）3月23日	三菱重工长崎造船所	第1护卫队群第1护卫队	佐世保基地

“岛风”号的舰桥内景

旗风级服役经历

1986年3月27日，“旗风”号服役后配备于第1护卫队群第61护卫队。

1988年3月23日，“岛风”号服役后配备于第3护卫队群第63护卫队。

2005年3月，基于日本政府通过的《恐慌对策特别措置法》，“岛风”号与“夕立”号驱逐舰和“十和田”号补给舰共同执行了印度洋派遣任务，2005年7月，任务结束后返回日本本土。

2007年，“岛风”号由第3护卫队群第63护卫队编制转入第2护卫队群第62护卫队，母港设在佐世保海军基地。

2008年3月，随着日本海上自卫队护卫队编制改革，“岛风”号编制划归第1护卫队群第1护卫队，母港仍然是佐世保海军基地。

2011年6月22日至7月21日，“岛风”号参加在东南亚国家文莱举行的国际观舰式活动，期间，“岛风”号在穆阿拉港及其周边海域内活动。

2012年6月9日，在日本、印度建交60周年之际，“旗风”号和“大波”号（DD-111）通用多功能驱逐舰与访问日本的印度海军舰队在相模湾内展开了联合训练。

2012年8月22日，“岛风”号参加由日本、澳大利亚和新加坡3国联合举行的海上训练，训练海域由美国关岛至澳大利亚北部达尔文港的周边，8月29日联合训练结束。随后，8月29日至9月14日，“岛风”号又参加了由澳大利亚海军主导的“卡卡杜2012”多国间海上共同训练，训练结束后返回日本。

停泊于横须贺海军基地吉仓码头上的“旗风”号，码头另一侧是“白濑”号破冰舰

| 第三节 | 金刚级宙斯盾导弹驱逐舰

金刚级宙斯盾导弹驱逐舰是日本海上自卫队配备的第一代搭载有宙斯盾导弹系统的驱逐舰，它是除美国海军之外，世界第一款非美国海军拥有的宙斯盾舰。4艘金刚级单艘造价成本大约为1223亿日元，超过日本海上自卫队刚刚服役的两艘日向级直升机母舰以及正在建造的两艘出云级直升机母舰的单舰造价，其综合作战能力之强由此可想而知。

在拖船及领航员帮助下，经由入港水道，正在进入美国海军太平洋舰队司令部所在地珍珠港海军基地的金刚级1号舰“金刚”号（DDG-173）

根据日本海上自卫队的导弹驱逐舰（DDG）舰种分类标准，金刚级为第四代导弹驱逐舰，拥有经过特殊设计的反潜战能力以及实质性提升的舰队防空作战能力。它是日本海上自卫队第一款拥有真正舰队防空作战能力的主力战舰。在后续型爱宕级（14DDG）服役之前，金刚级是日本海上自卫队主力战斗舰艇中排水量最大的军舰。金刚级共建造了4艘，护卫舰队下属的四大护卫队群各配备了1艘，每艘金刚级在各自的护卫队群中都承担着舰队防空的核心作战任务。

航行于美国夏威夷州附近海域的金刚级2号舰“雾岛”号（DDG-174）

“妙高”号（DDG-175）宙斯盾导弹驱逐舰

2007年，停泊于珍珠港海军基地内的“鸟海”号（DDG-176）

金刚级发展历史概况

冷战阴云笼罩下的1980年代，日本政府严重依赖由海外进口各种原材料和能源，鉴于此，舰队防空和海上交通线防卫课题成为当时日本防卫厅最重要的研究方向。同时，在美苏争霸的背景下，苏军可对美军采取攻击机和反舰导弹饱和攻击，面对这些攻击，为了有效对美国海军航母战斗群等机动作战部队进行护卫，美国国防部构想让日本海上自卫队也拥有宙斯盾导弹驱逐舰，这样便于对美国海军进行防空支援。

1986年5月，日本防卫厅将内部部局之一的业务运营自主监察委员会扩大为防卫改革委员会，新成立的防卫改革委员会下设4个委员会和1个小委员会，这个小委员会就是洋上防空体制研究会，简称为洋防研。洋防研主要从事与OTH雷达、早期预警机、攻击战斗机以及舰对空导弹系统相关各个部分组合的海上防空体制研究和探索工作。最后研究结果是日本非常需要具备增强功能的舰对空导弹系统的宙斯盾系统。根据这个研究结果，1987年12月召开的日本安全保障会议对此作了谅解备忘录。

以此为依据，1988年的中期防卫力整备计划正式决定建造日本海上自卫队的宙斯盾导弹驱逐舰。建造初期的金刚级称为“7200吨级驱逐舰”，其舰载宙斯盾系统由美国海军以对外有偿军事援助的方式购入，舰体构造和布局以美国海军阿利·伯克级宙斯盾导弹驱逐舰为基础由日本防卫厅独自设计。

金刚级1号舰金刚号于1993年建成竣工，时值苏联解体、冷战结束，于是，有意见提出日本是否还需要建造这样高性能的舰队防空舰。随后不久，朝鲜的弹道导弹威胁不断明显，由于金刚级不具备弹道导弹拦截能力，否定建造金刚级的意见再次出现。后来，金刚级配备了高性能的雷达，也具备了导弹防御能力。

基本技术参数及概况

金刚级设计标准排水量7250吨，满载排水量9485吨，舰体全长161米，全宽21米，吃水6.2米，型深12米。舰员编制300人。

动力推进系统采取燃气轮机和燃气轮机联合动力装置（COGAG）的工作方式。主机配备4部由IHI许可生产的LM2500型燃气轮机，单机输出功率为25000马力。舰上电力输出由3台燃气轮机发电机提供，单机输出功率为2500千瓦。整个动力系统可提供的最大航速可达30节以上。随舰携带燃料1785吨。以20节航速航行时的续航距离为6000海里。

舰载武器包括1门127毫米54倍径单装速射型舰炮，两门美制密集阵20毫米高性能机关炮（CIWS），2部MK 41 MOD6型导弹垂直发射系统（29+61个发射单元），它可发射“标准”SM-2舰对空导弹（SAM）和“标准”SM-3反弹道导弹（ABM）以及垂直发射型“阿斯洛克”反潜导弹（VLA SUM），两部“鱼叉”反舰导弹（SSM）四联装发射装置，两部HOS-302三联装轻型鱼雷发射管。

舰载C^4I系统由SF（单个频率）系统（后来换成MOF（最低工作频率）系统）、AWS（舰载宙斯盾武器系统）MK7、OYQ-102战术情报处理装置以及11号、14号和16号战术数据链组成。

舰载雷达包括1部AN/SPY-1D多功能相控阵雷达（4面）、1部OPS-28D对海搜索与低空警戒雷达、1部OPS-20导航雷达和3部AN/SPG-62导弹照射雷达（供“标准”SM-2防空导弹发射管制使用）。

舰载火控雷达包括3部MK99/SPG-62导弹照射雷达和1部作为127毫米主炮火控系统的81式射击指挥装置2型-21（FCS-2-21）。

舰载声呐设备包括OQS-102舰首声呐和OQR-2战术拖曳声呐。

舰载电子战及对抗措施包括NOLQ-2型综合电子战系统和4部MK137诱饵发射装置。

金刚级无固定舰载反潜巡逻机，只有直升机着舰空间。

正在向日本民众进行公开火力展示及海上训练内容展示的“金刚”号（DDG-173）宙斯盾导弹驱逐舰，可见舰面上站满了参观的日本民众

“金刚”号舰艏127毫米主炮及周边的日本民众

“金刚”号的舰桥左舷的布局设计，其中类似水管的装备可喷洒泡沫材料对军舰的甲板表面进行清洗

“金刚”号的侧舷后部布局设计

俯视停泊于港口内的“金刚”号

并列停泊于海军基地内的“金刚”号和“鸟海”号

舰体基本设计和动力推进系统

从金刚级、爱宕级的基本设计上来看，它们都是美国海军阿利·伯克级宙斯盾导弹驱逐舰的同型舰，因此，阿利·伯克级是日本两级宙斯盾导弹驱逐舰的原型舰。

由于金刚级以美国海军阿利·伯克级宙斯盾导弹驱逐舰为基础进行设计和开发，故此，这两级驱逐舰之间存在着很多的共同点，它们的核心任务都是承担舰队防空作战。作为舰队防空的核心，金刚级的舰体要比其他驱逐舰大。与直升机甲板更靠下的长船首楼型舰型相比，金刚级舰型的直升机甲板更加平坦，同时采用了连续抗浪甲板设计，在舰桥内，为护卫队群司令配备了各种司令部指挥支援设备。金刚级排水量比阿利·伯克级大，更接近于提康得罗加级宙斯盾导弹巡洋舰。

金刚级主发动机与阿利·伯克级相同均为LM2500燃气轮机，共安装4部，输出功率为25000马力。LM2500由石川岛播磨重工许可生产。双轴推进。为了提高军舰抗击沉性，金刚级起初考虑更换LM2500燃气轮机，不过，为了达到与阿利·伯克级相同的效果又决定最终保留。

一直以来，阿利·伯克级都采取铝合金舰体来提高军舰的抗击沉性，随着铝合金抗击沉性观点转变为全钢舰体抗击沉性观点，阿利·伯克级又采取纯钢建造，不过，其烟囱和主桅杆仍然采取铝合金材料。与之相比，金刚级采取全钢舰体，舰体没有内收，在战斗舱段的暴露部采取了强度更大的高炭钢材料，以增强舰体的抗击沉性能。

“鸟海”号的舰桥内景

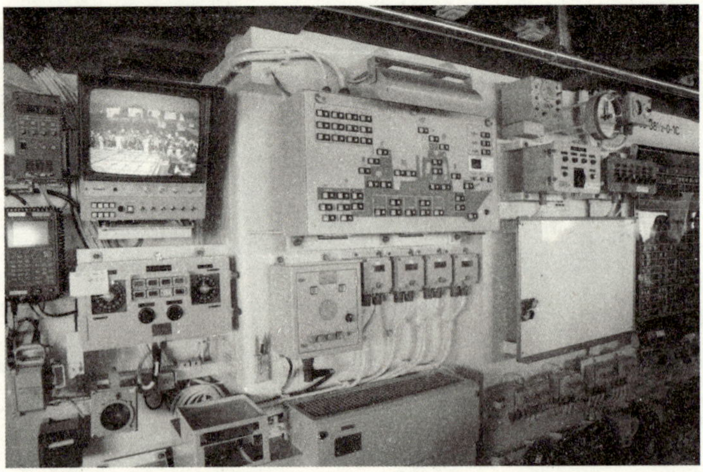

“鸟海”号舰桥后部的各种电子设备，包括监视器、军舰系统控制开关等

“鸟海”号的舰内通道内景

“鸟海”号的发动机操纵室

“金刚”号舰桥内景

金刚级舰载舰队防空作战武器系统构成

金刚级舰载宙斯盾武器系统为整舰的防空战斗系统核心，它可承担防空指挥决策和防空武器管制两大任务。宙斯盾武器系统的战术情报处理装置是防空指挥决策系统（C&D），它与武器管制系统（WCS）互连。金刚级1号舰至3号舰采取的宙斯盾武器系统型号为基线4.0版，仅4号舰采取的是基线5.0版。

金刚级宙斯盾武器系统由SPY-1型有源相控阵雷达、MK41导弹垂直发射系统和MK99射击指挥系统三个部分组成，其中，4部AN/SPY-1雷达安装在金刚级舰桥周边。SPY-1雷达是宙斯盾武器系统最主要的探测传感器，其最大对空探测距离为500千米，可同时进行跟踪的目标总数达200个以上。在导弹防御作战期间，SPY-1雷达可将能源集中进行目标探测和跟踪，这时其最大对空探测距离可达到1000千米以上。

与阿利·伯克级相同，金刚级在前甲板处安装了29个发射单元的MK159发射装置，在后甲板处安装了61个发射单元的MK158发射装置。按照当初的防空作战预想，上述两个导弹发射装置是最重要的部分，根据美国海军构想，金刚级在重新进行弹药补给之前，在遭受苏联数个波次攻击之中，金刚级作为美国海军航母战斗群中的防空舰要对苏联的2次航空攻击进行拦截，而其实施拦截的主要部分就是这两个导弹发射装置。根据设计，前后两个导弹发射装置均考虑具备海上再装填功能，每3个发射单元配备1个再装填起重机。不过，经过实战检验，这些设计不实用，于是阿利·伯克级的后期建造型FLIGHT IIA型和爱宕级都取消了这些设计。

MK41垂直发射系统所发射的标准系列防空导弹可对多个防空目标进行拦截，发射的垂直发射阿斯洛克导弹可对靠近本舰的潜艇进行拦截，此外，还可发射其他类型导弹。不过，金刚级并没配备作为阿利伯克级战斗系统支柱的战斧式对地攻击巡航导弹。

MK99射击指挥系统在宙斯盾武器系统的防空战斗任务中主要承担攻击的最后阶段。作为系统的一部分，金刚级共安装了3部标准防空导弹末段制导所使用的照射雷达，1部安装在舰桥构造物的上方，另两部安装在舰桥后部。

照射雷达只负责对1枚导弹进行末段制导，导弹在飞行过程中则由SPY-D雷达负责提供惯性制导。由惯性制导切换到使用照射雷达的末段制导，其转换时间极其短暂，同时，照射雷达的数量直接关系到宙斯盾武器系统的同时交战目标数量。

“雾岛”号在舰桥上安装的SPY-1型有源相控阵雷达和1部密集阵以及舰桥前方安装在前甲板上的MK41导弹垂直发射系统（VLS）

“乌海”号MK41导弹垂直发射系统（VLS）特写

“金刚”号的SPY-1型有源相控阵雷达和1部密集阵特写

“金刚”号左舷一侧的2个面SPY-1型有源相控阵雷达外罩

“雾岛”号的MK99/SPG-62射击指挥系统（导弹发射的照射雷达）

由前至后依次是“鸟海”号舰艏部的127毫米主炮、MK41导弹垂直发射系统（VLS）、密集阵等，由此可见，与旗风级导弹驱逐舰相同，金刚级的舰队防空作战武器系统也集中安装于舰艏部的前甲板上

弹道导弹拦截能力改装

金刚级为了具备使用RIM-161“标准3”（SM-3）BLOCK IA型防空导弹的弹道导弹防御（BMD）能力，全部4艘舰都接受了整舰改装。其中，1号舰“金刚”号合计改装经费为340亿日元，包括相关弹道导弹防御能力改装及SM-3导弹采购以及发射试验。2号舰“雾岛”号合计改装经费为312亿日元。3号舰“妙高”号合计改装经费为309亿日元。4号舰“鸟海”号合计改装经费为307亿日元。

作为日本的弹道导弹防御系统，日本海上自卫队的标准3导弹要与日本陆上自卫队的PCA-3导弹联合使用，共同应对弹道导弹威胁。日本海上自卫队标准3导弹的采购单价大约为20亿日元。金刚级的实际配备数量为8枚×4艘，共计32枚，实际采购数量还要再加上各舰实战发射试验1枚，即9枚×4艘，共计36枚。

“金刚”号率先完成弹道导弹拦截能力改装，之后部署到佐世保海军基地内。2007年12月18日，在美国夏威夷群岛瓦胡岛西北部的考爱岛美国海军太平洋导弹发射试验场（PMRF）内，“金刚”号进行了首次弹道导弹拦截试验（JFTM-1）。在这次拦截试验中，“金刚”号发射了1枚标准3 BLOCK IA型导弹对高度在100千米以上的1枚大气层外飞行靶弹实施了成功拦截。2008年1月，“金刚”号开始实战配备标准3导弹。

在"金刚"号改装期间，美国一方以宙斯盾舰情报泄露问题为由于2007年7月停止了向日本提供改装所必需的武器软件及文件等。在日本重新进行了情报保密体制组建之后，8月3日，美国重新向日本提供相关改装软件和文件。不过，这个小插曲并没有推迟"金刚"号的改装计划。

第二个接受弹道导弹拦截能力改装的是"鸟海"号，改装之后也部署到佐世保海军基地内。2008年12月20日，在不知道模拟弹道弹发射具体时刻的情况下，"鸟海"号利用标准-3反弹道导弹进行了第一次拦截试验（JFTM-2），这也是继"金刚"号之后日本自卫队第二次弹道导弹拦截试验。拦截过程中对导弹的探测、跟踪及导弹发射皆取得成功，不过，拦截导弹未能击毁靶弹。事后，日本防卫省对这个结果展开了调查，调查显示宙斯盾系统作动正常，可能是"标准3"导弹的弹头轨道姿势控制装置产生了不确定的故障。

第三个接受改装的是"妙高"号，改装之后部署到舞鹤海军基地。最后一个接受改装的是"雾岛"号，改装后部署到横须贺海军基地内。2009年10月27日、2010年10月28日，"鸟海"号和"妙高"号分别进行了弹道导弹拦截试验（JFTM-3、JFTM-4），在不知道具体发射时刻的条件下，两艘军舰分别对射程达1000千米级的弹头分离型准中距离弹道导弹模拟靶弹进行了成功探测、捕捉、跟踪和拦截。

准中距离弹道导弹可在助推上升结束阶段推断出其弹着地点，如果朝鲜半岛发射此种导弹，日本列岛成为主要弹着区域的概率可达到70%，几乎所有飞来的导弹都可将日本列为攻击对象。不过，在2011年4月进行的FTM-15导弹拦截试验中显示，通过指挥管制战斗管理通信系统（C2BMC）进行远程弹道导弹拦截，将大大降低日本列岛遭受攻击的概率。美国海军在FTM-15拦截试验中，以现有"标准3"导弹通过威克岛（介于夏威夷岛和关岛之间）上安装的AN/TPY-2探测雷达对远在1000千米以外由库艾塞林环礁发射的3000～5500千米级"三叉戟"潜射远程战略弹道导弹改造型靶弹弹头实施了成功拦截。目前，日本航空自卫队车力分屯基地内也安装有AN/TPY-2雷达，它可对以朝鲜半岛为中心的1000～1300千米范围进行探测。

在平常情况下，4艘金刚级有非常严格的任务分配，其中1艘采取警戒配置，并处于高战备状态下；1艘处于低战备状态下，并可随时转入作战状态；1艘进行入港补给等非战备休整状态；1艘进行教育、训练、入坞维修等休整状态。通常情况下，4艘金刚级采取至少有1艘处于警戒状态下的战备体制。在获得卫星情报的情况下，金刚级要提前24小时加注液体燃料，然后一直保持临战状态。在最高战备状态下，最多可有3艘金刚级处于警戒状态下。

在日本海海面，日本海上自卫队和驻日美国海军建立了联合警戒体制。在这个警戒体制中，要有2艘以上弹道导弹防御宙斯盾舰处于警戒状态下，其中，日本海上自卫队组建1个由改装金刚级组成的弹道导弹拦截部队，驻日美国海军组建1个由多艘宙斯盾巡洋舰和宙斯盾驱逐舰组成弹道导弹拦截部队。

从2002年至2010年，日本国防预算连续8年下降，而每年弹道导弹防御系统采购费用就高达1000亿至2000亿日元，国防预算下降对相关弹道导弹系统的装备采购、人员编制、训练体制都产生了巨大的影响。

2007年12月18日，在美国夏威夷群岛瓦胡岛附近海面，“金刚”号正在发射一枚RIM-161“标准3”弹道导弹拦载导弹进行首次弹道导弹拦截试验（JFTM-1）

金刚级弹道导弹探测、跟踪实战经历

1998年8月31日，凭借高性能的相控阵雷达系统，“妙高”号对朝鲜发射的

"大浦洞1号"陆基短程弹道导弹进行了成功的探测和跟踪。在探测过程中，驻日美军向"妙高"号提供了非常重要的判断情报。

2006年，部署至日本海的"金刚"号和"妙高"号对朝鲜发射的"大浦洞2"号弹道导弹喷射热源进行了探测和跟踪。这是日本导弹防卫计划舰实施以来，第一次非常成功地对弹道导弹进行实战探测和跟踪。

2009年，一部分金刚级在配备了"标准3"导弹之后具备了弹道导弹拦截能力，根据当时日本防卫大臣命令，已经具备弹道导弹拦截能力的"金刚"号和"鸟海"号部署至日本海一侧，而不具备弹道导弹拦截能力的"雾岛"号部署至太平洋一侧。这些展开部署的金刚级对朝鲜发射的"银河2号"进行了成功探测和跟踪。不过，"银河2号"并没有坠入日本本土。

2012年12月6日，为了对朝鲜借发射人造卫星之名进行弹道导弹发射试验进行拦截，"金刚"号与"鸟海"号、"妙高"号共同由佐世保海军基地出发，配合驻日美国海军着手拦截准备工作。12月12日，由于卫星发射残骸并未落入日本领土范围内，于是破坏措置命令解除，3艘金刚级依次返回港口。

反潜作战系统

由于阿利·伯克级安装的AN/SQQ-89联合反潜系统密级极高，因此，严禁出口给其他国家。金刚级的反潜作战系统由日本独自开发，它来源于日本海上自卫队的直升机驱逐舰，并作了延长设计，这就是OYQ-102反潜战控制系统（ASWCS），从功能上来看，它可与SQQ-89相匹敌。

日本海上自卫队曾经开发了OYQ-101 ASWDS，作为反潜情报处理装置，这套系统可综合搜集自战术拖曳声呐和声呐浮标等反潜设备的情报。OYQ-101研制成功后安装到了白根级直升机驱逐舰和朝雾级通用多功能驱逐舰上。金刚级以OYQ-101系统为基础，并借鉴SQQ-89系统构成的情况下，进一步进行系统综合从而研制出了OYQ-102。

OYQ-102可对一些舰载电子传感器和火力进行管制，其中，反潜电子传感器有OQS-102舰艏声呐、OQR-2战术拖曳声呐和ORQ-1直升机机载数据链装置。可管制的反潜火力有垂直发射式"阿斯洛克（VLA）"导弹和HOS-302三联装轻型鱼雷发射管。

反水面战系统

作为反水面打击火力核心，金刚级安装了可发射美制“鱼叉”反舰导弹的四联装发射筒，通过具备攻击管制功能的AN/SWG-1 HSCLCS，四联装发射筒可与宙斯盾系统连接起来。此外，作为反水面战传感器的反水面雷达是由日本国产的OPS-28雷达。

通常情况下使用的导航雷达为OPS-20雷达。

“雾岛”号的两部“鱼叉”反舰导弹（SSM）四联装发射装置

舰炮武器系统

金刚级主炮采用的不是美国海军的MK45，而是由意大利奥托梅莱拉公司生产的127毫米单装炮，这门主炮的火控系统为安装在舰桥顶部的日本国产FCS-2-21射击指挥装置。金刚级所采用的127毫米主炮为日本海上自卫队第一款引入的大口径舰载火炮，后来的高波级通用多功能驱逐舰也采取了这款主炮。

至于近距离防御武器系统（CISW），金刚级与以往的驱逐舰一样都配备了2部美制密集阵20毫米高性能机关炮，其安装位置由一贯的两侧舷安装更改为舰体中心线上前后配置，密集阵底部暴露状态与阿利·伯克级基本相同。“雾岛”号和“鸟海”号服役后都安装了密集阵BLOCK 1B型。

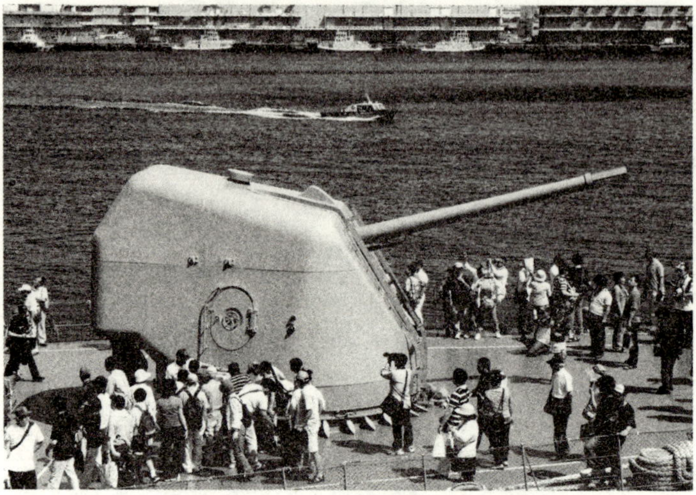

“雾岛”号的127毫米口径主炮

“金刚”号127毫米主炮特写，其背后的舰桥上安装着2个面的SPY-1型有源相控阵雷达和1部密集阵

“金刚”号舰上武器技师正在对舰桥下方的密集阵进行检修

“鸟海”号密集阵特写

电子战系统

作为金刚级原型舰的阿利·伯克级安装了AN/SLQ-32电子战装置，不过，这种装置在美国国防部拥有最高程度的保密级别，故此严禁向任何国家出口。鉴于此，金刚级不得不装备由日本国产的NOLQ-2型电波探知妨害装置。从性能上来看，这部电子战设备可与美国的AN/SLQ-32相匹敌。此外，为了充分运用干扰物照明弹和诱饵，与其他驱逐舰一样，金刚级还安装了MK36 SRBOC以及4部MK137发射装置。

“雾岛”号的NOLQ-2电子战装置

“金刚”号舰桥顶部及主桅杆基部各种电子设备，包括照射雷达、通信雷达外罩、相控阵雷达外罩、NOLQ-2电子战装置等

航空系统

金刚级航空系统与阿利·伯克级前期建造型舰（FLIGHT I）相同，都不带舰载直升机机库。不过，金刚级设计有直升机起降甲板和加油设施，反潜巡逻直升机还可从声呐浮标获取情报信息。

“雾岛”号位于舰艉部的直升机起降平台

金刚级同型舰

金刚级共建造了4艘同型舰，分配给了日本海上自卫队护卫舰队下属4个护卫队群每个队群1艘，主要承担舰队防空任务。

1号舰“金刚”号舰名来自日本金刚山，在4艘同型舰中只有“金刚”号服役时没有安装ORQ–1直升机数据链装置，后来追加，16号数据链天线也是服役后安装的。

2号舰“雾岛”号舰名来自日本雾岛山，其16号数据链天线在服役后追加安装，此外，密集阵近距离防御系统换装更高性能的BLOCK 1B型。

3号舰“妙高”号舰名来自日本妙高山，其16号数据链天线在服役后追加安装。

4号舰“鸟海”号舰名来自日本鸟海山，其16号数据链天线在建造中安装。

4艘金刚级舰长均为海军上校军衔，具体概况如下：

舷号	舰名	建造日期	下水日期	竣工日期	建造船厂	编制	母港	备注
DDG–173	“金刚”号	1990年（平成2年）5月8日	1991年（平成3年）8月26日	1993年（平成5年）3月25日	三菱长崎	第1护卫队群第5护卫队	佐世保	
DDG–174	“雾岛”号	1992年（平成4年）4月7日	1993年（平成5年）8月19日	1995年（平成7年）3月16日	三菱长崎	第4护卫队群第8护卫队	横须贺	“雾岛”号司令部设于吴港
DDG–175	“妙高”号	1993年（平成5年）4月8日	1994年（平成6年）10月5日	1996年（平成8年）3月14日	三菱长崎	第3护卫队群第7护卫队	舞鹤	
DDG–176	“鸟海”号	1995年（平成7年）5月29日	1996年（平成8年）8月27日	1998年（平成10年）3月20日	石播重工东京第1工厂	第2护卫队群第6护卫队	佐世保	

金刚级宙斯盾导弹驱逐舰执行印度洋远洋派遣任务

“金刚”号（DDG-173）

2003年4月，基于日本政府制定的《恐怖对策特别措置法》，“金刚”号在“滨名”号远洋补给舰的支援下执行首次印度洋派遣任务，同年7月，结束任务派遣返港。

2004年5月，基于《恐怖对策特别措置法》，“金刚”号和“有明”号驱逐舰联合执行印度洋派遣任务，同年8月结束派遣任务返港。

准备接受拖船帮助入港的“金刚”号

“雾岛”号（DDG-174）

2002年12月，基于恐怖对策特别措置法，“雾岛”号执行印度洋派遣任务，2003年4月，结束任务派遣。

2004年8月，基于恐怖对策特别措置法，“雾岛”号在“高波”号多功能驱逐舰和“滨名”号补给舰支援下执行派遣任务。同年12年结束派遣。返回途中恰遇印度洋大海啸，基于日本政府国际紧急援助队派遣法，前往泰国参与国际救灾任务，主要承担搜索与救援工作。

“妙高”号（DDG-175）

2004年1月，基于恐怖对策特别措置法，“妙高”号执行印度洋派遣任务。同年5月结束派遣。

停泊于舞鹤海军基地西侧原通用造船舞鹤事业所造船厂内的“妙高”号

“鸟海”号（DDG-176）

2004年11月，基于恐怖对策特别措置法，“鸟海”号与“大波”号驱逐舰、“摩周”号补给舰共同执行印度洋派遣任务。2005年3月，结束派遣。

金刚级宙斯盾导弹驱逐舰实战经历

1999年3月，在能登半岛海面不明国籍船只事件中，“妙高”号在时任航海长伊藤祐靖的指挥下对可疑船只进行了临检部署，随后对这艘可疑船只进行了跟踪。

2012年6月21日至22日，“雾岛”号与“鞍马”号（DDH-144）直升机驱逐舰、“夕立”号（DD-103）驱逐舰以及驻日美国海军包括“华盛顿”号（CVN-73）核动力航母在内的数艘军舰、韩国海军数艘军舰在朝鲜半岛南方海域实施日美韩联合训练演习。

2012年8月，“妙高”号与“白根”号（DDH-143）直升机驱逐舰、“丰后”号（MST-464）扫雷母舰共同参加在美国夏威夷群岛举行的由美国海军太平洋舰队主导“2012环太平洋联合军演”（RIMPAC-2012）。

护卫队群编队训练中的“雾岛”号（DDG-174）

第四节 爱宕级宙斯盾导弹驱逐舰

停泊于舞鹤海军基地北吸码头上的“爱宕”号

停泊于北吸码头上的“爱宕”号舰艏特写

爱宕级宙斯盾导弹驱逐舰——“亚洲最昂贵的主力军舰”

爱宕级是继金刚级之后日本海上自卫队第二代宙斯盾导弹驱逐舰，主要用于取代3艘太刀风级导弹驱逐舰。目前，爱宕级创造了两个纪录，其一，它是世界上排水量最大的宙斯盾导弹驱逐舰，在日本海上自卫队现役军舰中，其排水量设计仅次于摩周级补给舰和日向级直升机母舰；其二，它是亚洲最昂贵的主力军舰，其单舰造价大约为1400亿日元（大约合13亿美元），超过4艘金刚级宙斯盾导弹驱逐舰、2艘日向级直升机母舰、2艘出云级直升机母舰以及2艘摩周级舰队作战补给舰的单艘造价。

爱宕级是日本防卫厅升格为防卫省后建造的第一级主力战舰，由三菱重工长崎造船厂负责建造，是日本弹道导弹防御计划的重要组成部分。

2012年12月10日，美国国防部正式通知日本将向日本出售最新的弹道导弹防御系统，这些系统将安装在“爱宕”号和“足柄”号上。

正在向日本民众进行公开火力展示及海上训练内容展示的“足柄”号（DDG-178）宙斯盾导弹驱逐舰

公海展示活动之前举行出港仪式的“爱宕”号

基本技术参数及舰载系统概况

爱宕级设计标准排水量7770吨，满载排水量10000吨（计划），舰体全长165米，全宽21米，吃水6.2米，型深12米。舰员编制300人。

动力推进系统采取燃气轮机和燃气轮机联合动力装置（COGAG）的工作方式。主机配备4部由IHI许可生产的LM2500型燃气轮机，单机输出功率为25000马力。舰上电力输出由3台燃气轮机发电机提供，单机输出功率为2500千瓦。整个动力系统可提供的最大航速可达30节以上。

舰载武器包括1门MK45 MOD6型127毫米62倍径单装速射型舰炮，两门美制密集阵20毫米高性能机关炮（为MK15 MOD 25型CIWS），两部MK 41 MOD20型导弹垂直发射系统（64 +32个发射单元），它可发射"标准"SM-2舰对空导弹（SAM）以及垂直发射型"阿斯洛克"反潜导弹（VLA SUM）（与金刚级不同，这套导弹发射系统不可发射"标准"SM-3反弹道导弹，因此不具备弹道导弹拦截能力），两部90式反舰导弹（SSM）4联装发射装置，两部HOS-302型3联装轻型鱼雷发射管。

舰载C^4I系统有MOF（最低工作频率）系统——由OYQ-31-6指挥、控制与通信装置（C2T）以及NORA-1/NORQ-1卫星通信系统（SATCOM）组成，NTDS（海军战术系统）系统——由UYQ-86（V）8通用数据链管理系统（CDLMS）和11号、14号与16号数据链组成，以及MK7 MOD19型AWS（舰载宙斯盾武器系统）、SQQ-89（V）15J装置。

舰载雷达包括1部AN/SPY-1D多功能相控阵雷达（4面）、1部OPS-28E对海搜索雷达和1部OPS-20B导航雷达。

舰载火控雷达包括3部MK99 MOD8型导弹火控雷达（射击指挥装置）、1部MK160型舰炮火控雷达和1部MK116型水中火控雷达。

舰载声呐设备包括SQS-53C舰首安装型声呐和OQR-2D-1战术拖曳声呐。

舰载电子战及对抗措施包括NOLQ-2B型ESM/ECM综合电子战系统和4部MK137诱饵发射装置。

爱宕级无固定舰载反潜巡逻机，可为1架SH-60J/SH-60K反潜巡逻直升机提供着舰空间。

“足柄”号舰长席附近的显示设备

“足柄”号舰桥内景

“爱宕”号舰桥内操舵轮周边的布局设计

“爱宕”号舰桥内的操舵轮

“爱宕”号舰桥内操舵轮右侧的显示设备

“爱宕”号舰桥后部的各种设备

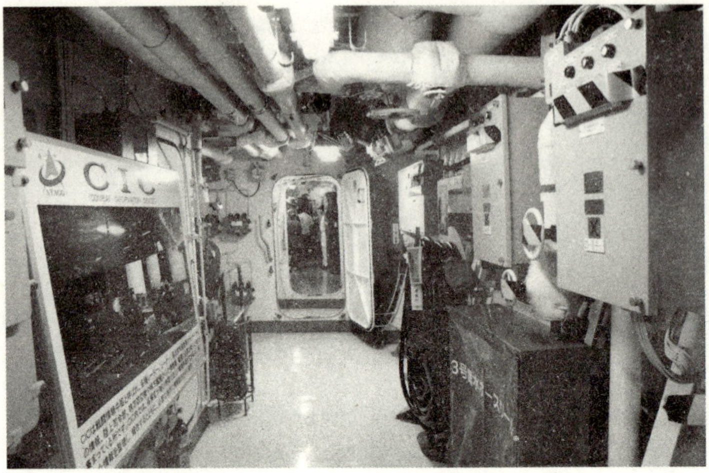

“爱宕”号舰上战斗指挥所（CIC）前面的舰内通道布局设计

舰体基本设计

从舰体的整体设计情况来看，爱宕级是金刚级驱逐舰的改进型，其主桅杆采用的不是普遍型的桅杆，而是改进的梯子状组合结构桅杆，这种结构的桅杆是日本独自研制设计的，既增强了舰体本身的隐蔽性能，也使桅杆向平面化结构发展。从日本海上自卫队秋月级驱逐舰的预想图上可以看出，这一级的军舰也采取了这样设计结构的桅杆。舰上烟囱的形状也作了改进，舷梯也改成了向舰内展开的收缩型，这些结构的改进都在努力增强舰体本身的隐蔽性能。

爱宕级舰桥的内部结构与金刚级相比更加紧凑化，舰桥也更加宽敞。舰上指挥控制中心设在上层建筑正下方第2层甲板，配备有通用型战术控制台。控制中心正前方配置有4面大型显示屏，其周围是指挥控制区域。大型显示屏的右边是对海作战区域，左边是对空作战区域，与大型显示屏相对的是反潜作战区域。

站在前甲板可以看到上层建筑的正面，127毫米单管舰炮和密集阵近防炮都布置在舰体中轴线上，6层的上层建筑与金刚号的上层建筑相同，但是通信卫星天线的安装位置发生了改变。爱宕级的上层建筑两侧有所加宽。2座抛物面天线是“标准-2”舰对空导弹的SPG-62末段照射雷达。

爱宕级后部上层建筑形状复杂，主要是考虑到SPY1-D(V)的探测距离和舰船刚性的结果。其中间是垂直发射装置，舰船左侧是直升机机库，右侧是直升机用鱼雷，深水炸弹和反舰导弹的弹库。

参加公开展示活动中的“爱宕”号，可见动力舱烟囱周边的结构布局，包括两部照射雷达、90式反舰导弹发射装置等

“爱宕”号的主桅杆结构设计，上面飘扬着一面2星海军少将将旗，这表明有一名护卫队群司令坐镇该舰指挥

“爱宕”号右舷动力舱烟囱及舰桥的布局，烟囱底部有一部3联装轻型鱼雷发射管，发射管上面为供搭载艇收放使用的机械化起重机

“足柄”号庞大的舰体设计布局

舰载宙斯盾武器系统（AWS）

爱宕级目前所装备的宙斯盾导弹防空系统是美日合作开发的最新基线7.1版。系统核心雷达已经升级为SPY1-D(V)三坐标相控阵雷达，这部雷达是金刚级驱逐舰所搭载的SPY-1D雷达的改进型。SPY1-D(V)三维相控阵雷达除了能够提高搜索与跟踪来自空中导弹威胁的能力外，还特别增强了对来自舰上空方向导弹的搜索与跟踪能力，此外还改善了SPY-1D所具有的对低高度小型高速目标搜索能力弱的缺点。

与金刚级不同的是，爱宕级从一开始就考虑使用反弹道导弹进行导弹拦截，并基于这个目标开始建造。然而，到目前为止，这一级的驱逐舰只具有弹道导弹的搜索与跟踪能力，还不具备弹道导弹拦截能力。根据日本防卫省中期防卫力整备计划（平成23年度至27年度），两艘爱宕级将被改装为宙斯盾BMD5.0，届时这些驱逐舰都将具备弹道导弹拦截导弹的发射能力。

与金刚级一样，爱宕级宙斯盾武器系统也由SPY-1雷达、MK41导弹垂直发射系统和MK99射击指挥系统三个部分组成。

爱宕级作战指挥由战斗指挥所（CIC）负责，另外设置司令部作战室（FIC），与阿利·伯克级原型舰相比，爱宕级的指挥与控制能力更加优越，并且其指挥能力完全超越了前级金刚级。

美国海军舰载战斗指挥所相应海军战术系统使用的UYQ-21（OJ-451）型工作站，日本海上自卫队的舰载C4I系统也使用相同型号的计算机产品

舰桥底部可通向舰内战斗指挥所舱门

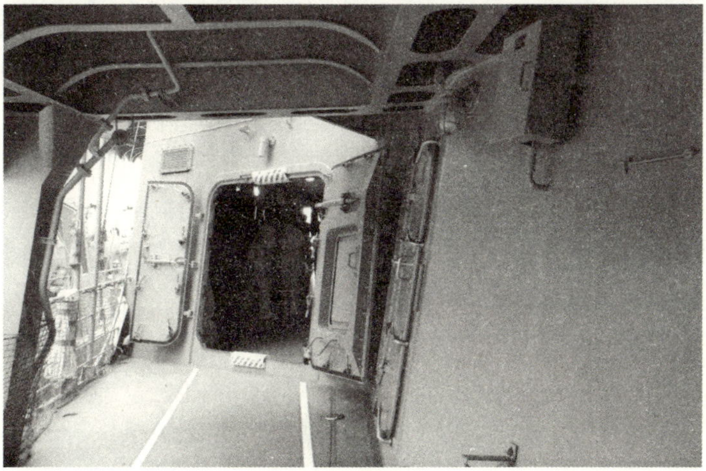

“爱宕”号的舰桥下部舱门及通道

“爱宕”号的侧舷通道

反潜作战系统

与金刚级采取日本国产的OYQ-102反潜情报处理装置不同，爱宕级与阿利·伯克级原型舰一样都采用了与宙斯盾武器系统相连的SQQ-89联合反潜系统。

阿利·伯克级FLIGHT IIA型搭载的反潜战系统型号为AN/SQQ-89(V)15，它推进了产品的COTS化，非常适合于在浅海环境下进行情报收集和处理。然而，根据运用要求的不同，日本海上自卫队使用的型号又搭载了国产的OQR-2D-1拖曳式声呐，这种变化形成日本海上自卫队自己所特有的AN/SQQ-89（V）15J型号。

AN/SQQ-89(V)15J反潜战系统主要系统构成有AN/SQS-53C舰底安装声呐、OQR-2D-1拖曳式声呐、MK116反潜攻击指挥装置和ORQ-1B声呐浮标数据链装置。

与金刚级一样，爱宕级的反潜情报处理大量依赖于人力操作，故此，由SQS-53获得的情报要直接输入到MK116反潜攻击指挥装置内，由反潜巡逻直升机投放声呐浮标所获得的情报要通过ORQ-1B输入到AWS的战术情报处理装置内，然后再传输给MK116反潜攻击指挥装置。MK116反潜攻击指挥装置同时兼具武器管制装置和射击管制装置的作用，反潜情报经过处理后，它可对HOS-302三联装轻型鱼雷发射管或MK41垂直发射装置进行攻击管制。

爱宕级主要反潜武器有两部HOS-302三联装轻型鱼雷发射管、1架SH-60K

或SH-60J反潜巡逻直升机以及阿斯洛克和MK46鱼雷。其中，阿斯洛克火箭助飞鱼雷是由美国霍尼韦尔公司研制的近程弹道式舰潜导弹，可攻击不同类型和不同深度的各种潜艇，弹长4.5米，弹径336.7毫米，翼展0.838米，发射质量486千克，射程1～8千米，飞行马赫数约为1。

Mk 46 Mod 5轻型反潜鱼雷为美国霍尼韦尔公司生产，鱼雷长2.6米，直径324毫米，总重258千克，最高航速50节，射程11千米，航深450米。“爱拓”号在舰前部携带64枚，舰后部携带32枚。

反水面战武器系统

爱宕级舰载反舰导弹不再是金刚级采用的美制鱼叉反舰导弹，而是日本国产的90式舰对舰导弹（SSM-1B），村雨级以后的通用多功能驱逐舰都采用了这种反舰导弹。90式舰对舰导弹发射装置为舰对舰导弹舰载装置2型（SSMS-2B-2），这是一种四联装发射筒，共安装两部。

90式舰对舰导弹是日本自主研发的导弹，其射程超过150千米，具有超视距反舰交战能力。该导弹由一枚固体助推火箭发射，发射后用涡轮喷气发动机进行远程巡航。发动机是三菱公司TJM3涡轮喷气发动机的改进型，重45千克，可产生200千克力的静推力，导弹重660千克，能够携带225千克的高爆弹头。

此外，作为反水面战传感器的反水面雷达是由日本国产的OPS-28雷达。通常情况下使用的导航雷达为OPS-20雷达。

“爱宕”号的90式反舰导弹4联装发射装置及“爱宕01”号搭载艇，从搭载艇编号可以看出这是军舰的右舷部

“爱宕”号的90式反舰导弹4联装发射装置及“爱宕02”号搭载艇，从搭载艇编号可以看出这是军舰的左舷部

舰载火炮系统

爱宕级主炮采用的不再是金刚级使用的意大利“奥托格莱拉”127毫米54倍径单装速射型舰炮，而美国生产的带隐身炮塔设计的最新型MK45 MOD 4 127毫米口径62倍径单装速射型舰炮，这套火炮系统的正式名称为MK34 MOD9，该炮具有防空、反舰和对陆攻击作战等多种作战能力。MOD4在原有型号的基础上加长了炮身，增加了炮口的初速，从而提高对陆攻击的能力。弹重19、7吨，全长9米，发射速度16～20发/分钟，炮口初速为808米/秒，有效射程为24千米。

爱宕级舰载密集阵BLOCK 1B近防武器系统是美国雷西昂公司的产品，是现役的唯一一种能实现自动搜索、探测、评估、跟踪、锁定和攻击威胁目标（如反舰导弹、水面水雷、小型飞行器等）的近防系统，它在BLOCK 1A型的基础上又有了许多改进，如增加了光电搜索器，使用优化的炮管和更有毁灭性的弹药等等。BLOCK 1B型增加的红外前视仪提供了可靠的24小时被动搜索和跟踪能力，具有多光谱探测和跟踪能力，使密集阵对掠海飞行的目标有更高的对抗能力，从而改善了密集阵在复杂环境下的对空作战能力。

“爱宕”号舰艏部的1门127毫米主炮及2部MK41导弹垂直发射系统模块

“足柄”号舰艏部的1门127毫米主炮及2部MK41导弹垂直发射系统

“爱宕”号的127毫米主炮

“爱宕”号舰艄密集阵基部与舰桥基部全景

“爱宕”号左舷一侧的两个相控阵雷达外罩

舰载电子战系统

爱宕级原型舰阿利·伯克级安装了AN/SLQ-32电子战装置，不过，这种装置拥有最高的保密级别，美国规定严禁向任何国家出口，鉴于此。爱宕级不得不装备由日本国产的NOLQ-2B型电波探知妨害装置。从性能上来看，这部电子战设备可与美国的AN/SLQ-32相匹敌。

此外，为了有效应对被动ECM干扰，与其他驱逐舰一样，爱宕级还安装了MK36 MOD 6以及4部MK137干扰弹发射装置。

航空系统与搭载艇

鉴于日本大量削减国防预算，护卫舰队也要进行大规模的编制体制改革，尤其是在废除了护卫舰队的“8舰8机”体制之后，为了与这些改革措施相适应，日本海上自卫队的第二代宙斯盾导弹驱逐舰设计也有必要向美国海军的阿利-伯克级导弹驱逐舰转变（爱宕级的原型舰阿利·伯克级具备直升机搭载功能的为FLIGHT IIA型），因此，在设计舰载直升机机库时，决定把机库设计为能搭载一架SH-60K或SH-60J反潜巡逻直升机的机库。相对于金刚级和美国阿利·伯克级只有直升机起降平台而没有支援设施来说，爱宕级有充足的直升机维护设施。

机库空间缩小之后增加了舰后部的可视区域，在舰桥的后方，两部雷达的安装位置也被提高了一层，所有这些设计都使得军舰的整体视野变得更加开阔。从直升机飞行甲板到机库铺设了3条着舰滑行导轨，相连的区域还设有搭乘员待机室。到目前为止，这级驱逐舰还没有搭载固定的舰载机及同乘的飞行员。

爱宕级搭载的辅助艇要比金钢级所搭载7.9米的小型机动艇大得多得多，它搭载的多功能艇是和日向级、秋月级驱逐舰相同的11米长作业艇。

“爱宕”号的舰艉直升机甲板与直升机机库

采取封闭式舰艉甲板设计的爱宕号，日文舰名上面为“爱宕”号的自卫舰旗

“爱宕”号舰艉部的航空系统布局全景，包括直升机机库、直升机甲板、直升机甲板至机库之间的3条滑行导轨以及机库右侧的搭乘员待机室

“爱宕”号直升机机库

“爱宕”号直升机机库右侧的搭乘员待机室

“爱宕”号舰艉部及直升机甲板的最末端

可见看出“足柄”号的直升机甲板稍微高出一些

“爱宕”号的直升机机库内景，3条导轨直接进入机库里部

爱宕级与原型舰及韩国世宗大王级对比

爱宕级与美国海军阿利·伯克级FLIGHT IIA和韩国海军世宗大王级驱逐舰均为最新型的宙斯盾导弹驱逐舰，可将它们看作准同型舰，根据日、美、韩三国不同的军舰运用体制，虽然三级舰拥有大致相同的系统，但还有着不同的各自特点。

与阿利·伯克级FLIGHT IIA相比，爱宕级作为护卫队群的旗舰由队群司令坐镇指挥，因此，其舰载司令部功能非常完善，舰载司令部所在的舰桥要比FLIGHT IIA高出两层。在长长的舰体、大型的舰桥构造物以及平直的甲板上建有直升机机库等辅助设施。从整个军舰尺寸来看，爱宕级更接近美国海军提康得罗加级导弹巡洋舰。爱宕级舰长较FLIGHT IIA长出约10米，较金刚级长出约4米，故此，其标准排水量和满载排水量较FLIGHT IIA多出近1000吨，舰载设备更加完善。

此外，与爱宕级相比，FLIGHT IIA建造数量已经超过60艘，作为大批量生产的防空主力舰，阿利伯克级更注重建造成本的节省。而且，FLIGHT IIA更偏重于在美国海军核动力航母战斗群中扮演防空子系统的角色，这与爱宕级的舰队旗舰职责形成鲜明对比。

至于世宗大王级驱逐舰，由于韩国海军迫于综合国力的限制而没有建造太多。因此，作为重型武装军舰，世宗大王级就要尽可能多的配备更加完善的武器系统及相应功能，于是，舰载司令部、各种垂直发射系统、“守门员”近距离防御武器系统（CIWS）、RAM近距离防空导弹等功能和武器集中配备到军舰上，与爱宕级相比，世宗大王级是一款多功能并以近距离防空主为的重装军舰。

就航空系统来看，与FIGHT IIA和世宗大王级相比，爱宕级采取平甲板舰型所具备的直升机甲板和机库则更加开阔，只能展开和运用1架舰载反潜直升机，

右侧的“足柄”号（DDG-178）与美国海军阿利·伯克级40号舰“查飞”号对比，可以看出2艘同型舰的舰桥设计存在着很大程度的不同

只搭载一些航空设备，而未搭载固定直升机、航空设备及飞行员。而FLIGHT IIA和世宗大王级由于采取长船首楼舰型设计，故可运用2架直升机，并配备相对充实的航空系统和基础设施。

爱宕级同型舰

截止2013年10月，爱宕级共建造了两艘，分别是1号舰“爱宕”号和2号舰“足柄”号，“爱宕”号预算名称为14DDG，造价成本为1453亿日元，“足柄”号预算名称为15DDG，造价成本为1389亿日元，其中包括各自宙斯盾武器系统的采购成本为509亿日元。从造价成本上来看，2艘爱宕级的单艘预算费用比2艘出云级直升机母舰高出200多亿日元，俗话说“一分钱一分货”，从造价成本上也可以看出爱宕级宙斯盾导弹驱逐舰在日本海上自卫队中拥有核心主力战斗舰的头衔。

“爱宕”号舰名来自日本京都府爱宕山，“足柄”号舰名来自日本足柄山，2艘同型舰舰长均海军上校军衔，基本概况如下：

舷号	舰名	建造日期	下水日期	竣工日期	建造船厂	编制	母港
DDG-177	“爱宕”号	2004年（平成16年）4月5日	2005年（平成17年）8月24日	2007年（平成19年）3月15日	三菱重工长崎造船所	第3护卫队群第3护卫队	舞鹤
DDG-178	“足柄”号	2005年（平成17年）4月6日	2006年（平成18年）8月30日	2008年（平成20年）3月13日	三菱重工长崎造船所	第2护卫队群第2护卫队	佐世保

海外派遣及实战经历

与4艘金刚级参加了印度洋派遣任务不同，至今两艘爱宕级还没有参与任何海外远洋派遣任务。

2008年9月14日上午6时56分，在丰后水道的日本领海内，巡逻中的“爱宕”号发现不明国籍类似潜艇的目标在用潜望镜张望，于是利用主动声呐对可疑目标进行探测和跟踪。上午8时40分左右，可疑目标消失。

2010年5月16日，由横须贺海军基地出发，“爱宕”号与“曙”号（DD-108）

驱逐舰共同参加在夏威夷群岛举行的由美国海军太平洋舰队主导的“2010环太平洋联合军演”（RIMPAC-2010）。8月27日，“爱宕”号结束在夏威夷周边海域的联合训练。同年6月9日至19日，“爱宕”号在加拿大西部温哥华岛维多利亚市参加由加拿大海军主办的加拿大海军建军100周年纪念国际观舰式活动。“爱宕”号于6月12日参加观舰式，6月22日到达珍珠港海军基地。

2013年6月10日至6月26日，在美国南加利福尼亚州坎普-佩恩德尔顿以及圣克莱门特岛地区，日本海上自卫队首次参加了美军单独举行的“汤布里奇2013”联合演习。日方参加军舰有“爱宕”号导弹驱逐舰、“日向”号直升机母舰、“下北”号运输舰以及来自日本陆上自卫队西部方面普通科联队（即大名鼎鼎的“西普联”）和西部方面航空队。

在参加2010年度环太平洋联合军事演习（RIMPAC-2010）期间，停泊到珍珠港海军基地内的“爱宕”号

参加护卫队群编队海上训练的“爱宕”号（后面）

第五章

护卫舰队兵器谱排名之通用驱逐舰（DD）

在后4次防期间，随着日本海上自卫队护卫舰队的兵力构成采取“8舰8机体制”的作战构想，通用驱逐舰这个全新的舰种开始大批量走上历史舞台。作为现代日本海上自卫队护卫舰队全新的标准构成舰，通用驱逐舰是将以前的反潜驱逐舰（DDK）和防空驱逐舰（DDA）两个驱逐舰舰种统一为一个全新的驱逐舰舰种。自20世纪80年代第一代初雪级全新通用驱逐舰服役以来，日本海上自卫队的通用驱逐舰舰种已经经历了6代的发展历史，分别是第一代初雪级、第二代朝雾级、第三代村雨级、第四代高波级、第五代秋月级和正在计划采购中的第六代5000吨级。

上述6代通用驱逐舰根据基本设计可划成3个类型，第1个类型包括初雪级和朝雾级，它们构成了日本早期通用驱逐舰的基本特征；第2个类型包括村雨级和高波级，它们构成了日本通用驱逐舰发展进入了成熟期；第3个类型包括秋月级和5000吨级。

从日本海上自卫队通用驱逐舰发展历史及该舰种的基本设计来看，初雪级、村雨级和秋月级3级通用驱逐舰具有开创性的意义。

首先，初雪级是日本通用驱逐舰的第一代，其开创意义不言自明，它的基本设计包括采用全燃气轮机推进，平衡搭载舰载直升机、C^4I系统以及各种导弹等武器装备，这些技术特征都是日本通用驱逐舰中最早开始使用的基本设计，具有开创意义，它们为后续通用驱逐舰所广泛采用。而且，与同时期大范围展开的所谓“欧洲护卫舰计划”相比，初雪级毫不逊色，这级军舰代表着当时亚洲军舰的最高设计水平与建造技术。与初雪级相比，朝雾级只是前者的扩大改良型，在基本设计上，朝雾级并没有任何开创性的设计，因此，朝雾级可以看作是初雪级的准同型舰。

其次，作为第三代通用驱逐舰的村雨级，其在日本通用驱逐舰发展历史中的开创性贡献主要有两个，一是引入舰体隐身设计，二是引入导弹垂直发射系统（VLS）。第一代和第二代通用驱逐舰都不具备这些技术特征，自第三代之后，日本通用驱逐舰都具备了这些基本设计。第一代的导弹发射系统采取倾斜式设计，而且防空导弹和反潜导弹使用不同的倾斜式发射装置，村雨级将这两种发射装置统一成垂直发射系统。与村雨级相比，高波级只是前者的扩大改良型，在基本设计上，高波级并没有任何开创性的设计，因此，高波级也可以看作是村雨级的准同型舰。

最后，作为第五代通用驱逐舰的秋月级，其在日本通用驱逐舰发展历史中的开创性贡献是引入了全新的FCS-3A多功能有源相控阵雷达，从此日本通用驱逐舰具备了所谓“僚舰防空”的作战能力，这种作战能力是仅次于“舰队防空”而高于“单舰防空”的中间级作战能力。同样，全新的5000吨级通用驱逐舰将在秋月级基础上进行开发和设计。

在日本海上自卫队四大护卫队群中，基本构成军舰由直升机驱逐舰或直升机母舰、导弹驱逐舰或宙斯盾导弹驱逐舰以及通用驱逐舰3种基本舰种构成，其中，通用驱逐舰为标准配备的核心舰种，并且装备数量最多。

日本海上自卫队6代通用驱逐舰（DD）综合概况对照表：

舰种划代	舰级	建造数量	服役概况	设计排水量（呈明显递增趋势）	三维尺寸（长X宽X吃水）（米）	舰员编制（自动化程度不断提高，舰员编制保持稳定）	最大航速（动力系统不断加强）
第一代	初雪级	12艘	1982年开始陆续服役，目前仍然现役中，部分军舰已经退役或转为练习舰舰种	标准排水量2950/3050吨，满载排水量4000/4200吨	130×13.6×4.2	195-200人	30节
第二代	朝雾级	8艘	1988年开始陆续服役，目前仍然现役中	标准排水量3500/3550吨、满载排水量4900/4950吨	137×14.6×4.4	220人	30节
第三代	村雨级	9艘	1996年开始陆续服役，目前现役中	标准排水量4550吨、满载排水量6100吨	151×17.4×5.2	165人	30节

续表

舰种划代	舰级	建造数量	服役概况	设计排水量（呈明显递增趋势）	三维尺寸（长×宽×吃水）（米）	舰员编制（自动化程度不断提高，舰员编制保持稳定）	最大航速（动力系统不断加强）
第四代	高波级	5艘	2003年开始陆续服役，目前现役中	标准排水量4650吨、满载排水量6300吨	151×17.4×5.3	175人	30节
第五代	秋月级	4艘	2012年开始陆续服役，目前现役中	标准排水量5000吨、满载排水量6800吨	150.5×18.3×5.4	200人	30节
第六代	5000吨级（25DD）	未定	计划采购中	标准排水量5000吨	150×18.3×5.4	200人	30节

第一节 初雪级通用多功能驱逐舰

初雪级驱逐舰是日本海上自卫队第一代通用多功能驱逐舰（DD），它采用全燃气轮机推进，平衡搭载舰载直升机、C^4I系统以及各种导弹等武器装备，与同时期大范围展开的所谓“欧洲护卫舰计划”相比，初雪级毫不逊色，这级军舰代表着当时亚洲军舰的最高设计水平与建造技术。

在日本海上自卫队的8舰8机体制时代，作为日本第一代通用多功能驱逐舰，初雪级批量建造了12艘，这在日本海上自卫队历史上还是首次。建成服役后，本级驱逐舰长时间成为日本护卫舰队的主力核心舰,。不过，由于服役时间较长，现在的初雪级已经依次进入退役程序。尽管如此，日本海上自卫队计划对后期建造的3艘初雪级驱逐舰进行现代化改装工程以延长它们的服役期。今后，除初雪级仍将执行现役使命外，另有3艘驱逐舰还将更改为岛雪级练习舰舰种而加入日本海上自卫队练习舰队序列。

初雪级前级舰共有三级，分别是秋月级驱逐舰（DD）、高月级驱逐舰（DDA）和山云级驱逐舰（DDK），这三级驱逐舰是分别承担不同作战功能的军舰。自初雪级出现后，它们的三种不同作战功能统一于初雪级一级军舰上。因此，初雪级开创了日本通用驱逐舰的先河，日本通用驱逐舰时代也由初雪级正式拉开序幕。初雪级下一代通用多功能驱逐舰为朝雾级。

“初雪”号（DD-122）

初雪级的开发背景

在4次防结束的1977年度（昭和52年度）计划中，日本海上自卫队迫切要求开发下一代具备执行多任务能力的新型通用驱逐舰。当时，在日本海上自卫队草创时期建造的春风级（28DD）驱逐舰、绫波级（30DDK−33DDK）驱逐舰、村雨级（30/31DDA）驱逐舰等装备也接近退役程序，日本海上自卫队需要开发下一代替代舰。

在4次防以前，在8舰6机体制的作战思想指导下，日本海上自卫队的驱逐舰力量发展采取多目的驱逐舰（DDA）和反潜驱逐舰（DDK）2个系列的构成体系。然而，随着国际形势的变化，经过反复研究，日本海上自卫队决定采取8舰8机体制（即所谓的“新八八舰队”）的作战指导思想，基于此，本级舰的主要开发思路是将多目的驱逐舰和反潜驱逐舰进行统一，并在其基础上加以充实提高。

在4次防期间，日本海上自卫队计划开发搭载战术情报处理装置和反舰导弹的3600吨级通用驱逐舰（DDA）以及搭载燃气轮机主机、战术情报处理装置和轻型防空导弹的2500吨级反潜驱逐舰（DDK），然而，由于受20世纪80年代世界石油危机影响，3600吨级通用驱逐舰计划彻底终止，至于2500吨级反潜驱逐舰也像传统青云级驱逐舰（山云级反潜驱逐舰后期型）的定型舰一样进行设计，只不过在其基础上进行了改良设计。初雪级兼具3600吨级通用驱逐舰和2500吨级反潜驱逐舰的所有舰载装备，是构成日本海上自卫队“新八八舰队”的基干力量。

设计诸元及舰载系统概况

初雪级设计标准排水量为2950吨（自“山雪”号开始为3050吨），满载排水量为4000吨（自“山雪”号开始为4200吨），设计全长130米，全宽13.6米，型深8.5米，吃水4.2米（自“山雪”号开始为4.4米）。舰员编制195名至200名。

动力推进系统采取燃气轮机或燃气轮机联合动力装置（COGOG）工作方式，主机配备两部川崎重工罗尔斯·罗伊斯“泰因”RM1C燃气轮机（低速巡航阶段使用，输出功率为4620马力）和两部川崎重工罗尔斯·罗伊斯“奥林巴斯”TM3B燃气轮机（高速航行阶段使用，输出功率为22500马力），双轴推进器（5片桨叶，可变距），最大航速可达30节。

舰载武器配备1门76毫米62倍径单装速射型舰炮、两门美制密集阵20毫米高性能机关炮、1部“海麻雀”轻型防空导弹8联装发射装置、部两“鱼叉”反舰导弹4联装发射筒、1部“阿斯洛克”反潜导弹74式8联装发射装置、两部HOS-301型3联装轻型鱼雷发射管。

舰载直升机为1架HSS-2B/SH-60J反潜巡逻直升机。

舰载C^4I系统配备1部OYQ-5目标指示系统（TDS）、1部FCS-2-21/12A（81式射击指挥装置2型-21/12A）射击指挥装置（供主炮使用的火控系统）、1部FCS-2-12导弹射击指挥装置（供轻型防空导弹使用的火控系统）、1部SFCS-6A水中射击指挥装置。

舰载雷达配备1部OPS-14B对空搜索雷达、1部OPS-18对海搜索雷达。

舰载声呐配备1部OQS-4舰底壳体声呐、1部OQR-1拖曳式声呐。

电子战及对抗手段配备NOLR-6C电子支援措施（ESM）装置、OLT-3电子干扰（ECM）装置、OLR-6C导弹警报装置、MK36舰载超速散放箔条（SRBOC）和拖曳式诱饵。

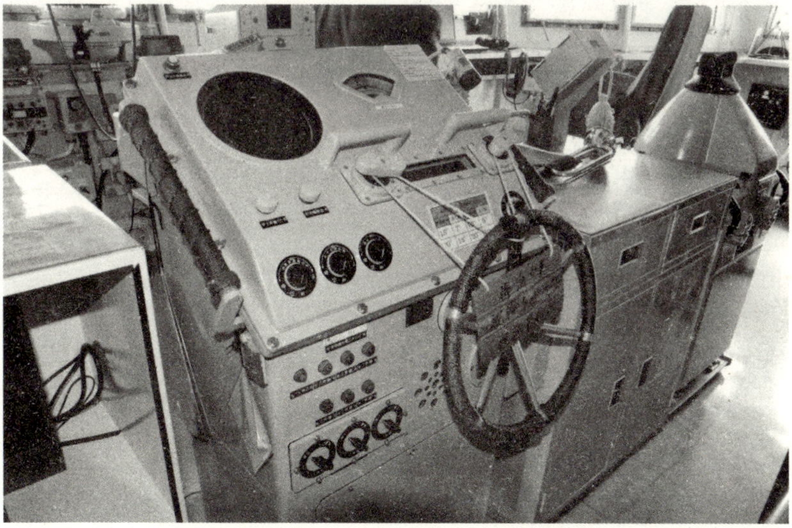

“松雪”号舰桥内的操舵轮，面向日本民众开放前已经用绳子固定住

从“松雪”号操舵轮看舰桥前部的布局结构，从透明舷窗可以了解外面的情况

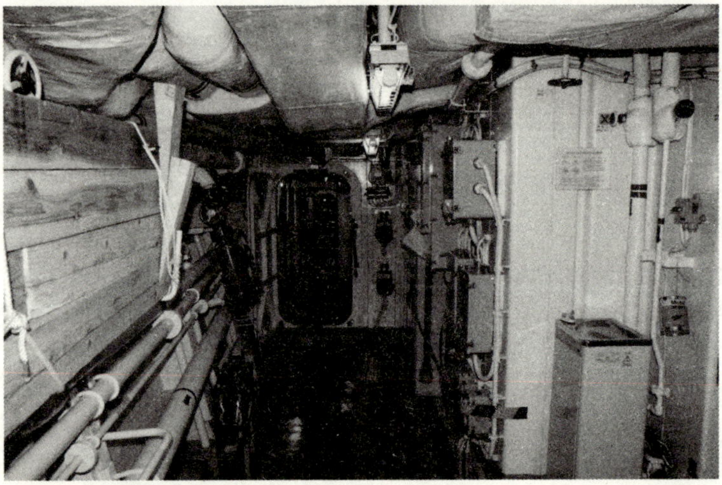

“松雪”号的舰内通道设计，看到左侧还有一些木质结构

初雪级的舰体设计

一直以来，自山云级（37DDK）驱逐舰之后的日本驱逐舰在声呐装备要领的指导下都安装了大型化的舰艏声呐导流罩。在这种情况下，1枚主锚只能存放到舰艏部。以此相对应，为了给初雪级的声呐系统安装壳体声呐导流罩，主锚又重新存放到舰艏左右两侧舷部，这种设计恰恰是重返传统。鉴于此，由山云级等驱逐舰换防至初雪级驱逐舰的舰员们因为已经习惯了舰艏声呐导流罩的设计而经常对初雪级的运用感到困惑。

从舰型设计上来看，初雪级采用传统的长舰艏楼舰型，考虑到舰载直升机起降飞行甲板与导弹发射装置的位置关系以及舰体重心下降的安排，后部甲板采取三层设计。水线下的舰型设计与“天津风”号（35DDG）导弹驱逐舰的设计基本类似。

为了适应反潜战中的被动战需要，初雪级需要降低水下的辐射噪声，自3号舰之后，舰体上的防护罩、螺旋桨都安装了防辐射涂层，后来，先期建造的1号舰和2号舰也进行了防辐射改装工程。在搭载固定舰载直升机的情况下，初雪级还为直升机配备了尾翼稳定器，此外，在海上横向补给操作中，为了能够接受干货补给，初雪级在侧舷部还安装了滑动式板座系缆环等支援设施，舾装品也使用了很多的新型装备。

初雪级前期建造型军舰受日本防卫大纲规定的单年度付款限制，单舰建造费用必须进行压缩，鉴于此，为了降低排水量，舰桥构造物、主桅杆、烟囱、机库等上层建筑中的相当部分采取了高强度铝合金建筑材料。然而，由于铝合金建筑材料的热导系数非常高，因此，日光照射所聚集起来的热量对舰载电子设备的影响非常严重。此外，通过吸取1975年美国海军贝尔纳普号导弹巡洋舰的冲撞事故以及1982年英阿马岛战争的经验教训，从1981年度计划批准建造的8号舰“山雪”号（1982年2月25日开工建造）开始，初雪级中止使用一切铝合金建筑材料。此后，舰体构造全部采取精钢打造。在这种情况下，为了降低军舰的设计重心，舰底部设置了相当数量的压舱物，因此，从8号舰开始，初雪级的标准排水量增加了100吨。

“泽雪”号的舰桥顶部设计，可见上面站满了参观的日本民众，有两门密集阵和FCS-2火控雷达安装在舰桥顶部

动力推进系统

初雪级的最大技术特征在于动力系统设计，本级军舰是日本海上自卫队中第一个采取全燃气轮机推进方式的军舰。20世纪70年代后半期，动力系统主机采用重量轻、具备优秀瞬发性和易维修性而改装自航空发动机的燃气轮机已经是世界强国海军的大势所趋。

日本海上自卫队军舰中最先采用舰用燃气轮机作为动力系统主机的是石狩号护卫舰，不过，这艘军舰的动力系统工作方式是柴油机或燃气轮机联合动力装置（CODOG），而第一个采取全燃气轮机推进的军舰则是本级初雪级。

初雪级在高速航行阶段使用英国罗尔斯·罗伊斯公司生产的奥林巴斯TM3B燃气轮机，在低速巡航阶段则使用泰因RM1C燃气轮机，这两种燃气轮机的高低搭配就形成了所谓“燃气轮机或燃气轮机联合动力装置（COGOG）”的推进方式。初雪级的动力系统设计以英国皇家海军的42型驱逐舰为模板，其发动机构成也以后者为标准。在英国皇家海军中，21型护卫舰也采用了42型驱逐舰的燃气轮机或燃气轮机联合动力装置（COGOG），此后，直到22型护卫舰第2建造批次仍然采用这种设计，而初雪级则可以说是这个谱系中的一个分支。

采用传统蒸汽轮机做动力的军舰以及采用柴油机和柴油机联合动力装置（CODAD）的军舰，在遭受炮弹或导弹的攻击时，为了提高抗击沉性，两舷部的发动机错开前后配置，这种发动机布局称“移位配置”。这种配置限制了舰内空间，而初雪级将发动机并列配置在两侧舷相同的位置上，这种发动机布局称“平行配置”。其中，TM3B燃气轮机安装在前部的第1发动机室内，减速装置安装在中部的第2发动机室内，RM1C燃气轮机安装在后部的第3发动机室内，上述每2部动力设备平行配置在左右两侧舷。推进器采取5片桨叶的可变距螺旋桨，为了降低水下的辐射噪声，后期建造的初雪级都采用了非对称桨叶。在速度控制方面，在低速航行阶段时，初雪级的主机旋转次数固定在100r/min（RPM），通过翼角控制，在航速超过14节以上阶段时，翼角处于最大，然后，再对主机的旋转次数进行控制。当由低速巡航阶段的RM1C燃气轮机切换到高速航行阶段的TM3B燃气轮机后，主机旋转次数为160r/min，速度为24节，全速航行时的旋转次数为260r/min。

"松雪"号的发动机操纵室值班中心设施

初雪级的多任务化舰载装备

日本海上自卫队驱逐舰自初雪级开始统一了多用途驱逐舰（DDA）和反潜驱逐舰（DDK）两个舰种，这种统一可媲美欧美海军强国的发展趋势。此后的日本通用驱逐舰（DD）具备反潜、反舰、舰队区域防空、单舰点防空、近距离防御、对地攻击、电子战等全方面的作战能力。

为了实现这样的作战要求，初雪级作为日本海上自卫队的"多用途试验舰"第一个将舰载电子传感器、舰载武器与战术情报处理装置连接起来，从而构成一个天衣无缝的舰载战斗系统。故此，初雪级是日本海上自卫队第一款"系统舰"，是日本最具有划时代意义的开创性军舰。初雪级舰载战斗系统的构成布局一直延续到后来的高波级（10至13DD）通用驱逐舰。因此，初雪级的舰载战斗系统是后来日本海上自卫队所有通用驱逐舰舰载战斗系统的原型。

舰载战斗系统（C^4I系统）

初雪级舰载战斗系统的核心是战术情报处理装置，具体型号是由日本国产的OYQ-5目标指示系统（TDS-Target Designation System）。截至2013年，日本海上自卫队一直在使用OYQ系列的战术情报处理装置。通常情况下，这种系统使用像AN/USQ-20（CP-642）系列和AN/UYK-7这样的大型计算机。不过，由于受舰上空间的限制，OYQ-5系统仅由1部小型的AN/UYK-20计算机构成，另由4部或

5部AN/UYA-4（OJ-194B）计算机组合成工作站。由舰载战斗指挥所人员负责对这些计算机工作参数进行设置，考虑到抗击沉性，在日本海上自卫队驱逐舰中，初雪级的战术情报处理装置第一次设置到主舰体的第2层甲板空间内。

在舰载电子传感器所收集情报的基础上，OYQ-5可对目标的威胁等级进行评价，然后再向“海麻雀”IBPDMS（改进的基本点防御水面发射导弹系统）防空导弹以及76毫米单装速射炮等适当的舰载武器发出指向命令，这就是战术情报处理装置拥有的所谓“威胁鉴定和武器分配（TEWA）”功能。从功能上来看，OYQ-5与面向导弹驱逐舰（DDG）使用的OYQ-1 WES（武器效能模拟）系统具有不相上下的作战能力。不过，由于受制造成本和电力要求上的制约，OYQ-5无法使用作为标准战术数据链的11号数据链。在这种情况下，OYQ-5只能通过利用传统无线电电传机（RTTY）进行接收的14号战术数据链进行信号接收，从而获得情报，这是一种不规范的战术情报收集方式。

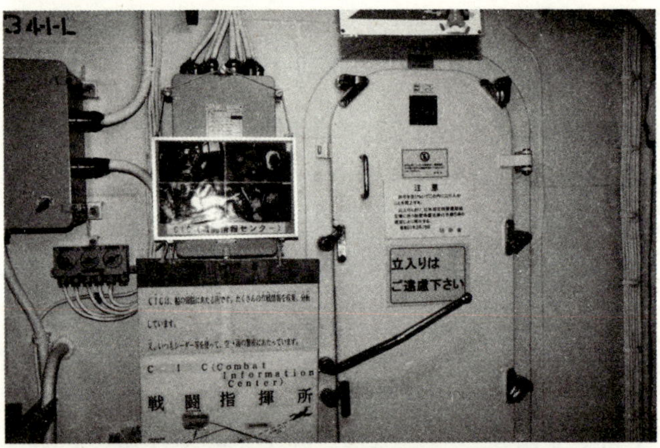

“松雪”号的战斗指挥所（CIC）正门。日本军舰的战斗指挥所就是美国军舰的作战指挥中心，这里是全舰的作战指挥中心，所有舰载武器都可通过指挥中心内的作战系统进行集中管理和运用，鉴于战斗指挥所的重要作用，日本军舰中的战斗指挥所不面向日本普通民众开放，而处于保密状态

“濑户雪”号直升机甲板及直升机机库俯视，可见动力舱烟囱附近的各种电子传感器，它们都可通过数据线连接至战斗指挥所内的OYQ-5系统上

防空作战能力

初雪级舰载防空火力网共由三重构成，分别是：第一重也是最外层的一重为“海麻雀”IBPDMS（改进的基本点防御水面发射导弹系统）防空导弹；第二重即中间重为76毫米口径62倍径单装速射舰炮；第三重也就是最内重为美制密集阵20毫米高性能机关炮。总体来看，初雪级具备传统日本海上自卫队反潜驱逐舰（DDK）和多用途驱逐舰（DDA）所从来没有过的单舰防空能力。这三重舰载防空武器又与作为舰载战斗系统核心的OYQ-5系统连接起来，从而形成一个庞大的半自动防空系统，这个半自动防空系统共由5个子系统构成，分别是OPS-14二坐标（二维）对空搜索雷达、OYQ-5战术情报处理装置、FCS-2射击指挥装置、“海麻雀”IBPDMS（改进的基本点防御水面发射导弹系统）防空导弹和76毫米口径62倍径单装速射舰炮。

在防空作战中，针对空中威胁，OPS-14对空搜索雷达首先对空中具有威胁的目标进行探测和捕捉，随后舰载战斗指挥所人员以手动方式将防空诸元输入到OYQ-5战术情报处理装置内，根据对空搜索雷达所收集到的情报，OYQ-5及其手动操作员再根据海上战场情况判断并决定攻击的优先顺序。在决定作出后，操作员再以手动方式将攻击目标的诸元输入到FCS-2射击指挥装置内，而后FCS-2再对“海麻雀”防空导弹或76毫米舰炮进行攻击指挥与控制，直到攻击动作完成。这样，一轮防空作战也随之结束，然后，再开启相同的防空作战程序。

关于“海麻雀”PDMS（点防御导弹系统）防空导弹，日本海上自卫队先期建造的白根级直升机驱逐舰（DDH）采用的是基本点防御导弹系统（BPDMS），与此对应，初雪级则采用全新的IBPDMS（改进的基本点防御水面发射导弹系统）。这种新型系统的导弹发射装置采用具备增强快速反应性能的小型化Mk.29装置，其日本国产化型号为GMLS-3。另外，防空系统中的射击指挥装置也采用日本国产的FCS-2-12型。初雪级是日本海上自卫队首批采用76毫米舰炮的军舰，随同这批舰炮上舰的还有同年度计划建造的“石狩”号（52DE）护卫舰。

从1979年度计划建造的3号舰“峰雪”号开始，初雪级追加安装了两部作为近距离防空武器（CIWS）的美制密集阵20毫米高性能机关炮，具体型号为Mk.15 mod.2型，1号舰和2号舰在服役后的改装过程中也追加安装了这款武器。此外，密集阵基本上可从舰载防空系统中分离独立出来，从而以相对独立的武器系统实施攻击。

安装在“峰雪”号（DD-124）前甲板上的76毫米单装速射型舰炮和“阿斯洛克”反潜导弹8联装发射装置

从“峰雪”号防空武器安装看初雪级的防空火力网配备：作为初雪级远程防空武器的“海麻雀”防空导弹8联装发射装置配备于舰艉部，从而以军舰后方区域为基点形成有效的全舰远程防空保护；作为中程防空武器的76毫米主炮配置于舰艏部，从而以军舰的前方区域为基点形成有效的全舰中程防空保护；作为近程防空武器的密集阵配备于舰桥顶部、主桅杆基部的舰体中部，从而对前后两个防空武器系统出现的空缺进行补充；承担对空搜索的OPS-14雷达及上述3个防空武器系统火控功能的FCS-2则配备于舰桥顶部及主桅杆高处。而后，通过复杂的舰内数据线网络，3个防空武器及两个电子传感器都与舰桥下部、军舰中心位置的战斗指挥所内作为舰载战斗系统核心的OYQ-5系统连接起来，OYQ-5系统再通过各种终端显示器、工作站等计算机网络将一个完美的3重防空火力网布局呈现在战斗指挥所内的值班作战军官面前。

安装在“泽雪”号（DD-125）舰艉甲板上的“海麻雀”轻型防空导弹GMLS-3型8联装导弹发射装置，其前面是直升机甲板，正停放一架SH-60J反潜巡逻直升机

“泽雪”号舰艏部的1门76毫米主炮特写

“岛雪”号训练舰位于舰桥顶部的2部密集阵

反水面作战能力

初雪级的特征之一是可利用“鱼叉”反舰导弹实施远距离反水面打击。同样，1977年度计划建造的“石狩”号小型护卫舰（DE）也安装了“鱼叉”这种新型装备，作为护卫舰队编制的驱逐舰，初雪级是第一个安装“鱼叉”的军舰。

鱼叉反舰导弹存放在2部4联装Mk.141发射筒内，这些发射筒分别安装在舰体中央部烟囱的附近位置，它们可接受SWG-1型“鱼叉”导弹舰载指挥与发射控制装置（HSCLCS）的射击指挥。在反水面作战中，初雪级可利用的主要情报收集舰载电子传感器有OPS-18对海搜索雷达和NOLR-6C电子支援措施（ESM）装置。

“初雪”号位于舰体中部、动力舱烟囱两侧的“鱼叉”反舰导弹4联装发射筒及后部的“初雪02”号搭载艇

从初雪号反舰武器安装看初雪级的反舰火力网配备：作为初雪级最核心反舰武器的“鱼叉”反舰导弹4联装发射筒分别配备于舰体中部两侧舷，而作为“鱼叉”导弹火控功能的SWG-1型舰载指挥与发射控制装置（HSCLCS）则配备于舰桥顶部，对水面搜索的OPS-18对海搜索雷达和NOLR-6C电子支援措施（ESM）装置则分别安装于主桅杆上的不同位置。通过复杂的舰内数据线网络，上述反舰武器及电子传感器都与舰桥下部、军舰中心位置的战斗指挥所（CIC）内作为舰载战斗系统核心的OYQ-5系统连接起来，OYQ-5系统再通过各种终端显示器、工作站等计算机网络将一个反舰火力网布局呈现在战斗指挥所内的值班作战军官面前。

反潜战能力

初雪级的反潜战斗系统基本上是传统反潜驱逐舰（DDK）和多用途驱逐舰（DDA）的发展改良型，不过，在几个方面上，前者的反潜性能有大幅度的提升。

初雪级主要的反潜电子传感器有安装在舰体上的OQS-4声呐、OQR-1拖曳声呐（后来安装了战术拖曳阵列声呐系统（TACTASS））以及由舰载反潜巡逻直升机搭载的吊放式声呐和声呐浮标。在这些传感器中，只有来自声呐浮标的情报数据可输入OYQ-5战术情报处理装置内进行处理，而来自其他传感器的情报数据则只能通过声呐员进行处理，然后，再直接移交给SFCS-6A型水中攻击指挥装置。

此外，OQR-1拖曳声呐基本是美国海军AN/SQR-18战术拖曳阵列声呐系统（TACTASS）的日本版，它可对远距离外的敌方潜艇进行探测。与传统反潜驱逐舰（DDK）和多用途驱逐舰（DDA）采用的舰艏声呐不同，OQS-4声呐则是舰底壳体声呐，为了将这部声呐安装到位，舰艏的形状则变成飞剪式。

至于反潜攻击武器，初雪级安装了传统的可发射“阿斯洛克”反潜导弹的74式Mk112(J)Mod2N型反潜导弹发射装置和HOS-301（D）型68式3联装轻型鱼雷发射管，另外，还可使用舰载反潜直升机搭载的轻型鱼雷。

总体来看，初雪级的舰载反潜火力网也由三重构成，分别是：在远射程上可使用舰载反潜直升机，在中射程上可使用“阿斯洛克”反潜导弹，在短射程上可使用轻型鱼雷，与同代的欧美同级舰相比，初雪级的三重反潜火力网具备极其强大的反潜作战能力。尤其是“阿斯洛克”反潜导弹，与同时期荷兰海军建造的科顿艾尔级、西德海军建造的不来梅级等欧洲最强大的3000吨级护卫舰（当时所谓的“标准护卫舰”）相比，只有日本海上自卫队的初雪级装备了这种最先进的反潜导弹，其他标准护卫舰都没有装备。而且，与传统驱逐舰装备的“阿斯洛克”发射装置采取人力装填的方式不同，初雪级的“阿斯洛克”发射装置可由舰桥构造物下部的弹药库直接进行导弹再装填，无需人力操作。并且，从损害控制角度考虑，弹药库无论因为何种原因爆炸都要破坏不到舰桥，基于这样的要求，在舰桥侧面的墙壁上各设置了6个圆形的小窗，它们可以释放爆炸时所产生的冲击波，从而将损害控制在最低限度。

SFCS-6A水中攻击指挥装置可对“阿斯洛克”反潜导弹发射装置和轻型鱼雷

发射管进行射击控制。

至于初雪级搭载的舰载反潜巡逻直升机，它与美国海军的轻型机载多用途系统（LAMPS）不同的是拥有高度的独立作战能力，并可在固定的吊放式声呐所收集情报的基础上实施攻击；它与LAMPS相同的地方是都要在接受母舰控制的基础上才能实施攻击。

“泽雪”号的舰上军官正在向参观的日本陆上自卫队队员介绍8联装“阿斯洛克”反潜导弹发射装置的操作程序，可见反潜导弹发射装置中的一个模块已经处于工作状态下，它由战斗指挥所内的值班军官进行操作

“松雪”号反潜导弹发射装置特写

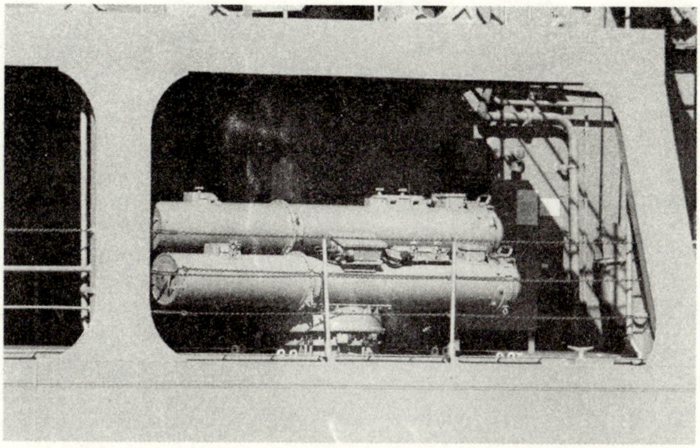

“初雪”号侧舷部的68式3联装轻型鱼雷发射管

可见“泽雪”号舰桥前部的1部74式Mk112(J)Mod2N型“阿斯洛克”8联装反潜导弹发射装置，舰桥顶部、密集阵前面的SFCS-6A水中攻击指挥装置（高处由栏杆围起来的圆盘型装备，它可对“阿斯洛克”反潜导弹发射装置和轻型鱼雷发射管进行射击控制），以及位于主桅杆基部的1门密集阵

电子战能力

初雪级主要的电子战装备有NOLR-6C型电子支援措施（ESM）装置和OLT-3型电子干扰（ECM）装置，此外，可作为反导弹软杀伤用途的装置还有OLR-6C导弹警报装置、MK36舰载超速散放箔条（SRBOC）和拖曳式诱饵。

舰载反潜巡逻直升机

在8舰8机体制时代，作为日本海上自卫队护卫队群的核心多用途装备，初雪级非常重要的装备就是舰载反潜巡逻直升机。早期搭载的机型是HSS-2B，后来，更新为SH-60J，搭载数量为1架。

为了确保舰载直升机的运用安全性，初雪级在设计阶段就对直升机飞行甲板与“海麻雀”IBPDMS导弹发射装置之间的高度关系进行了严格限制。在这种限制下，“海麻雀”导弹发射装置位于直升机甲板更后面并且位置更低一些的舰艉甲板上，它的存在丝毫不会影响到舰载直升机的正常起降操作。

“松雪”号（DD-130）舰艉甲板上的“海麻雀”导弹发射装置及舰载直升机机库

“泽雪”号的舰艉设计布局，由前至后依次是直升机机库、直升机甲板（正停放着1架SH-60J反潜直升机）、8联装“海麻雀”防空导弹发射装置及舰艉作业甲板

“松雪”号的舰艉直升机机库内景，可见有3条搬运直升机导轨直接进入库内

“泽雪”号直升机机库

“初雪”号三层甲板设计平视

“濑户雪”号直升机甲板俯视

初雪级的建造概况

初雪级在短短5年时间内共建造了12艘同型舰，如果包括准同型舰在内共建造了20艘，作为驱逐舰，初雪级的建造记录超过了共建造11艘的筑后级（41-49DE）护卫舰，从而创造了日本海上自卫队最大批量的军舰建造记录，直到今天。受51防卫大纲的影响，后来初雪级的扩大改良型朝雾级进行了大型化设计，P-3C反潜巡逻机的采购数量也在增加。

初雪级的最大弱点在于3000吨的舰体处处拥挤不堪而没有剩余空间，这就造成了主次颠倒的问题。作为现代通用驱逐舰，初雪级具备所有必要的构成要素，包括燃气轮机主机、系统舰、导弹装备、舰载直升机等。为了降低建造成本，日本防卫厅制定了减少标准排水量的设计（其标准排水量被严格限制在3000吨以下），同时放弃了日后升级改装的空间，并决定不进行现代化改装的延长服役期工程。在这些设计要求下，初雪级就被设计成了最小舰型。此外，在采购阶段，4次防结束后的单年度采购规定也对本舰建造有一定影响。

后来，初雪级又追加安装了电子干扰装置（ECM）和卫星通信天线等舰载设备，计划逐步进行现代化改装。

随着村雨级（3-9DD）、高波级（10-13DD）等新时代通用驱逐舰的服役，初雪级开始远离护卫舰队旗下的护卫队群而换防至日本海上自卫队五大地方队编制下的护卫队内服役。此后，舰载反潜巡逻直升机也不再上舰运用。

初雪级最后一艘建成舰“岛雪”号在日本海上自卫队军舰发展大势所趋之下

也进行了系统化。为了适应日本海上自卫队实习舰员等人员的教育与训练，“岛雪”号服役十几年后便史无前例地更改为练习舰舰种，服役于练习舰队。紧随其后，“白雪”号和“濑户雪”号也都更改为练习舰。在改为练习舰后，上述3艘初雪级都改称岛雪级练习舰。

2008年3月26日，随着日本海上自卫队大规模编制体制改革，初雪级由原五大地方队下属护卫队编制调整至护卫舰队直属护卫队编制内，与此同时，SH-60J舰载反潜巡逻机再次登舰服役。此后，后期建造的3艘驱逐舰山雪号、松雪号和朝雪号也进行了现代化改装工程，今后可再延长10年左右的服役期。

2012年，随着日本宣布对钓鱼岛实施“国有化”，日中岛屿争端加剧。日本政府为了有效应对中国公务船不断进入钓鱼岛海域，决定为日本海上保安厅建造国上级巡视舰。不过，这些巡视舰要到2016年3月才能服役，在2013年至2016年这三年时间内，日本政府计划将退役的初雪级驱逐舰转用为日本海上保安厅的巡视舰，在这种情况下，2013年1月，日本海上保安官的相关负责人开始登上“峰雪”号进行考察。

初雪级的12艘同型舰

截至2013年8月，初雪级驱逐舰共建有12艘，分别是“初雪”号、“白雪”号、“峰雪”号、“泽雪”号、“滨雪”号、“矶雪”号、“春雪”号、“山雪”号、“松雪”号、“濑户雪”号、“朝雪”号和“岛雪”号。其中，“初雪”号、“峰雪”号、“泽雪”号、“滨雪”号4艘已经退役，“岛雪”号、“白雪”号和“濑户雪”号3艘转为练习舰，余下5艘仍然现役。

初雪级舰长为海军上校或海军中校。

12艘初雪级驱逐舰基本服役概况如下：

舷号	舰名	建造日期	下水日期	竣工日期	建造船厂	编制	母港	备注
DD-122	“初雪”号	1979年（昭和54年）3月14日	1980年（昭和55年）11月7日	1982年（昭和57年）3月23日	住友重机械追滨造船所浦贺工厂	最终编制护卫舰队第11护卫队	横须贺	2010年（平成22年）6月25日退役

续表

舷号	舰名	建造日期	下水日期	竣工日期	建造船厂	编制	母港	备注
原：DD-123 现：TV-3517	“白雪”号	1979年（昭和54年）12月3日	1981年（昭和56年）8月4日	1983年（昭和58年）2月8日	日立造船舞鹤工厂	练习舰队	吴港	2011年（平成23年）3月16日转为岛雪级练习舰2号舰
DD-124	“峰雪”号	1981年（昭和56年）5月7日	1982年（昭和57年）10月19日	1984年（昭和59年）1月26日	三菱重工长崎造船所	最终编制护卫舰队第14护卫队	舞鹤	2013年（平成25年）3月7日退役
DD-125	“泽雪”号	1981年（昭和56年）4月22日	1982年（昭和57年）6月21日	1984年（昭和59年）2月15日	石川岛播磨重工东京第1工厂	最终编制护卫舰队第11护卫队	横须贺	2013年（平成25年）4月1日退役
DD-126	“滨雪”号	1981年（昭和56年）2月4日	1982年（昭和58年）5月27日	1983年（昭和58年）11月18日	三井造船玉野事业所	最终编制护卫舰队第14护卫队	舞鹤	2012年（平成24年）3月14日退役
DD-127	“矶雪”号	1982年（昭和57年）1月23日	1983年（昭和58年）9月19日	1985年（昭和60年）1月23日	石川岛播磨重工东京第1工厂	护卫舰队第13护卫队	佐世保	
DD-128	“春雪”号	1982年（昭和57年）3月11日	1983年（昭和58年）9月6日	1985年（昭和60年）3月14日	住友重机械追滨造船所浦贺工厂	护卫舰队第13护卫队	佐世保	
DD-129	“山雪”号	1983年（昭和58年）2月25日	1984年（昭和59年）7月10日	1985年（昭和60年）12月3日	日立造船舞鹤工厂	护卫舰队第11护卫队	横须贺	

续表

舷号	舰名	建造日期	下水日期	竣工日期	建造船厂	编制	母港	备注
DD-130	“松雪”号	1983年（昭和58年）4月7日	1984年（昭和59年）10月25日	1986年（昭和61年）3月19日	石川岛播磨重工东京第1工厂	护卫舰队第14护卫队	舞鹤	2010年（平成22年）3月15日吴港→舞鹤
原：DD-131 现：TV-3518	“濑户雪”号	1984年（昭和59年）1月16日	1985年（昭和60年）7月3日	1986年（昭和61年）12月11日	三井造船玉野事业所	练习舰队	吴港	2012年（平成24年）3月14日转为岛雪级练习舰3号舰
DD-132	“朝雪”号	1983年（昭和58年）12月22日	1985年（昭和60年）10月16日	1987年（昭和62年）2月20日	住友重机械追滨造船所浦贺工厂	护卫舰队第13护卫队	佐世保	
原：DD-133 现：TV-3513	“岛雪”号	1984年（昭和59年）5月8日	1986年（昭和61年）1月29日	1987年（昭和62年）2月18日	三菱重工长崎造船所	练习舰队第1练习队	吴港	1999年（平成11年）3月18日转为岛雪级练习舰1号舰

12艘初雪级驱逐舰的服役经历

“初雪”号（DD-122）

“初雪”号作为昭和52年度计划2900吨级驱逐舰2210号舰建造。服役时，“初雪”号并没有安装美制密集阵近距离防御武器（CIWS），在舰桥旗甲板水平两侧舷部增设甲板时，舰桥堡垒的一部分初切削后再安装了密集阵。密集阵管制室分别设计在FCS-2-21的下部结构和主桅杆下部构造中。此外，诱饵发射器也是12艘同型舰中唯一服役后安装的。弹药库也在机库左舷部增设甲板时才设置。

1982年3月23日服役后，“初雪”号配属第1护卫队群；1983年2月8日，配属第1护卫队群第41护卫队；1990年1月31日，配属第4护卫队群第41护卫队；1996年3月12日，配属横须贺地方队第37护卫队；1997年3月24日，配属横须贺地方队第21护卫队。最后编制隶属于护卫舰队第11护卫队，母港为横须贺。

2010年6月25日，“初雪”号与“泽风”号导弹驱逐舰同时向横须贺地方总监松冈贞义海军上将返回了自卫队旗（日本军旗），此后退役。在服役期间，“初雪”号总航程为678051.7海里，总航程所需时间为61513小时零47分。

“白雪”号（TV-3517/DD-123）

“白雪”号作为昭和53年度计划2900吨级驱逐舰2211号舰建造，1983年2月8日服役后配属第1护卫队群第41护卫队。服役时，“白雪”号没有安装密集阵，现在已经安装。

1990年1月31日，“白雪”号配属于第4护卫队群第41护卫队，母港转至大凑海军基地；1997年3月24日，配属横须贺地方队第21护卫队，母港再次转回横须贺海军基地；2008年3月26日，编制调整后，配属护卫舰队第11护卫队；2011年3月16日，编制由护卫舰队第11护卫队转至练习舰队，母港定为吴港海军基地。

“峰雪”号（DD-124）

“峰雪”号作为昭和54年度2900吨级驱逐舰2212号舰建造，1984年1月26日服役后配属第2护卫队群第42护卫队。

自“峰雪”号开始，初雪级服役时都安装了密集阵。

1990年3月6日，“峰雪”号配属第3护卫队群第42护卫队；1997年3月24日，配属第3护卫队群第3护卫队。

2002年3月，“峰雪”号参加了日本海上自卫队东帝汶维和国际派遣行动，在这次派遣任务中，“峰雪”号负责为承担日本陆上自卫队人员、车辆、物资等运输的大隅号运输舰提供护卫任务。

2012年3月12日，在日本若狭湾海域内，日本海上自卫队“峰雪”号与“隼”号（PG-824）导弹艇以及1架SH-60J/K反潜巡逻直升机与来自日本海上保安厅的“穗高”号（PS-202）巡视舰、“浅间”号（PS-205）巡视舰、“驹桥雪”号（PC-119）巡视艇以及1架“阿古斯塔”139直升机联合展开了可疑船只处理训练活动。

2013年3月7日，随着秋月级2号舰“照月”号的服役，“峰雪”号正式退役。“峰雪”号最终编制部队为护卫舰队第14护卫队，母港为舞鹤海军基地。2012年以来，随着中日钓鱼岛争端加剧，日本防卫省决定将退役初雪级驱逐舰转借给日本海上保安厅使用，在此决议下，2013年1月，日本海上保安厅相关负责人登上“峰雪”号进行视察。

泽雪号（DD-125）

泽雪号作为昭和54年度计划2900吨驱逐舰2213号舰建造，1984年2月15日服役后配属第1护卫队群第41护卫队。

1990年1月31日，“泽雪”号重新配属于第1护卫队群第48护卫队，1991年3月12日，配属于第4护卫队群第41护卫队，母港转入大凑海军基地。1997年3月24日，配属第4护卫队群第4护卫队。

2001年3月14日，配属横须贺地方队第21护卫队，其母港也重新转入横须贺海军基地。2008年3月26日，随着护卫舰队的重新改编，“泽雪”号由横须贺地方队第21护卫队编制转入护卫舰队直辖下的第11护卫队，母港没有变化。

2008年7月6日凌晨3时35分左右，泽雪号在由神奈川县横须贺港航行至青森县大凑港期间，在航行至青森县尻屋崎东南偏东大约25千米的海面上，舰前部的抛锚机舱突然着火，火灾发生后全舰立刻展开消防。火势共计持续了大约50分钟。7月11日，据事故调查，火灾的原因疑似21岁的海军士官故意放火引起，日本自卫队的纪律性遭受严重质疑。此次火灾共造成4名舰员落水死亡，时任防卫大臣的石破茂为此向公众致歉。

2010年5月26日，在日本东京港晴海码头，“泽雪”号与“鹿岛”号练习舰、“山雾”号驱逐舰一同出港参加平成22年度远洋练习航海部队的远洋训练任务。在这次全球远洋训练中，“泽雪”号的航线由日本东京港至美国夏威夷，经北美西海岸、墨西哥的恰帕斯、葡萄牙、土耳其、非洲的吉布提，最后取道韩国的釜山港于10月28日返回日本。

2013年4月1日，“泽雪”号正式退役，退役前的最终编制为护卫舰队第11护卫队，母港为横须贺海军基地。

“滨雪”号（DD-126）

“滨雪”号作为昭和54年度计划2900吨驱逐舰2214号舰建造，1983年11月18

日服役后配属于护卫舰队第2护卫队群。

1984年1月26日，配属于第2护卫队群第42护卫队，1990年3月6日配属第3护卫队群第42护卫队，1997年3月24日配属第3护卫队群第3护卫队。2006年2月16日，配属舞鹤地方队第24护卫队所有，2008年3月26日，重新划归护卫舰队下属第14护卫队所有。

2012年3月14日，“滨雪”号正式退役。2012年12月10日至今，“滨雪号锚泊于舞鹤警备队基地的附近海面，可向日本民众开放参观。按照预定，“滨雪”号将作为实战靶舰被击沉处理。

矶雪号（DD-127）

“矶雪”号作为昭和55年度计划2900吨驱逐舰2215号舰建造，1985年1月23日服役后配属于第1护卫队群所有。

1985年3月14日，配属于第1护卫队群第43护卫队，1989年3月17日，配属于第4护卫队群第43护卫队，1997年3月24日，配属于第4护卫队群第4护卫队，1999年6月23日配属于佐世保地方队第23护卫队。目前，隶属于护卫舰队第13护卫队所有，母港为佐世保海军基地。

航行中的“矶雪”号（DD-127）

“春雪”号（DD-128）

“春雪”号作为昭和55年度计划2900吨驱逐舰2216号舰建造，1985年3月14日服役后配属于第1护卫队群第43护卫队所有。

1988年，“春雪”号代表日本海上自卫队参加了当年度的环太平洋联合军事演习（RIMPAC-1988）。

1989年3月24日，“春雪”号配属于第4护卫队群第43护卫队所有。1990年，“春雪”号参加了平成2年度远洋练习航海，在此期间，还参加了在马来西亚举行的国际观舰式活动。

1997年3月24日，配属于第4护卫队群第4护卫队，2000年配属于佐世保地方第23护卫队所有。目前，隶属于护卫舰队第13护卫队，母港为佐世保海军基地。

停泊在横滨港内的“春雪”号（DD-128）

“山雪”号（DD-129）

“山雪”号作为昭和56年度计划2900吨驱逐舰2217号舰建造，1985年12月3日服役后配属于第2护卫队群所有。

“山雪”号以后的初雪级驱逐舰充分吸取了英阿马岛战争的经验教训（主要是英国“谢菲尔德”号导弹驱逐舰遭阿军击沉），舰体上层建筑全部采取全钢化建造，为了提高抗击沉性，标准排水量增加了100吨，满载排水量也增加了200吨，吃水也增加了0.2米，达4.4米。

1986年3月19日，配属于第2护卫队群第44护卫队；1997年3月24日，配属于第2护卫队群第2护卫队；1998年3月20日，配属于第4护卫队群第8护卫队；2001年5月18日，配属于吴地方队第22护卫队；2008年3月26日，重新配属于护卫舰队第12护卫队；2011年3月16日，由护卫舰队第12护卫队编制转入第11护卫队，母港也由吴港海军基地转至横须贺海军基地。

“松雪”号（DD-130）

“松雪”号作为昭和56年度计划2900吨驱逐舰2218号舰建造，1986年3月19日服役后配属于第2护卫队群第4护卫队。

1985年8月13日下午，“松雪”号在日本相模湾海域进行下水后各种测试活动的海试期间，偶然发现了8月11日日本航空公司第123号航班坠机事故中坠机的垂直尾翼，这为坠机事故原因调查提供了重大帮助。

1997年3月24日，配属于第2护卫队群第2护卫队。

1997年8月29日，在一次防空射击训练中，“松雪”号76毫米单装舰炮发生走火乱射事故，军舰舰艏遭受训练弹射击而发生轻微损坏。发生走火事故的原因是舰炮零部件加工不良和安装错位造成的。

1998年3月20日，配属于第4护卫队群第8护卫队。

2010年3月15日，由吴港海军基地护卫舰队第12护卫队编制重新划归第14护卫队所有，母港转入舞鹤海军基地。

2012年4月15日上午11时5分左右，在日本陆奥湾夏泊半岛正北偏东北方向大约8千米的海面上，由“鹿岛”号练习舰、“岛雪”号练习舰和“松雪”号驱逐舰3艘军舰组成练习舰队的远洋训练部队正在航行，一架来自日本海上自卫队第21航空群第25航空队（大凑航空基地）的SH−60J（机身编号为8279号，机长为宫永雅彦海军少校）反潜巡逻直升机主旋翼与“松雪”号的左舷机库侧壁发生碰撞，随后坠入大海。在此撞击事故中，宫永雅彦少校殉职，“松雪”号左舷机库侧壁也发生严重损伤，舰上实习干部全部转移至“鹿岛”号训练舰上。经过为期2周左右的维修后，“松雪”号重新加入练习舰队。

参加平成18年度日本海上自卫队例行自卫队观舰式活动的“松雪”号（DD−130）

“濑户雪”号（DD-131）

“濑户雪”号作为昭和57年度计划2900吨驱逐舰2219号舰建造，1986年12月11日服役后配属于第2护卫队群第42护卫队。

1988年3月17日，配属第3护卫队群第45护卫队；1997年3月24日，配属于第3护卫队群第7护卫队；1998年3月20日，配属于第4护卫队群第4护卫队；2000年3月21日，配属于第4护卫队群第8护卫队；2002年3月26日，配属吴地方队第22护卫队；2008年3月26日，配属于护卫舰队第12护卫队。

配属护卫舰队第12护卫队期间，“濑户雪”号母港为吴港海军基地，2012年3月14日，其舰种由驱逐舰变为练习舰。

2010年6月3日，在日本和歌山县串本町的樫野埼海面，“濑户雪”号奉命执行土耳其“埃尔图格卢尔号”遇难事件120周年的海上追悼式活动，参加人员有土耳其驻日本大使、土耳其军乐队、遇难人员后代等以及日本皇室的宽仁亲王、彬子女王、和歌山县知事仁坂吉伸、串本町町长田嶋胜正等。作为自卫舰（日本现役军舰），“濑户雪”号成为战后日本第一艘承担此类重要皇室纪念仪式活动的军舰。

根据平成23年度预算，“濑户雪”号将进行延长服役期改装工程。届时，这艘军舰的服役期将再延长5年。

2013年3月22日，作为练习舰，日本海上自卫队第一位女性舰长到任“濑户雪”号（TV-3513）练习舰。

目前，“濑户雪”号隶属于练习舰队第1练习队所有，母港为吴港海军基地。

为日本民众提供公开火力展示的“濑户雪”号

“朝雪”号（DD-132）

“朝雪”号基于《中期业务计划》作为昭和57年度计划2900吨驱逐舰2220号舰建造，1987年2月20日服役后配属于第3护卫队群第45护卫队。

1997年3月24日，配属于第3护卫队群第7护卫队；1998年3月20日，配属于第2护卫队群第2护卫队；1998年10月16日，配属于佐世保地方第23护卫队。目前，配属于护卫舰队第13护卫队，母港为佐世保海军基地。

2010年4月21日下午3时40分左右，“朝雪”号对正在进行太平洋海上训练的10艘中国人民解放军海军舰队进行监视。在此期间，其舰载直升机以水平距离90米，高度差只有50米的情况下与中国海军训练舰队进行异常接近。

停泊于横须贺海军基地Y4号栈桥码头上的“朝雪”号（DD-132）

“岛雪”号（DD-133）

“岛雪”作为昭和57年度计划3000吨驱逐舰2221号舰建造，1987年2月17日服役后配属于第3护卫队群第45护卫队。

1997年3月24日，配属于第3护卫队群第7护卫队；1998年3月20日，配属于第2护卫队群第2护卫队；1999年3月18日，舰种更改为练习舰，舰籍舷号更改为

TV-3513号，编制隶属于练习舰队第1练习队。

目前，“岛雪”号练习舰仍隶属于练习舰队第1练习队，母港为吴港海军基地。

停泊于吴港海军基地内的“岛雪”号（TV-3513）训练舰

| 第二节 | 朝雾级驱逐舰

朝雾级驱逐舰是自初雪级之后日本海上自卫队第二代新型通用多功能驱逐舰，它是初雪级（52DD至57DD）的扩大改良型军舰，共建造了8艘同型舰，其后级为村雨级。

海上训练中的“濑户雾”号（DD–156）

朝雾级的开发与建造概况

20世纪80年代至90年代，包括初雪级12艘、朝雾级8艘，日本海上自卫队计划建造20艘全新的通用多功能驱逐舰（DD），这些先进的驱逐舰配备于日本海上自卫队4个护卫队群，每个护卫队群各配备5艘。

前级初雪级在建造之初，为了降低建造成本，舰体上层建筑采用了铝合金建筑材料，这种材料虽然实现了排水量限制，并达到了轻便化的目的，但是对于军舰的抗击沉性能却影响很大。

在此后制定的51防卫大纲中，日本海上自卫队的军舰建造重心有所转变，此后的军舰建造更注重质量，在此之前，根据单年度采购计划限制，单舰建造成本要尽可能压缩，同时，《中期防卫力整备计划》又对军舰的建造数量进行了限制。

随着形势的转变，新建军舰不再采取极端的排水量限制措施，在这种情况下，从1981年度计划建造的初雪级8号舰“山雪”号开始，此后建造的所有初雪级上层建筑都采取全钢材料建造。

1982年（昭和57年）11月27日诞生的第1届中曾根内阁开始大幅度提升日本的国防经费，在此背景下，朝雾级在初雪级舰体过度拥挤的设计下进行了疏展及扩大化处理。随后，朝雾级作为1983年度计划舰开始进入建造程序。同样作为全新的通用多功能驱逐舰，朝雾级可执行多任务，其基本设计及运用方式都以初雪级为基础。

朝雾级设计诸元及舰载系统概况

朝雾级设计标准排水量为3500吨（“滨雾”号之后增加50吨），满载排水量为4900吨（“滨雾”号之后增加50吨），设计全长137米，全宽14.6米，型深8.8米，吃水4.4米（“滨雾”号之后增加至4.5米），舰员编制220名。

动力推进系统采取燃气轮机和燃气轮机联合动力装置工作方式，主机配备4部由川崎重工许可生产的英国罗尔斯·罗伊斯奥林巴斯/斯佩SM1A燃气轮机，输出功率为13500马力，双轴推进器（5片桨叶，可变距），最大航速可达30节。

舰载武器配备1门76毫米62倍径单装速射型舰炮、两门美制密集阵20毫米高性能机关炮、1部“海麻雀”轻型防空导弹8联装发射装置、两部“鱼叉”反舰导弹4联装发射筒、1部“阿斯洛克”反潜导弹74式8联装发射装置、两部HOS-301型3联装轻型鱼雷发射管。

舰载直升机为1架或两架SH-60J反潜巡逻直升机。

舰载C^4I系统配备最低工作频率（MOF）系统（“超级鸟”B2卫星通信）、海军战术情报系统——OYQ-6/7作战指挥系统（CDS）加11号/14号战术数据链、1部FCS-2-22A/23（81式射击指挥装置2型-22A/23）射击指挥装置（供主炮使用的火控系统）、1部FCS-2-12E/G导弹射击指挥装置（供轻型防空导弹使用的火控系统）、1部SFCS-6B水中射击指挥装置。

舰载雷达配备1部OPS-14C二坐标对空搜索雷达（“滨雾”号之后更换为OPS-24三坐标对空搜索雷达）、1部OPS-28C对海搜索雷达。

舰载声呐配备1部OQS-4A舰底壳体声呐、1部OQR-1战术拖曳式声呐。

电子战及对抗手段配备NOLR-8电子支援措施（ESM）装置、OLT-9C雷达告警接收机（RWR）、OLT-3电子干扰（ECM）装置、MK36舰载超速散放箔条（SRBOC）和SLQ-25反鱼雷拖曳式诱饵。

“朝雾”号海图台

并列安放的操舵轮与航速显示器

朝雾级的舰体设计及动力系统

从基本舰型设计上来看，朝雾级与初雪级完全相同，都采取防浪甲板舰型（平甲板舰型），不过，前者的上甲板进行了整齐化一的处理。与初雪级相比，朝雾级的舰体全长延长了7米，排水量大约增加了500吨，舰艏造型也重新更改为飞剪式，舰桥构造物降低1层改为2层。舰艉直升机机库为了能存放2舰舰载直升机而进行了大型化设计。

与初雪级相比，作为主机构成，朝雾级动力推进系统配置方式由前者的“燃气轮机或燃气轮机联合动力装置（COGOG）”更改为“燃气轮机和燃气轮机联合动力装置（COGAG）”，从而，系统整体输出功率进一步增大，水中辐射杂音也进一步降低。作为主机机种，朝雾级选择旗风级（56/58DDG）导弹驱逐舰COGAG配置在低速巡航阶段所采用的机种，即英国罗尔斯·罗伊斯SM1A型燃气轮机，且为单一机种配置。发动机安装位置也进行了更改。与初雪级不同，朝雾级为了提高中弹时的生存能力，将左舷轴用和右舷轴用的主发动机采取一前一后有间隔地进行配置安装，即所谓的“变换配置方式”。在这种安装方式的影响下，动力舱烟囱由左右配置的1个变成前后配置的2个，它们分别安装于主桅杆后部和直升机机库的正前方。由于生存能力的提高，所以，这种COGAG发动机的变换配置方式自朝雾级开始成为日本海上自卫队所有后来建造甲型警备舰（包括通用多功能驱逐舰（DD）、导弹驱逐舰（DDG）和直升机驱逐舰（DDH））的标准设计方式。

“海雾”号的侧舷通道设计

“海雾”号的舰桥外设计

“海雾”号舰桥透明舷窗上赫然挂着一面2星将旗，这表明有一名海军少将级别的护卫队群司令坐镇该舰指挥

舰载战斗系统（C⁴I系统）

朝雾级舰载战术情报处理装置与初雪级安装的型号基本相同，不过，前者的作战能力有大幅度的强化。朝雾级前期建造的军舰采用OYQ-6型战术情报处理装置，它与主防空雷达之间建立起连接，并可与11号战术链之间进行信号的收发处理，根据美国海军的文献，OYQ-6也称“全驱逐舰集中数据系统（FD-CDS）”。

随着朝雾级最后建造的军舰“海雾”号（DD-158）安装了OYQ-101型“反潜战数据系统（ASWDS）”，其战术情报处理装置也更新了可与这种新型系统相连接的OYQ-7型。通过这些更新，OYQ-7型战术情报处理装置可对反潜战中的被动情报进行综合和显示，同时，其与反潜巡逻直升机之间的数据连接功能也得到进一步强化。随着战术情报处理需求的增大，作战指挥所（CIC）内的电子计算机也进行了双处理器化改装。后来，朝雾级其他驱逐舰也进行了这种功能改装。

舰桥顶部的FCS-2射击指挥装置（白色圆盘物）

舰载防空战斗系统（构筑“三重”舰载防空战火力网）

与初雪级相同，朝雾级舰载防空战斗系统也由三重防空火力网构成，分别是第一重的“海麻雀”IBPDMS（改进的基本点防御水面发射导弹系统）防空导弹、第二重的76毫米口径62倍径单装速射舰炮和第三重的美制密集阵20毫米高性能机关炮，这些舰载防空武器都与作为舰载战斗系统核心的OYQ-6或OYQ-7型战术情报处理装置建立起了连接，从而构成一个半自动系统，这个半自动系统共由5个子系统构成，分别是OPS-14二坐标（二维）对空搜索雷达（DD-151至DD-154）或OPS-24三坐标对空搜索雷达（DD-155至DD-158）、OYQ-6或OYQ-7型战术情报处理装置、FCS-2射击指挥装置、“海麻雀”IBPDMS（改进的基本点防御水面发射导弹系统）防空导弹和76毫米口径62倍径单装速射舰炮。

在防空作战中，针对空中威胁，首先由OPS-14或OPS-24型对空搜索雷达对空中具有威胁的目标进行探测；然后，通过OYQ-6或OYQ-7型战术情报处理装置对空中目标进行捕捉和追踪；再之后，通过计算机或操作员的判断决定攻击的优先顺序，决定作出后以自动或手动方式将攻击目标的诸元输入到FCS-2射击指挥装置内，由FCS-2再对“海麻雀”防空导弹或76毫米舰炮进行攻击指挥与控制，直到攻击动作完成。这样，一次防空作战也随之结束，然后，再开启相同的防空作战程序。

作为射击指挥装置，朝雾级仍然采用日本国产的FCS-2系列产品，其中，对76毫米舰炮进行射击指挥操作的是FCS-2-22型系统，对“海麻雀”防空导弹进行射击指挥操作的是FCS-2-12E/G型系统。此外，后期建造的朝雾级驱逐舰（DD-155至DD-158）将对“海麻雀”防空导弹进行射击指挥的FCS-2-22型系统换装为FCS-2-23型系统。另外，“海麻雀”IBPDMS的GMLS-3型发射装置（与美国海军的MK29型发射装置相同）也于服役后安装了可通过机械力进行操作的直接装填装置。

作为近距离防御武器（CIWS），朝雾级仍然采用两门美制密集阵20毫米高性能机关炮。根据设计，OYQ-6或OYQ-7型战术情报处理装置对20毫米机关炮的作战干预程度降低到最小程度。因此，这两门机关炮可作为独立的系统实施攻击行动。

“海雾”号舰面武器系统构成

“海雾”号设计在舰艉部的“海麻雀”IBPDMS发射装置

“朝雾”号设计舰艏部的76毫米舰炮

“濑户雾”号舰艏76毫米主炮及反潜导弹发射装置背部

“濑户雾”号的反潜导弹发射装置

直升机甲板后面的防空导弹发射装置安装甲板

反水面作战系统

在舰载反水面作战系统设计方面，朝雾级仍然沿用初雪级的安排，它可通过“鱼叉”反舰导弹实施远距离对海面目标攻击。所有舰载“鱼叉”反舰导弹都存放在两部MK141型4联装导弹发射筒内，导弹发射筒的安装位置设在舰体中央部动力舱烟囱附近，对“鱼叉”反舰导弹的射击指挥可通过SWG-1型“鱼叉”导弹舰载指挥与发射控制装置（HSCLCS）进行，这种装置也与OYQ-6或OYQ-7连接起来，它们可接受攻击目标诸元的计算机输入，从而达到攻击的自动化。

作为主要的对海搜索电子传感器，朝雾级安装了新型的OPS-28型对海搜索雷达。这款雷达的工作频率为C波段，它的远距离对海精密搜索能力非常优秀，不仅可以探测海面目标，还可对超低空掠海飞行的巡航导弹等目标进行探测。

此外，当对海搜索雷达操作处于危险阶段时，“鱼叉”反舰导弹还可基于来自NOLR-6C电子支援措施（ESM）和数据链的情报数据展开攻击。

“天雾”号动力舱烟囱两侧舷部安装的“鱼叉”反舰导弹发射装置

右舷部的反舰导弹发射筒、动力舱烟囱及搭载艇

反潜战系统（构筑“三重”舰载反潜火力网）

在设计之初，朝雾级的反潜战斗系统就完全继承了初雪级的反潜设计。

朝雾级主要的反潜电子传感器是安装在舰体上的OQS-4A III型声呐和反潜巡逻直升机机载的吊放式声呐及声呐浮标。其中，只有来自声呐浮标的情报数据可输入到战术情报处理装置内并进行处理，来自其他传感器的情报都要通过声呐员进行手动处理，然后，再将情报移交给SFCS-6B水中攻击指挥装置内。

作为反潜攻击武器，朝雾级使用传统的MK16型“阿斯洛克”反潜导弹8联装发射系统、HOS-302A型3联装轻型鱼雷发射管以及舰载反潜巡逻直升机机载的轻型鱼雷。

与初雪级对应，朝雾级舰载反潜火力网也由三重构成，在远射程上可使用舰载反潜直升机，在中射程上可使用“阿斯洛克”反潜导弹，在短射程上可使用轻型鱼雷，与同代的欧美同级舰相比，朝雾级的三重反潜火力网具备极其强大的反潜作战能力。尤其是“阿斯洛克”反潜导弹，与同时期荷兰海军建造的科顿艾尔级、西德海军建造的不来梅级等欧洲最强大的3000吨级护卫舰（当时所谓的“标准护卫舰”）相比，当时只有日本海上自卫队的初雪级和朝雾级装备了这种最先进的反潜导弹，其他标准护卫舰都没有装备。而且，与传统驱逐舰装备的“阿斯洛克”发射装置采取人力装填的方式不同，朝雾级的“阿斯洛克”发射装置可由舰桥构造物下部的弹药库直接进行导弹再装填，无须人力操作。

其中，“阿斯洛克”反潜导弹和轻型鱼雷发射管都可通过SFCS-6B水中攻击指挥装置进行射击控制。至于朝雾级搭载的舰载反潜巡逻直升机，它与美国海军的轻型机载多用途系统（LAMPS）不同的是拥有高度的独立作战能力，并可在固定的吊放式声呐所收集情报的基础上实施攻击；它与LAMPS相同的地方是都要在接受母舰控制的基础上才能实施攻击。

朝雾级最后建造的军舰“海雾”号可通过OQR-1型远距离搜索战术拖曳声呐（TACTASS）引入被动操作模式，在这种情况下，为了增强反潜情报处理能力，“海雾”号装备了OYQ-101“反潜战数据系统”（ASWDS），通过这套系统，舰载反潜电子传感器所收集到的情报都可由ASWDS进行统一的管理。

“濑户雾”号的舰艏76毫米主炮及“阿斯洛克”反潜导弹8联装发射装置

“濑户雾”号位于舰桥前部的反潜导弹发射装置

“朝雾”号主炮及反潜导弹发射装置

反潜导弹发射装置及舰桥下部的导弹武器库、损害管制设计

舰载电子战系统

与初雪级基本相似，朝雾级主要的电子战装备有NOLR-8型电子支援措施（ESM）装置和OLT-3型电子干扰（ECM）装置。此外，可作为反导弹软杀伤用途的装置还有OLR-9C导弹警报装置、MK137舰载超速散放箔条（SRBOC）以及拖曳式诱饵。

“滨雾”号和“天雾”号舰载电子设备分布示意图

舰桥顶部的OPS-24雷达

“朝雾”号舰桥顶部及主桅杆上的各种电子装备

舰载反潜巡逻直升机

在8舰8机体制时代，作为日本海上自卫队护卫队群的核心多用途装备，同时，也可以说是朝雾级非常重要的装备就是舰载反潜巡逻直升机。

在设计阶段，朝雾级最初设想搭载的舰载直升机是SH-60J。鉴于此，为了便于机载直升机战术情报处理装置（HCDS）和机载战术数据链操作，这级军舰安装了ORQ-1直升机数据链。

此外，由于朝雾级直升机机库进行了扩大设计，在平常时期可搭载1架直升机，在紧急条件下便可搭载2架直升机。

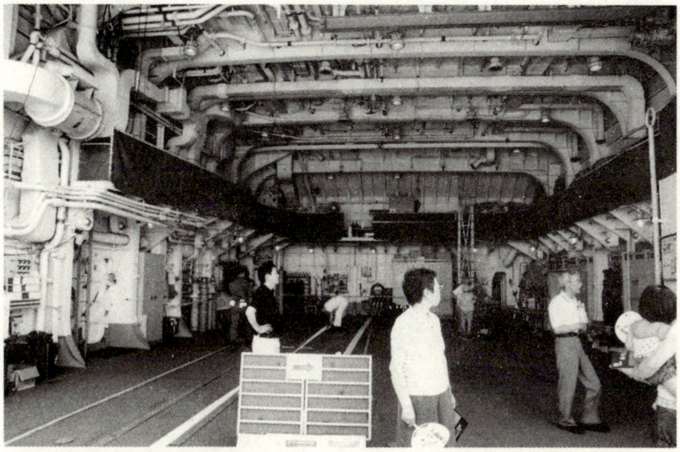

“濑户雾”号的直升机机库内景

“海雾”号直升机机库及直升机甲板

“海雾”号直升机机库左舷一侧及“海雾02”号搭载艇

“海雾”号上的SH-60J反潜直升机

由“朝雾”号舰艉设计可以看出，朝雾级舰艉布局由初雪级的三层甲板设计改成了两层甲板设计，减少了一层作业甲板，而防空导弹发射装置甲板及直升机甲板保留

“朝雾”号舰艉直视

朝雾级同型舰的建造概况

朝雾级同型舰共计建造了8艘。一直以来，日本海上自卫队护卫舰队的编制是4个护卫队群只能配备20艘通用驱逐舰，于是，随着村雨级（3DD至9DD）和高波级（10DD至13DD）陆续服役于护卫队群，朝雾级早期建造的2艘驱逐舰"山雾"号和"朝雾"号依次更改为练习舰而服役练习舰队。

不过，2011年3月16日和2012年3月14日，"山雾"号和"朝雾"号又重新更改为驱逐舰舰种，分别隶属于护卫舰队直辖下的2个护卫队所有。

2012年之后，随着最新型秋月级（19DD至21DD）驱逐舰开始服役于护卫队群。于是，护卫队群所属的朝雾级开始退出护卫队群而转入护卫舰队直辖护卫队编制，然而，由于秋月级只建造4艘，截至25DD服役后，秋月级将全部建成竣工，因此，朝雾级将仍有2艘驱逐舰保持在护卫队群编制内。

根据平成23年度至25年度预算，朝雾级5艘驱逐舰预定进行延长服役期改装工程的预算已经批准，另有9艘先行零部件采购预算也已经通过。此后，朝雾级将按照预定计划展开全方面的改装工程。经过改装之后，朝雾级服役期将会再延长5年至10年。

朝雾级的设计缺点

整体来看，朝雾级存在着几个方面的设计缺点。

比如：大型直升机机库设计将对军舰的隐身性能产生极其不利的影响；舰艉后部烟囱所冒出来的热烟将会对后部桅杆及"海麻雀"防空导弹的射击指挥装置产生极其不利的影响，同时，还可能增加烧损事故的发生概率；柴油发电机的排烟处理也存在着问题；此外，这一级军舰的龙骨强度不足也是一个很大的缺点。

与其他军舰相比，上述这些缺点是朝雾级最突出的设计问题。

朝雾级同型舰概况

朝雾级共建有8艘同型舰，舰长为海军上校或海军中校军衔。

基本概况如下：

舷号	舰名	开工日期	下水日期	竣工日期	建造船厂	编制	母港	备注
DD-151（曾经TV-3516）	“朝雾”号	1985年（昭和60年）2月13日	1986年（昭和61年）9月19日	1988年（昭和63年）3月17日	石川岛播磨重工东京第1工厂	护卫舰队第14护卫队	舞鹤	2012年3月14日由山雾级练习舰2号舰再次转为驱逐舰舰种
DD-152（曾经TV-3515）	“山雾”号	1986年（昭和61年）2月5日	1987年（昭和62年）10月8日	1989年（平成元年）1月25日	三井造船玉野事业所	护卫舰队第11护卫队	横须贺	2011年3月16日由山雾级练习舰1号舰再次转为驱逐舰舰种
DD-153	“夕雾”号	1986年（昭和61年）2月25日	1987年（昭和62年）9月21日	1989年（平成元年）2月28日	住友重工追滨造船所浦贺工厂	第2护卫队群第2护卫队（司令部位于佐世保基地）	佐世保	
DD-154	“天雾”号	1986年（昭和61年）3月3日	1987年（昭和62年）9月9日	1989年（平成元年（3月17日	石川岛播磨重工东京第1工厂	第2护卫队群第2护卫队	佐世保	
DD-155	“滨雾”号	1987年（昭和62年）1月20日	1988年（昭和63年）6月4日	1990年（平成2年）1月31日	日立造船舞鹤工厂	护卫舰队第5护卫队	大凑	
DD-156	“濑户雾”号	1987年（昭和62年）3月9日	1988年（昭和63年）9月12日	1990年（平成2年）2月14日	住友重工追滨造船所浦贺工厂	第3护卫队群第7护卫队（司令部舞鹤基地）	大凑	

续表

舷号	舰名	开工日期	下水日期	竣工日期	建造船厂	编制	母港	备注
DD-157	“泽雾”号	1987年（昭和62年）1月14日	1988年（昭和63年）11月25日	1990年（平成2年）3月6日	三菱重工长崎造船所	第1护卫队群第5护卫队（司令部横须贺基地）	佐世保	
DD-158	“海雾”号	1988年（昭和63年）10月31日	1989年（平成元年）11月9日	1991年（平成3年）3月12日	石川岛播磨重工东京第1工厂	第4护卫队群第4护卫队（司令部吴港基地）	吴港	

朝雾级服役经历、实战经历及海外派遣行动

“朝雾”号（DD-151）

朝雾号作为昭和58年度计划3500吨级驱逐舰2222号舰建造，1988年3月17日服役后配属于第2护卫队群第42护卫队。

1990年3月6日，隶属第2护卫队群第47护卫队；1997年3月24日，配属第2护卫队群第6护卫队；1998年3月18日，配属于第2护卫队群第2护卫队，2002年3月6日，配属于第4护卫队群第8护卫队；2005年2月16日，舰种更改为练习舰，舷号更改为TV-3516，隶属于练习舰队第1练习队。

2012年3月14日，“朝雾”号舰种再次更改为驱逐舰，舷号也更改为驱逐舰时代的DD-151，目前，隶属于护卫舰队第14护卫队，母港为舞鹤海军基地。

在前期驱逐舰服役时代，“朝雾”号诞生了日本第一位女性副舰长，更改为练习舰后，女性副舰长仍然继续留任。

在英国朴茨茅斯港内停泊的“朝雾”号（DD-151）

“山雾”号（DD-152）

“山雾”号作为昭和59年度计划3500吨级驱逐舰2223号舰建造，1989年1月25日服役后配属于第2护卫队群第42护卫队。

“山雾”号是日本平成时代第一艘服役的日本海上自卫队自卫舰（军舰）。

1990年3月6日，“山雾”号配属于第2护卫队群第47护卫队；1997年3月24日，配属于第2护卫队群第6护卫队；1999年3月18日，配属于第2护卫队群第2护卫队。

2004年3月18日，舰种更改为练习舰，舷号更改TV-3515号，隶属于练习舰队第1练习队。

2010年5月26日，在日本东京港晴海码头，“山雾”号与“鹿岛”号（TV-3508）练习舰、“泽雪”号（DD-125）驱逐舰一同组成平成22年度远洋练习航海部队执行出港远洋训练任务，此次航线历经美国夏威夷、墨西哥恰帕斯、葡萄牙、土耳其、非洲国家吉布提、中华人民共和国后，于10月28日返回日本。

2012年3月16日，山雾号舰种再次更改为驱逐舰，舷号也更改为DD-152，目前，隶属于护卫舰队第11护卫队，母港为横须贺海军基地。

在远洋航海训练中，中途停靠美国夏威夷瓦胡岛港内的“山雾”号（TV-3515）

“夕雾”号（DD-153）

“夕雾”号基于《中期业务计划》作为昭和59年度计划3500吨级驱逐舰2224号舰建造，1989年2月28日服役后配属于第1护卫队群第46护卫队。

1996年6月4日，在参加1996年度环太平洋联合军事演习（RIMPAC-1996）期间，“夕雾”号舰载美制密集阵20毫米机关炮对美国海军正在拖靶航行的一架A-6舰载机进行误射，这架A-6舰载机立刻被击落，幸好飞行员成功逃生。

1997年3月24日，“夕雾”号配属于第1护卫队群第5护卫队；2001年3月14日，配属于第3护卫队群第7护卫队，母港也转至大凑海军基地。

2010年5月8日，在参加第5次派遣海盗处理行动水上部队后，“夕雾”号由大凑海军基地出发，随后于5月10日与由横须贺海军基地出发的“村雨”号驱逐舰汇合一同向亚丁湾海域驶去。6月5日至9月16日，“夕雾”号和“村雨”号共执行了34次船队护航任务，10月15日中途停靠于横须贺海军基地，10月17日返回大凑海军基地。在此次远洋任务中，6月9日，由于舰上大小便净化装置出现异常导致舰上卫生间内充满了有毒气体，1名队员因此中毒死亡。

2012年8月31日，在参加第13次派遣海盗对策水上部队后，“夕雾”号与“卷波”号（DD-112）驱逐舰一同由大凑海军基地出发前往非洲索马里沿海及亚丁湾海域，2013年2月11日，“夕雾”号返回大凑海军基地。

2013年3月7日，编制调整后，“夕雾”号配属于护卫舰队第11护卫队，母港也转至横须贺海军基地。

停泊于珍珠港海军基地内的“夕雾”号（DD-153）

“天雾”号（DD-154）

“天雾”号作为昭和59年度计划3500吨级驱逐舰2225号舰建造，1989年3月17日服役后配属于第1护卫队群第46护卫队。

1992年8月，在一次训练中，“天雾”号与僚舰“滨雾”号发生了严重的冲撞事故，这是日本海上自卫队历史上最恶劣的事故。“天雾”号发生了舰体浸水倾斜等状况，不过没有出现死伤人员。经过维修后“天雾”号重新归队。

1997年3月24日，配属于第1护卫队群第5护卫队；2002年8月，随着编制调整，部署至舞鹤海军基地内。

2009年6月23日，随着《海盗对处法》的成立，日本政府发表第2次派遣海盗对处水上部队的根要，“天雾”号与“春雨”号（DD-102）驱逐舰共同执行此次任务，船队护航行动预定于7月下旬展开。7月6日，“天雾”号由舞鹤海军基地出发，7月28日至11月2日，“天雾”号和“春雨”号共执行了34次船队护航任务，护航船舶总数达248艘，于11月29日返回舞鹤海军基地。

2012年2月27日，在日本九州西北海域，日本海上自卫队与美国海军、法国海军进行了亲善训练，这是日美法三国首次进行这样的联合训练，日本海上自卫队有“天雾”号参加，美国海军有防御者号（MCM-2）扫雷舰参加，法国海军有葡月号（F-734）护卫舰参加。

目前，“天雾”号隶属于第2护卫队群第2护卫队所有，司令部设在佐世保海军基地，母港设在舞鹤海军基地内。

正在舞鹤事业所造船厂中维修的“天雾”号

“滨雾”号（DD-155）

“滨雾”号基于《中期业务计划》作为昭和60年度计划3500吨级驱逐舰2226号舰建造，1990年1月31日服役后配属于第1护卫队群第48护卫队。自“滨雾”号开始，朝雾级驱逐舰全部安装了OPS-24型对空搜索雷达，对“海麻雀”防空导弹进行射击控制的FCS也由2-22更换为2-23型。

1996年3月16日，配属于第4护卫队群第41护卫队；1997年3月24日，配属于第4护卫队群第8护卫队；1998年3月20日，配属于第3护卫队群第7护卫队。

2009年10月6日，“滨雾”号由大凑海军基地出发前往横须贺海军基地与“高波”号（DD-110）驱逐舰汇合。这两艘驱逐舰于10月13日编成日本海上自卫队第3次派遣海盗对策水上部队而后向索马里沿海驶去。11月7日至2010年2月20日，“滨雾”号与“高波”号共执行了34次船队护航任务，护航船舶总数达283艘，2010年3月18日返回日本。

目前，“滨雾”号隶属于第4护卫队群第4护卫队，母港为大凑海军基地。

进行舰机协同训练的“滨雾”号（DD-155）

“濑户雾”号（DD-156）

濑户雾号作为昭和60年度计划3500吨级驱逐舰2227号舰建造，1990年2月14日服役后配属于第1护卫队群第48护卫队。

1997年3月24日，配属于第4护卫队群第8护卫队，母港也转至大凑海军基地内；1998年3月20日，配属于第3护卫队群第7护卫队。

2002年6月，基于《恐怖对策特别措置法》，“濑户雾”号与“滨名”号补给舰共同执行印度洋派遣任务，7月，派遣任务结束。

2008年3月25日，根据部队编制调整，配属于第3护卫队群第3护卫队。

2010年8月23日，基于《海盗对处法》，“濑户雾”号作为日本海上自卫队第6次派遣海盗对策水上部队面向索马里沿海及亚丁湾海域驶去。中途，“獭户雾”号与“卷波”号（DD-112）驱逐舰汇合。9月20日至12月22日，“濑户雾”号与“卷波”号共执行了28次船队护航任务，2011年1月21日返回大凑海军基地。

2011年8月1日，根据编制调整，配属第7护卫队（司令部设在舞鹤海军基地）所有，母港仍设在大凑海军基地内。

停泊于日本秋田港内的“濑户雾”号（DD-156）

“泽雾”号（DD-157）

“泽雾”号作为昭和60年度计划3500吨级驱逐舰2228号舰建造，1990年3月6日服役后配属于第2护卫队群第47护卫队。

1997年3月24日，配属于第2护卫队群第6护卫队；1999年3月18日，配属于第2护卫队群第6护卫队。

2005年11月25日，应联合国难民高级特派员事务所的邀请，作为爱灾难民救援活动，“泽雾”号与“浦贺”号扫雷母舰共同前往巴基斯坦卡拉奇港执行救援任务。随后，基于《恐怖对策特别措置法》，“泽雾”号前往印度洋执行日本海上自卫队派遣部队的协助支援活动。

2009年12月4日上午8时45分左右，在日本高知县足摺岬以南大约130千米的海面上，“泽雾”号与正在进行反海盗训练中的“大波”号（DD-111）驱逐舰发生了碰撞事故。双方没有人员伤亡，通过自身动力返回母港，随后在佐世保重工船厂进行了维修。

2010年1月30日，作为第4次派遣海盗对处行动水上部队，“泽雾”号与僚舰“大波”号（DD-111）途中汇合共同向索马里沿海驶去。2月25日至5月31日，“泽雾”号与“大波”号共执行了32次船队护航任务，护航船舶总数达283艘，任务结束后于7月1日返回佐世保海军基地。

2012年5月12日，作为第12次派遣海盗对处行动水上部队，由佐世保海军基地出发的“泽雾”号与僚舰“雷”号（DD-107）驱逐舰途中汇合后面向索马里沿海驶去，大约经过3周的海上航行后到达目标海域开始执行船队护航任务。7月1日，“泽雾”号和“雷”号驱逐舰共同参加日中印三国协同护航编队。10月24日，任务结束后返回佐世保海军基地。

目前，“泽雾”号隶属于第1护卫队群第5护卫队（司令部设在佐世保海军基地），母港为佐世保海军基地。

停泊于港内的“泽雾”号（DD-157）

“海雾”号（DD-158）

“海雾”号基于《中期业务计划》作为昭和61年度计划3500吨级驱逐舰2229号舰建造，1991年3月12日服役后配属于第1护卫队群第48护卫队。

1996年，“海雾”号参加了当年度的环太平洋联合军事演习（RIMPAC-1996）。

1997年3月24日，配属于第1护卫队群第5护卫队；2003年3月，根据部队编制调整，母港转至吴港海军基地。

2004年和2008年，“海雾”号分别参加了日本海上自卫队当年度举行的环球远洋练习航海任务。

2011年6月20日，作为第9次派遣海盗对处行动水上部队，“海雾”号与“五月雨”号（DD-106）驱逐舰由吴港海军基地出发面向索马里沿海及亚丁湾海域驶去。在此期间，2艘驱逐舰共执行了34次船队护航任务，12月3日返回吴港海军基地。

目前，“海雾”号隶属于第4护卫队群第4护卫队（司令部设在吴港海军基地），母港为吴港海军基地。

中途停泊于英国朴茨茅斯港内的“海雾”号（DD-158）

|第三节|村雨级驱逐舰

村雨级驱逐舰是日本海上自卫队第三代新型通用多功能驱逐舰（DD），随着初雪级（52DD至57DD）的老化、陈旧，从1991年度预算开始，日本海上自卫队正式采购村雨级。

村雨级次级高波级（10DD至13DD）是村雨级的改良强化型。无论是从质的方面，还是从量的方面来衡量，村雨级和高波级都是目前日本海上自卫队的通用驱逐舰主力核心。

进入美国珍珠港海军基地内的“有明”号（DD-109）

“夕立”号的所有舰载装备沿中轴线布局设计

参与护卫队群编队训练的村雨级驱逐舰群

村雨级的整体概况

村雨级是日本海上自卫队第三代通用多功能驱逐舰（DD），它在舰体设计上充分考虑了隐身性能的需要，同时，针对各种新型舰载装备日趋大型化的要求，动力推进系统也相应进行了强化配置，此外，舰载雷达、声呐、电子计算机以及舰载导弹也进行了全面的更新换代。

作为村雨级的前级，朝雾级（58DD至61DD）只不过是第一代通用多功能驱逐舰初雪级的改良型，在军舰设计上，朝雾级全面继承了初雪级，因此不可避免地存在着一些缺点，其舰载装备也没有紧随时代步伐进行更新。吸取朝雾级的设计经验，村雨级完全基于全新的技术进行设计。因此，本级驱逐舰是全新一代的通用驱逐舰。

在舰载武器构成方面，村雨级的基本设计仍然沿用朝雾级的布局，不过，村雨级的舰载导弹开始全面采取垂直发射装置（VLS）发射，这种装置的快速反应性能及抗击沉性能都有大幅度的提高，舰载电子装备也进行了大幅度强化。比如，作为主防空雷达，村雨级开始采用朝雾级后期建造型军舰所使用的OPS-24型三坐标雷达，舰载战斗系统也全面升级，尤其是反潜战斗系统，村雨级的装备与金刚级（63/2/3/5DDG）宙斯盾导弹驱逐舰相比丝毫不逊色。此外，轻型防空导弹系统的功能也开始全面升级。

截至村雨级为止，作为通用驱逐舰，村雨级的标准排水量设计急剧攀升至4550吨（平成10年度之后村雨级公开发表的标准排水量设计值由4400吨升至

4550吨），与村雨级之前建造的朝雾级相比，标准排水量大约提高了1000吨，并且，与日本海上自卫队现役的旗风级（56/58DDG）导弹驱逐舰设计规模基本相当。

村雨级各种舰载装备虽然进行了大规模的换代升级与更新，不过，与朝雾级相比，这些舰载装备的基本构成并没有发生太大的变化，至于舰内空间则有了大量的空余，而且，通过全面的自动化设计，村雨级在排水量大幅度提升的情况下，舰员定员编制却也迅速减少，与朝雾级相比减少了55人，至165人，舰员居住空间内的床铺也由上中下三层床铺变成上下两层床铺，平均每个居住舱可居住12名舰员，舱内布局及功能也更趋于细化，适宜居住性明显增强。

“有明”号的舰内通道设计，可见各种管道、管线、数据线、电线的布局结构以及具备损害管制功能的密封隔离舱门。管道和管线包括供水、供气功能，数据线可将舰载武器及电子传感器与战斗指挥所内的作战指挥系统连接起来。隔离舱门可将一个舱段内的爆炸影响限制到一个舱室内而不扩散至其他舱室。

村雨级设计诸元及舰载系统概况

村雨级设计标准排水量为4550吨，满载排水量为6100吨，设计全长151米，全宽17.4米，型深10.9米，吃水5.2米。舰员编制165名。

与朝雾级相同，村雨级动力推进系统也采取燃气轮机和燃气轮机联合动力装置（COGAG）工作方式，主机配备2部由川崎重工许可生产的英国罗尔斯·罗伊斯斯佩SM1C燃气轮机（低速巡航使用，每部输出功率13500马力）和两部由石川岛播磨重工（IHI）许可生产的美国通用电气LM2500燃气轮机（高速使用，每部输出功率16500马力），总输出功率为60000马力，双轴推进器（5片桨叶，可变距），最大航速可达30节。

舰载武器配备1门76毫米62倍径单装速射型舰炮、两门美制密集阵20毫米高性能机关炮、1部Mk.48 mod.0/mod.4型16发射单元“海麻雀”轻型防空导弹垂直发射系统（VLS）、1部Mk.41 mod.9型16发射单元垂直发射型“阿斯洛克”（VLA）反潜导弹垂直发射系统（VLS）、两部90式反舰导弹4联装发射装置和两部HOS-302型3联装轻型鱼雷发射管。

舰载直升机为1架或2架SH-60J/SH-60K反潜巡逻直升机。

舰载C^4I系统配备最低工作频率（MOF）系统——OYQ-31 C2T加上“超级鸟”B2卫星通信、海军战术情报系统（OYQ-9作战指挥系统（CDS）加11号/14号战术数据链）、2部FCS-2-31（81式射击指挥装置2型-31）射击指挥装置（供所有舰载武器火控使用）。

舰载雷达配备1部OPS-24B三坐标对空搜索雷达、1部OPS-28D对海搜索雷达和1部OPS-20导航雷达。

舰载声呐配备1部OQS-5舰艏声呐和1部OQR-2战术拖曳式声呐。

电子战及对抗手段配备NOLQ-8综合电子战装置、MK36舰载超速散放箔条（SRBOC）和SLQ-25反鱼雷拖曳式诱饵。

“村雨”号舰艏

“有明”号的右舷设计，可见密集阵、电子战装备、通信雷达的外罩、对空搜索雷达及动力舱烟囱

作为日本海上自卫队的新型通用多功能驱逐舰（DD），村雨级是第一个考虑舰体隐身性能设计的军舰。村雨级舰体侧面采取可避免给敌方舰载雷达提供大量反射探测机会的倾斜式设计，同时舰体全部采用平面构造。

不过，由于主桅杆安装了舰载雷达等大量装备，导致其在强度设计方面的不稳定。鉴于此，村雨级没有像美国海军阿利·伯克级宙斯盾导弹驱逐舰那样采用倾斜棱柱和棱锥型主桅杆。

村雨级采用的主桅杆与同时期建造的外国军舰都不同，一直以来，这种桅杆与传统日本军舰桅杆相同，都为骨架露在外面的构架式桅杆。此外，村雨级主桅杆还涂装了无线电反射吸收材料，在设计形态上也下了不少功夫。从实际情况来看，这种主桅杆的雷达反射截面积（RCS）非常低，隐身效果很好。

小型荷兰坡道

初雪级、朝雾级将飞行甲板配置在舰体中央部01甲板上，不过，村雨级的上甲板设计为水平状态。为了避免飞行甲板与系留装置等设备之间的互相影响，舰艉甲板的侧舷部采取缓坡式的倾斜设计，这种设计是由第一代村雨级（32DD/33DD）驱逐舰开始的，它带有明显的初期日本海上自卫队驱逐舰的设计特征，这种设计称为“荷兰坡道”，也称“小型荷兰坡道”。

从远处看“电”号舰艉部直升机甲板上的小型荷兰坡道设计，可见这是一个由前至后下降的缓坡

村雨级动力推进系统

村雨级动力推进系统采取“燃气轮机和燃气轮机联合动力装置”（COGAG）工作方式，主机配备为4部燃气轮机，在低速巡航阶段只有2部燃气轮机工作，在高速航行阶段剩下的2部燃气轮机也全部投入运行。

低速巡航阶段使用的燃气轮机是英国罗尔斯·罗伊斯公司制造的SM1C型燃气轮机（每部主机的输出功率为13500马力），高速阶段加入运行的燃气轮机是美国通用电力公司制造的LM2500燃气轮机（每部主机输出功率为16500马力），像这样在相同的动力系统中配备不同制造商制造的燃气轮机产品在世界范围内也是很少见的。

在发动机配置方面，村雨级仍然沿用朝雾级采取一前一后的“变换配置方式”，舰体前后为此各设置了2个机械室。在前方的第1机械室内，安装了第1号燃气轮机（为LM2500型）和第2号燃气轮机（为SM1C型），这2部燃气轮机通过减速器驱动左推进轴工作；同样，在后方的第2机械室内，安装了第3号燃气轮机（为LM2500型）和第4燃气轮机（为SM1C型），它们通过减速器驱动右推进轴工作。同时，通用自动化设计，2个机械室内的全部操作都采取无人化进行。

从右舷看“有明”号，包括前后两部采取“变换方式”配置的动力舱及动力舱烟囱、“有明01”号搭载艇

“雷”号前部动力舱烟囱周边的布局结构设计

舰载战斗系统（C^{4}I系统）

村雨级的舰上指挥中枢是战斗指挥所（CIC），它设置在舰体内的第2层甲板上，在战斗指挥所内，作为战斗系统核心部分的战术情报处理装置是最新一代的

OYQ-9。OYQ-9系统的核心是全新一代的UYK-43和UYK-44电子计算机，这两款核心装备各配备1部，作为工作站配备的电子计算机为AN/UYQ-21型。此外，在战斗指挥所内还配备了与美国海军“宙斯盾显示系统（ADS Mk.2型）”相类似的大屏幕液晶显示器（LCD），这种大型显示系统共由2个面构成，可对情报信息进行投射显示，这种显示系统对战术情报显示具有非常高的效率。

村雨级安装了全新的OYQ-103型反潜情报处理装置（ASWCS），它可与OYQ-9系统连接起来，从而达到高效的作战行动。在村雨级中，OYQ-9情报处理装置可与所有的舰载武器系统之间建立起数字化连接，这是日本海上自卫队通用驱逐舰中第一款具备如此功能的军舰。

村雨级仍然使用11号和14号战术数据链，此外，它们与舰载直升机之间的情报交换则使用ORQ-1型设备。

村雨级舰载防空战斗系统

与初雪级、朝雾级这些先期建造的通用驱逐舰相同，村雨级的舰载防空火力网也由三重构成，分别是第一重的“海麻雀”IBPDMS（改进的基本点防御水面发射导弹系统）防空导弹、第二重的76毫米口径62倍径单装速射舰炮和第三重的美制密集阵20毫米高性能机关炮。

总体来看，这三重舰载防空武器都可与作为舰载战斗系统核心的OYQ-9系统进行数字化连接，从而形成一个庞大的半自动防空系统，这个半自动防空系统共由5个子系统构成，分别是OPS-24B三坐标对空搜索雷达（作为主防空雷达）、OYQ-9战术情报处理装置、FCS-2射击指挥装置、“海麻雀”IBPDMS（改进的基本点防御水面发射导弹系统）防空导弹和76毫米单装速射舰炮。

在防空作战中，针对空中威胁，OPS-24B对空搜索雷达首先对空中具有威胁的目标进行探测，然后通过OYQ-9战术情报处理装置对空中目标进行捕捉和追踪，再之后根据计算机的优劣分析或操作员的情况判断决定攻击的优先顺序。在决定作出后，以自动或手动方式向FCS-2指示攻击目标，最后FCS-2再对“海麻雀”防空导弹或76毫米舰炮进行攻击指挥与控制，直到攻击动作完成。这样，一次防空作战也随之结束。然后，再开启相同的防空作战程序。

作为射击指挥装置，村雨级仍然使用日本国产的FCS-2系列产品。不过，对“海麻雀”IBPDMS防空导弹和76毫米舰炮进行射击指挥的装置，村雨级只采用单一机种，即FCS-2-31火控系统。

作为村雨级的主要特征之一，“海麻雀”防空导弹开始采用垂直发射系统（VLS）发射，其发射装置为1部16单元的MK48垂直发射系统，它安装在舰体中央部的烟囱之间。在携带导弹数量方面，村雨级与初雪级、朝雾级相同，不过，前2级通用驱逐舰每发射8枚导弹就必须向发射装置内装填相应数量的导弹，而采取垂直发射的村雨级则不同，因为垂直发射系统携带数倍基数的导弹，故此，不需要重新装填。

从平成16年度国防预算开始，日本海上自卫队将依次换装村雨级等驱逐舰安装的轻型防空导弹系统，平成24年度将首先换装1艘，最后全部9艘村雨级都将换装完毕。新型垂直发射系统为Mk48 Mod4型，全部换装后，村雨级可运用改进型的“海麻雀”（ESSM）防空导弹。Mk48 Mod4型垂直发射系统内的导弹发射架全部为MK20型，ESSM导弹的携带数量是每个单元1枚，16单元就是16枚。

作为近距离防御武器（CIWS），与初雪级、朝雾级相同，村雨级仍然安装了两部美制密集阵20毫米高性能机关炮。不过，这些高性能机关炮的安装位置与金刚级宙斯盾导弹驱逐舰相同，它们分别安装在前后舰体中心线上，一前一后各1部，这样的设计可让射界拥有更广阔的选择范围。此外，根据需要，OYQ-9战术情报处理装置对密集阵的干涉程度也降低到了最小限度。因此，密集阵基本上是一种独立的武器系统，它可自行实施攻击行动。

由前至后依次是“电”号的MK41垂直发射系统、美制密集阵、FCS-3射击指挥装置、主对空搜索雷达

“有明”号的MK41发射系统及密集阵特写

由前至后依次是76毫米主炮、MK41垂直发射系统、美制密集阵、FCS-2射击指挥装置、OPS-24对空搜索雷达

反水面战系统

与初雪级、朝雾级不同，村雨级可利用90式反舰导弹（SSM-1B）而不是“鱼叉”反舰导弹实施远距离反水面攻击。90式反舰导弹是已经装备于日本海上自卫队1号级导弹艇上的国产反舰导弹，与日本驱逐舰采用传统的RGM-84“鱼叉”反舰导弹相比拥有更精确的射击精度以及抗干扰性能。90式反舰导弹的发射装置与“鱼叉”反舰导弹相同，都为4联装的发射筒，共有2个发射筒，计有8枚

导弹处于发射状态下，它们分别安装在舰体中央部以及第1个烟囱的后方。至于射击指挥装置，90式反舰导弹与“鱼叉”使用的装置为通用，鉴于此，在携带“鱼叉”导弹的情况下也可进行发射。

作为最主要的反水面电子传感器，村雨级使用OPS-28型对海搜索雷达，这部雷达工作在C波段，它具有非常优秀的远距离精确搜索能力，不仅可搜索水面目标，而且，还可对超低空飞行的巡航导弹等高速目标进行探测。

此外，在舰载雷达操作处理危险情况时，村雨级可基于电子支援（ESM）装置及战术数据链提供的情报实施攻击行动。

反潜战斗系统

与初雪级、朝雾级相比，村雨级的舰载反潜战斗系统进行了全方位的更新与升级。其中，最大的变化点是借助OYQ-103反潜情报处理装置（ASWCS），村雨级实现了反潜方面的系统化。在日本通用驱逐舰中（DD），只有朝雾级的最后一艘海雾号（61DD）安装了OYQ-101反潜情报处理装置（ASWCS）。不过，这种型号只能对来自传感器的手动输入进行综合处理。后来，金刚级（63DDG）导弹驱逐舰采取了美国海军的AN/SQQ-89系统，随着系统综合性能的进一步发展，金刚级安装了OYQ-102反潜情报处理装置（ASWCS），而村雨级的OYQ-103就是在OYQ-102基础上开发而来的产品。

村雨级主要的反潜传感器有安装在舰体上的OQS-5声呐、OQR-2战术拖曳声呐——为战术拖曳阵列声呐系统（TACTASS）——以及由舰载反潜巡逻直升机搭载的吊放式声呐和声呐浮标。作为舰体安装声呐，与传统的舰体安装OQS-4系列不同，村雨级的OQS-5声呐安装在舰艏部，为典型的舰艏声呐，反潜探测能力更强。此外，与传统的OQR-1战术拖曳声呐相对应，村雨级使用了OQR-2战术拖曳声呐，不过，这种声呐与美国海军的SQR-19声呐具有相同的探测能力，它可对远距离的海下敌潜艇进行探测。

总体来看，村雨级的舰载反潜火力网也由三重构成，在远射程上可使用舰载反潜直升机，在中射程上可使用“垂直发射式阿斯洛克”（VLA）反潜导弹，在短射程上可使用HOS-302型3联装轻型鱼雷发射管，与同代的欧美同级舰相比，村雨级的三重反潜火力网具备极其强大的反潜作战能力。尤其是反潜导弹，同时期建造的英国皇家海军23型护卫舰、德国海军的勃兰登堡级护卫舰等欧洲军舰都没有安装这种反潜导弹。

在“阿斯洛克”发射系统上，村雨级没有再使用传统的MK16型“阿斯洛克”8联装倾斜式发射系统，而是换装全新的16单元MK41型“阿斯洛克”垂直式发射系统（VLA），安装位置在舰桥构造物的前方，存放和发射导弹的发射架安装在甲板下部。包括MK48发射系统，作为通用驱逐舰，村雨级是日本海上自卫队中第一个采用这种垂直发射系统的军舰。

至于村雨级搭载的舰载反潜巡逻直升机，它与美国海军的轻型机载多用途系统（LAMPS）不同的是拥有高度的独立作战能力，并可基于固定的吊放式声呐所收集情报的基础上实施攻击；它与LAMPS相同的地方是都要在接受母舰控制的基础上才能实施攻击。

“春雨”号右舷侧安装的68式3联装轻型鱼雷发射管

舰炮武器系统

作为舰载主炮，村雨级在舰艏部（MK41垂直发射系统的前方）安装了1门76毫米口径62倍径的速射炮，它由意大利奥托·梅莱拉公司研制和生产，由日本制钢所许可生产。在日本通用驱逐舰中，与满载排水量达到6000吨的舰体相比，76毫米主炮仍显有些小气。

主炮的射击指挥装置与防空导弹的射击指挥装置都安装在舰体的前后部，无论是主炮，还是防空导弹，它们都可以共用这2部照射雷达。主炮的射击速度是每分钟最大为100发，全新开发的76毫米主炮所使用的炮弹采用了05式近炸引信和新型的窄指向性高爆炸药（HE）弹头，这种炮弹针对反舰导弹的近距离防空能力将会明显改善。

此外，作为舰炮武器，村雨级在舰体前后安装了2门密集阵，它们的主要任务是实施防空射击，在必要的情况下，可与FCS连接起来实施反水面射击。

"电"号舰艉部，由前至后依次有动力舱烟囱、直升机机库、机库上的密集阵、直升机甲板等

"雾雨"号后部装备视图，可见直升机机库上的1门密集阵、后部动力舱烟囱上的另一部FCS-2射击指挥装置

舰载电子战系统

与初雪级、朝雾级这些传统的通用驱逐舰采用NOLR系列的电子支援（ESM）装置和OLT系列的电子干扰（ECM）装置不同，村雨级开始安装全新的NOLQ-3型综合电子战系统。其中，电子支援（ESM）采用OPN-7B（VHF/DF频率使用）和OPN-11（HF/VHF频率使用）分系统，电子干扰（ECM）采用OLT-5分系统，经过综合后，整个系统可与美国海军的SLQ-32（V）2电子战系统相匹敌，总之，这套系统具有极强的电子战能力。

此外，作为反导弹软杀伤用途的装置，村雨级仍然使用OLR-6C导弹警报装置、MK137舰载超速散放箔条（SRBOC）和拖曳式诱饵，这些软杀伤手段都可与NOLQ-3互动起来。

“有明”号（DD-109）主桅杆上的舰载电子战斗系统，由左至右，由上至下依次是ORN-6C型战术空中控制和导航（TACAN，塔康系统）系统、OPS-20型导航雷达、NOLQ-3（电子干扰（ECM）装置）、NORA-1型卫星通信（SATCOM）系统、NOLQ-3（电子支援（ESM）装置）、OPS-28D对海搜索雷达、ORQ-1舰载直升机战术数据链、OPS-24B三坐标对空搜索雷达、FCS-2-31射击指挥装置（所有舰载武器的火控系统）

从远处看“五月雨”号的密集阵、FCS-2射击指挥装置、NORA-1型卫星通信（SATCOM）系统和NOLQ-3电子支援（ESM）装置

舰载反潜巡逻直升机

村雨级的舰载反潜巡逻直升机可使用SH-60J及其改进型的SH-60K，舰上直升机机库可存放2架SH-60级别的直升机，不过，在通常情况下，村雨级只搭载1架直升机，并且，直升机支援装备也可只为1架直升机提供支援。

在远赴印度洋的反恐作战支援任务中，村雨级各型驱逐舰都搭载了2架舰载直升机，以提供更全面的支援作战。

“村雨”号直升机机库

“五月雨”号直升机机库

“电”号的舰艉直升机甲板及固定于舰艉上的“电02”搭载艇，可以看出村雨级的舰艉甲板设计已经由初雪级的三层甲板结构、朝雾级的两层甲板结构变成只有水平一层的甲板结构

“电”号的直升机甲板，这也是一个突出结构的平台

"有明"号直升机甲板上的一架SH-60J反潜直升机

村雨级同型舰

村雨级共建造了9艘同型舰，舰长为海军中校或海军少校军衔，基本概况如下：

舷号	舰名	建造日期	下水日期	竣工日期	建造船厂	编制	母港
DD-101	"村雨"号	1993年（平成5年）8月18日	1994年（平成6年）8月23日	1996年（平成8年）3月12日	石川岛播磨重工东京第1工厂	第1护卫队群第1护卫队	横须贺
DD-102	"春雨"号	1994年（平成6年）8月11日	1995年（平成7年）10月16日	1997年（平成9年）3月24日	三井造船玉野事业所	第2护卫队群第2护卫队	佐世保
DD-103	"夕立"号	1996年（平成8年）3月18日	1997年（平成9年）8月19日	1999年（平成11年）3月4日	住友重机械追滨造船所浦贺工厂	第3护卫队群第7护卫队（司令部舞鹤基地）	佐世保
DD-104	"雾雨"号	1996年（平成8年）4月3日	1997年（平成9年）8月21日	1999年（平成11年）3月18日	三菱重工长崎造船所	第4护卫队群第4护卫队（司令部吴港基地）	佐世保

续表

舷号	舰名	建造日期	下水日期	竣工日期	建造船厂	编制	母港
DD-105	“电”号	1997年（平成9年）5月8日	1998年（平成10年）9月9日	2000年（平成12年）3月15日	三菱重工长崎造船所	第4护卫队群第4护卫队（司令部吴港基地）	佐世保
DD-106	“五月雨”号	1997年（平成9年）9月11日	1998年（平成10年）9月24日	2000年（平成12年）3月21日	石川岛播磨重工东京第1工厂	第4护卫队群第4护卫队	吴港
DD-107	“雷”号	1998年（平成10年）2月25日	1999年（平成11年）6月24日	2001年（平成13年）3月14日	日立造船舞鹤工厂	第1护卫队群第1护卫队	横须贺
DD-108	“曙”号	1999年（平成11年）10月29日	2000年（平成12年）9月25日	2002年（平成14年）3月19日	石川岛播磨重工东京第1工厂	第1护卫队群第5护卫队	佐世保
DD-109	“有明”号	1999年（平成11年）5月18日	2000年（平成12年）10月16日	2002年（平成14年）3月6日	三菱重工长崎造船所	第3护卫队群第7护卫队（司令部舞鹤基地）	佐世保

村雨级海外派遣及实战经历

“村雨”号（DD-101）

“村雨”号作为平成3年度计划4400吨级驱逐舰2230号舰建造，1996年3月12日服役后配属于第1护卫队群第48护卫队。

1997年3月24日，编入新设立的第1护卫队。1998年、2000年和2002年连续三届参加当年度的环太平洋联合军事演习（RIMPAC）。

2002年10月13日，在日本海上自卫队创建50周年的国际观舰式活动中，“村雨”号承担先导领队舰的职责。

2004年2月16日至4月8日，“村雨”号与“大隅”号运输舰共同执行伊拉克人道复兴支援活动中的海上运输任务。

2005年，参加平成17年度远洋练习航海任务，在此期间，在欧洲参加了特拉法尔加海战200周年纪念活动的国际观舰式。

2008年1月24日，基于《新恐怖特措法》，与"青海"号补给舰共同执行印度洋派遣任务。到达部署海域后，于2月21日开始展开补给护卫任务，5月任务结束返回日本，6月4日返回母港。

2010年5月10日，作为第5次派遣海盗对处行动水上部队，"村雨"号与"夕雾"号（DD−153）驱逐舰共同驶向索马里沿海。6月5日至9月16日，2艘驱逐舰共执行了34次船队护航任务，10月15日返回日本横须贺母港。

2012年1月21日，作为第11次派遣海盗对处行动水上部队，"村雨"号与"春雨"号（DD−102）由横须贺海军基地出发共同驶向索马里沿海及亚丁湾海域，在执行任务期间，共为188艘船舶提供护航。在返回日本途中，6月16日，"村雨"号和僚舰"春雨"号在印度西部海域与印度海军的"沙拉达"号巡逻舰和"卡尔佩尼"号高速战斗艇展开了联合海上训练，之后，2艘驱逐舰于7月5日返回横须贺母港。

目前，"村雨"号隶属于第1护卫队群第1护卫队，母港为横须贺。

在参加环太平洋联合军事演习（RIMPAC）中，中途停泊珍珠港海军基地的"村雨"号（DD−102）

"春雨"号（DD−102）

"春雨"号作为平成4年度计划4400吨级驱逐舰2231号舰建造，1997年3月24日服役后配属于第1护卫队群第1护卫队。

1998年和2000年，"春雨"号连续2次参加当年度的环太平洋联合军事演习（RIMPAC）。

2002年11月25日，基于《恐怖对策特别措置法》，与"常磐"号补给舰共同执行印度洋派遣任务，2003年5月20日返回横须贺母港。

2008年3月25日，根据护卫队编制调整，隶属于第2护卫队群第6护卫队。

2009年7月6日，作为第2次派遣海盗对处水上部队，“春雨”号由横须贺母港出发，与“天雾”号（DD−154）驱逐舰于7月29日共同执行船队护航任务。在此期间，“春雨”号向遭受索马里海盗攻击的一艘巴拿马级船舶派遣了SH−60K直升机。在护航行动中，“春雨”号对出现在驱逐舰附近的可疑船只派遣了LRAD型搭载艇及SH−60K直升机。在7月28日至11月2日期间，“春雨”号共执行了34次任务，护航船舶总数达248艘，11月29日返回横须贺母港。

2011年3月11日，在东日本大地震的抗震救灾中，“春雨”号由横须贺港出发参与救灾任务，5月31日灾害派遣任务结束后返回横须贺。

2012年1月21日，作为第11次派遣海盗对处行动水上部队，“春雨”号和“村雨”号共同执行亚丁湾派遣任务。

2013年3月7日，根据编制调整，“春雨”号开始配属于第2护卫队群第2护卫队，母港也转至佐世保海军基地。

停泊于横须贺海军基地内的“春雨”号（DD−102）

“夕立”号（DD−103）

“夕立”号作为平成6年度计划4400吨级驱逐舰2232号舰建造，1999年3月4日服役后配属于第2护卫队群第6护卫队。

2002年7月，基于《恐怖对策特别措置法》，与“十和田”号补给舰共同执行印度洋派遣任务，9月结束任务返回日本。

2005年3月，基于《恐怖对策特别措置法》，与“岛风”号导弹驱逐舰和“十和田”号补给舰共同执行印度洋派遣任务，7月结束任务返回。

2007年9月4日至9月9日，在印度洋孟加拉湾海军，“夕立”号与“大波”号（DD-111）驱逐舰共同参加了由印度海军主办的“2007马拉巴尔”多国间联合演习。

2008年7月24日，基于《新恐怖特措法》，与“滨名”号补给舰共同执行印度洋派遣任务，11月结束任务返回。

2010年12月1日，作为第7次派遣海盗对处行动水上部队，“夕立”号由佐世保海军基地出发与“雾雨”号（DD-104）共同执行亚丁湾派遣任务，在此期间，共执行32次任务，护航船舶总数为290艘，2011年5月9日返回佐世保母港。

2012年6月21日至6月22日，“夕立”号与“鞍马”号（DDH-144）直升机驱逐舰和“雾岛”号（DDG-174）宙斯盾导弹驱逐舰，美国海军“乔治-华盛顿”号（CVN-73）核动力航母及其他军舰，以及韩国海军数量舰艇，在朝鲜半岛南部海域共同展开了日美韩三国联合训练。

目前，“夕立”号隶属于第3护卫队群第7护卫队，母港为佐世保海军基地。

航行于印度洋孟加拉湾海域的“夕立”号（DD-103）

“雾雨”号（DD-104）

“雾雨”号作为平成6年度计划4400吨级驱逐舰2233号舰建造，1999年3月18日服役后配属于第2护卫队群第6护卫队。

2001年11月，基于《恐惧对策特别措置法》，承担情报收集任务的“雾雨”号与“鞍马”号直升机驱逐舰、“滨名”号补给舰共同执行印度洋派遣任务，2002年2月，结束任务返回。

2007年7月，基于《恐怖对策特别措置法》，与“常磐”号补给舰共同执行印度洋派遣任务。11月2日，由于作为派遣法律依据的《恐怖对策特别措置法》失效，结束任务撤回日本。

2008年3月25日，根据编制调整，配属于第3护卫队群第7护卫队。

2010年12月1日，作为第7次派遣海盗对处行动水上部队，与“夕立”号共同执行亚丁湾派遣任务，共执行32次任务，为290艘船舶护航，2011年5月9日返回佐世保母港。

2011年8月1日，根据编制调整，配属于第4护卫队群第8护卫队，母港为佐世保海军基地。

2011年12月19日至12月23日，对中华人民共和国青岛市进行友好访问，此次日本驱逐舰访问是继2008年6月访问广东省湛江市以来的第2次，自青岛港驶出后，“雾雨”号与中国人民解放军海军进行了友好训练。

2012年12月20日，作为第14次派遣海盗对处行动水上部队，执行亚丁湾派遣任务。

参加2008年度日美联合演习的“雾雨”号（DD-104）

"雾雨"号舰面装备平视

"电"号（DD-105）（日文原文为"电号"，也有称"稻妻号"）

"电"号作为平成7年度计划4400吨级驱逐舰2234号舰建造，2000年3月15日服役后配属于第4护卫队群第4护卫队。

2002年7月，基于《恐怖对策特别措置法》，与"朝风"号导弹驱逐舰执行印度洋派遣任务。

2006年3月，基于《恐怖对策特别措置法》，与"青海"号补给舰共同执行印度洋派遣任务，6月结束任务返回。

2011年3月15日，作为第8次派遣海盗对处行动水上部队，"电"号由吴港海军基地出发，与"涟"号（DD-113）共同执行亚丁湾派遣任务，4月9日至7月15日期间，共执行了28次护航任务，8月11日返回吴港。

目前，隶属于第4护卫队群第8护卫队，母港为吴港海军基地。

停泊于珍珠港海军基地内的"电"号（DD-105）

“五月雨”号（DD-106）

“五月雨”号基于作为平成7年度计划4400吨级驱逐舰2235号舰建造，2000年3月21日服役后配属于第4护卫队群第4护卫队。

2002年9月17日，基于《恐怖对策特别措置法》，与“比睿”号直升机驱逐舰共同执行印度洋派遣任务，12月任务结束后返回。

2004年2月，基于《恐怖对策特别措置法》，执行印度洋派遣任务，5月结束任务返回。

2008年3月25日，根据编制调整，配属于第4护卫队群第8护卫队。

2009年3月14日，为了打击索马里海盗，“五月雨”号与“涟”号（DD-113）编成日本海上自卫队第1次派遣海盗对处水上部队由吴港海军出发。当地时间2009年4月11日白天，基于《船员法第12条》，在亚丁湾西部海域，针对正在追赶马耳他船籍商船的可疑船只，“五月雨”号以索马里语向他们喊话表明自己身份，可疑船只在得知是日本海上自卫队军舰后停止对商船的追赶。8月16日，结束护航任务返回日本。

2011年3月7日，在中国东海日中分界线附近的白桦油气田区域，中国国家海洋局所属的一架直升机以水平大约70米，高度大约40米的距离向正在执行对中国警戒监视任务的“五月雨”号异常接近。

2011年6月20日，作为第9次派遣海盗对处行动水上部队，“五月雨”号由吴港海军基地出发与“海雾”号（DD-158）共同执行亚丁湾派遣任务，共执行34次护航任务，12月3日返回日本。

2011年8月1日，根据编制调整，配属于第4护卫队群第4护卫队，母港仍为吴港海军基地。

航行于美国夏威夷海域的“五月雨”号（DD-106）

“雷”号（DD-107）

“雷”号作为平成8年度计划4400吨级驱逐舰2236号舰建造，2001年3月14日服役后配属于第1护卫队群第5护卫队。

2002年夏季，参加当年度的环太平洋联合军事演习（RIMPAC-2002）。

2003年2月至3月，基于《恐怖特别措置法》，与“下北”号运输舰作为海上运输部队执行向泰国运输建筑工程机械等设备的任务。

2005年7月，基于《恐怖特别措置法》，与“滨名”号补给舰共同执行印度洋派遣任务，11月结束任务返回，此次派遣任务之后，日本海上自卫队形成了2艘军舰构成的派遣体制。

2008年4月20日，基于《新恐怖特措法》，与“摩周”号补给舰共同执行印度洋派遣任务，7月结束任务返回。

2009年11月9日，基于《新恐怖特措法》，与“摩周”号补给舰共同执行印度洋派遣任务。2010年1月15日，随着《新恐怖特措法》失效，结束派遣任务，于2010年2月6日返回日本东京港晴海码头。

2012年5月11日，作为第12次派遣海盗对处行动水上部队，“雷”号由横须贺港出发，与僚舰“泽雾”号（DD-157）汇合后在预定部署海域执行了大约3周时间的任务。7月1日，参加日中印三国联合护航编队。10月25日，返回横须贺港。

2013年3月16日，根据编制调整，配属于第1护卫队群第5护卫队，母港仍为横须贺。

停泊于横须贺海军基地内的“雷”号（DD-107）

“曙”号（DD-108）

“曙”号作为平成9年度计划4400吨级驱逐舰2237号舰建造，2002年3月19日服役后配属于第4护卫队群第4护卫队。该舰是日本石川岛播磨重工东京第1工厂最后建造的一艘日本海上自卫队军舰。

2003年10月，基于《恐怖对策特别措置法》，与“比睿”号直升机驱逐舰、“常磐”号补给舰共同执行印度洋派遣任务，2004年3月返回日本。

2009年3月17日，基于《新恐怖特措法》，与“常磐”号（AOE-423）补给舰共同执行印度洋派遣任务，2009年9月1日返回吴港海军基地。

2010年5月16日，与“爱宕”号（DDG-177）宙斯盾导弹驱逐舰共同由横须贺海军基地出发参加当年度的环太平洋联合军事演习（RIMPAC-2010）。此后一直到8月27日，该舰一直在美国夏威夷周边海域进行多国联合海上训练。在此期间，6月9日至6月19日，在加拿大西海岸的维多利亚市内，参加由加拿大政府主办的加拿大海军创建100周年纪念的国际观舰式活动，6月12日参加观舰式，6月23日返回珍珠港海军基地。

2010年8月16日至9月3日，在澳大利亚达尔文港沿海，在“卡卡杜2010”多国间海上联合训练期间，“曙”号与来自日本海上自卫队第3航空队第32飞行队的2架P-3C反潜巡逻机共同参加了训练活动。

2011年3月16日，根据编制调整，“曙”号由第1护卫队群第1护卫队配属至第5护卫队，母港也由吴港海军基地换至佐世保海军基地。

参加2010年度环太平洋联合军事演习（RIMPAC-2010）的“曙”号（DD-108）

“有明”号（DD-109）

“有明”号作为平成9年度计划4400吨级驱逐舰2238号舰建造，2002年3月6日服役后配属于第2护卫队群第6护卫队。

2004年5月至8月，基于《恐怖对策特别措置法》，与“金刚”号宙斯盾导弹驱逐舰在印度洋执行燃料补给任务。

2008年11月，基于《新恐怖特措法》，与“十和田”号补给舰共同执行印度洋燃料补给任务，2009年4月27日返回母港。

2012年9月20日，为了参加在俄罗斯远东地区符拉迪沃斯托克市及其周边海域举行的日俄搜索与救援联合训练，“有明”号由母港出发，9月23日进入符拉迪沃斯托克港，9月26日，与“大淀”号（DE–231）共同参加训练，9月29日返回母港。

目前，“有明”号隶属于第3护卫队群第7护卫队，母港为佐世保海军基地。

海上航行中的“有明”号（DD–109）

第四节 高波级通用多功能驱逐舰

高波级驱逐舰是日本海上自卫队第四代通用多功能驱逐舰，由1998年度（平成10年度）预算开始采购并装备部队，高波级是村雨级的扩大改良型。对比村雨级，高波级舰载装备的变化非常明显。同时，高波级是日本海上自卫队护卫队群现役主力军舰之一，其次级为秋月级通用多功能驱逐舰。

正在进行海上训练的“高波”号（DD-110）

同时面向日本民众开放的“高波”号和“大波”号

高波级的整体概况

作为第四代通用多功能驱逐舰，与第三代村雨级（03DD-09DD）相比，高波级在前者的基础上进行了全面的改良和升级，其主炮、在舰载战斗指挥所安装的电子计算机、战术数据链等装备照比村雨级都有了很大程度的提高和充实。为了适应这些装备的升级，高波级的舰体尺寸也更趋于大型化。

整体来看，高波级的舰体设计是在村雨级的基础上进行的，故此，从外观上来观察，两级军舰的造型非常相似，不过，由于舰载武器的变化，高波级在舰内构造等细节上的变化还是相当明显的，而且，从标准排水量的设计上来看，高波级较比村雨级有100多吨的增加。

在设计之初，高波级预定安装全新的FCS-3型射击指挥装置（火控系统），与以前的通用驱逐舰相比，这款新型射击指挥装置的安装上舰将会极大程度地提高军舰的整体防空作战能力，不过，由于FCS-3开发的延迟，高波级的最终射击指挥装置只是前级村雨级的改良型。此外，在很大程度上，由于受国防预算的制约，高波级的舰体设计并没有按照全新的开发标准进行，而是基本以前级村雨级的设计蓝图为标准。

高波级的主炮不再采用由初雪级、朝雾级、村雨级三代通用多功能驱逐舰所使用的76毫米62倍径单装速舰炮，而是换装威力更大的127毫米54倍径的单装速射型舰炮，同时，高波级的反潜导弹与防空导弹发射系统也统一于MK41垂直发射系统（VLS），在此基础上，计算机处理能力也得到了强化，战术数据链也换成全新、高速化的产品。此外，与村雨级相比，高波级的舰载直升机运用能力进一步强化，并与村雨级一样，高波级的舰体设计也更重视隐身效果。

高波级设计诸元及舰载系统概况

高波级设计标准排水量为4650吨，满载排水量为6300吨，设计全长151米，全宽17.4米，型深10.9米，吃水5.3米。舰员编制175名。

与村雨级相同，高波级动力推进系统也采取燃气轮机和燃气轮机联合动力装置（COGAG）工作方式，主机配备两部由川崎重工许可生产的英国罗尔斯·罗伊斯斯佩SM1C燃气轮机（低速巡航使用，每部输出功率13500马力）和两部由石川岛播磨重工（IHI）许可生产的美国通用电气LM2500燃气轮机（高速使用，每部输出功率16500马力），总输出功率为60000马力，双轴推进器（5片桨叶，可变距），最大航速可达30节。

舰载武器配备1门127毫米54倍径单装速射型舰炮、两门美制密集阵20毫米高性能机关炮、两部90式反舰导弹4联装发射装置、1部MK41型32单元垂直发射系统（VLS）——可发射“海麻雀”轻型防空导弹和垂直发射型“阿斯洛克”（VLA）反潜导弹，以及两部HOS-302型3联装轻型鱼雷发射管。

舰载直升机为1架或两架SH-60J/SH-60K反潜巡逻直升机。

舰载C^4I系统配备最低工作频率（MOF）系统（OYQ-31 C2T加上“超级鸟”B2卫星通信）、海军战术情报系统（OYQ-9作战指挥系统（CDS）加11号/14号/16号战术数据链）、OYQ-103反潜射击指挥装置（ASWCS）、2部FCS-2-31（81式射击指挥装置2型-31）射击指挥装置（供所有舰载武器火控使用）。

舰载雷达配备1部OPS-24B三坐标对空搜索雷达、1部OPS-28D对海搜索雷达和1部OPS-20导航雷达。

舰载声呐配备1部OQS-5舰艏声呐和1部OQR-2战术拖曳式声呐。

电子战及对抗手段配备NOLQ-3综合电子战装置、MK36舰载超速散放箔条（SRBOC）和SLQ-25反鱼雷拖曳式诱饵。

高波级的基本设计

作为通用驱逐舰，高波级的舰体设计规模明显增大，其标准排水量大约为4650吨，与原型舰村雨级相比，大约增加了100吨，与第二代通用驱逐舰朝雾级（58DD-61DD）相比，增加了1000吨以上，与日本海上自卫队第三代导弹驱逐舰（DDG）旗风级（56/58DDG）相比，也是大型军舰。

从舰载武器、舰载雷达、舰载声呐等装备的安装种类来看，照比前三代通用驱逐舰，高波级有一定程度的改良。不过，这些装备的配置种类以朝雾级为基础，并没有变化，至于舰内空间则更趋于大型化。在村雨级时代，为了充分利用舰内空间，舰内设计更重视适居性。其中，专为科员设计的居住舱则完全采取小型化舱室，每个舱室可供12名科员居住，后来，在实际使用过程中暴露出过度小型化舱室不利于作战的弊端，于是从高波级则开始采取大型化舱室设计，每个大舱室可容纳30名科员居住。出于同样的考虑，海军军士长的居住区（海军军士长室）也进行了扩大设计。高波级所有居住舱室内的床铺设计都与村雨级相同，为上下2层，不过，在执行日本侨民运输任务等行动期间，所有床铺可临时更改为上中下3层。通过这种改良设计，每艘高波级可多出50人的运输能力。此外，与村雨级相比，高波级的舰员定员编制多出10人。

“涟”号的开放式侧舷通道，侧舷有扶手栏杆，以防止落入大海，这与村雨级相同，而与初雪级、朝雾级的半封闭式侧舷通道不同

看“涟”号的舰艏舰型设计及中轴线上的武器装备及电子装备，中轴线上由前至后依次是127毫米主炮、MK41发射系统（看不见）、密集阵、舰桥、FCS-2射击指挥装置、对空搜索雷达等

“涟”号舰桥顶部及右舷的观礼甲板平台，可见舰桥顶部有FCS-2射击指挥装置和对空搜索雷达，舰桥右舷有通信雷达外罩和电子战装备

高波级动力推进系统

与村雨级相同，高波级动力推进系统也采取“燃气轮机和燃气轮机联合动力装置（COGAG）”工作方式，主机为4部两种不同型号的燃气轮机，在低速巡航阶段使用两部低功率燃气轮机，在高速航行阶段除两部低功率燃气轮机外，两部高功率燃气轮机也投入工作中。低速巡航阶段使用的两部燃气轮机是由英国罗尔斯·罗伊斯公司生产的SM1C型，每部输出功率为13500马力，高速阶段加入运行的两部高功率燃气轮机是由美国通用电气公司制造的LM2500型，每部输出功率为16500马力。在世界范围内，在相同动力推进系统中采用不同制造商生产的燃气轮机产品还是比较少见的。

对于发动机的安装配置，高波级继续沿用朝雾级的所谓“变换配置方式”，即燃气轮机分别安装在一前一后的两个机械室内。这样，一个机械室遭受攻击瘫痪，另一个机械室可继续工作，从而抗击沉性能大大提高。在前方的第1机械室内安装1号燃气轮机（LM2500型）和2号燃气轮机（SM1C型），第1机械室通过减速器驱动左推进轴工作；同样，在后方的第2机械室内安装3号燃气轮机（LM2500型）和4号燃气轮机（SM1C型），机械室通过减速器驱动右推进轴工作。

“铃波”号采取“变换配置方式”设计的前后动力舱及外部烟囱，中间夹着90式反舰导弹发射筒

“铃波”号的前后动力舱、直升机机库、后部的FCS-2射击指挥装置及后部直升机机库顶部的密集阵

高波级的隐身设计

作为日本海上自卫队的大型通用驱逐舰（DD），村雨级是第一个考虑舰体隐身设计的驱逐舰，高波级对这些典型设计进行了继承。具体来看，首先，高波级上层建筑的舰体侧面也采取可避免给敌方舰载雷达提供大量反射探测机会的倾斜式设计，其次，舰体全部采用平面构造。

根据朝雾级采取一前一后两个桅杆的设计、后部桅杆遭受烟囱排放废气的影响非常严重的经验教训，高波级只采取1个主桅杆设计，舰载雷达、电子战设备等所有电子传感器都集中配置到这座主桅杆上，同时，为了确保主桅杆的强度，又照顾到隐身性能，高波级的主桅杆不得不采用非常不利的构架式，这种构架式主桅杆虽然非常坚固，但构造却非常复杂，与美国海军阿利-伯克级宙斯盾导弹驱逐舰使用的倾斜棱柱、棱锥型主桅杆相比没有优势。

主桅杆虽然采取棱柱化更利于隐身，但是为了确保强度和轻便特性，高波级的主桅杆不得不放弃更有利的隐身设计。同时，高波级主桅杆涂装了无线电反射吸收材料，而且，在设计形态上也下了不少功夫，从实际运用情况来看，这种主桅杆的雷达反射截面积（RCS）非常低，隐身效果很好。

高波级的小型荷兰坡道

初雪级（52DD-57DD）和朝雾级都将直升机飞行甲板配置在舰体中央部的01甲板上，高波级和村雨级的上甲板设计都为水平状态。

为了避免舰载直升机的起降与系留装置等设备之间的互相影响，舰艉甲板的侧舷部采取缓坡式的倾斜设计，这种设计是由第一代村雨级（32DD/33DD）驱逐舰开始的，它带有明显的早期日本海上自卫队驱逐舰的设计特征，这种设计称为“荷兰坡道”，也称“小型荷兰坡道”。高波级的“小型荷兰坡道”设计完全继承了村雨级。

从远处体会铃波号舰艉部的“小型荷兰坡道”设计，事实上这就是一种缓坡设计

舰载战斗系统（C⁴I系统）——堪比宙斯盾

与村雨级相同，高波级作为舰载指挥中枢的战斗指挥所（CIC）也设置在舰体内的第2层甲板上。舰载战斗系统的核心是战术情报处理装置，与村雨级相同，高波级的战术情报处理装置也为OYQ-9系统，在前期建造的驱逐舰中，OYQ-9系统的核心由1部UYK-43型和1部UYK-44型电子计算机构成，作为工作站使用的是AN/UYQ-21型计算机。此外，战斗指挥所内还安装了与美国海军MK2型宙斯盾显示系统（ADS）相类似的情报显示投射系统，这种投射系统由两个面的大屏幕液晶显示器（LCD）构成，它可高效显示战术情报信息。

在后期建造的驱逐舰中（DD-113号以后），高波级的情报显示投射系统（SSDS）与美国海军“宙斯盾系统”的基线7版本完全相同，它们都可通过UYQ-7计算机进行分散式情报处理。此外，与村雨级相同，高波级也安装了OYQ-103反潜情报处理装置（ASWCS），这套装置也可与OYQ-9系统连接起来。

作为战术数据链，高波级仍然使用11号和14号数据链。不过，作为高波级最后建成舰的“铃波”号（DD-114）还引入了16号数据链。根据计划安排，高波级其他军舰也会安装这种数据链。村雨级中承担与舰载直升机之间进行情报交换任务的装备为ORQ-1，不过，随着新型SH-60K直升机的服役，高波级预定全部换装强化型的ORQ-1B型。

舰载防空战斗系统（构筑“三重”舰载防空战火力网）

早期，高波级计划安装FCS-3型新一代防空武器系统，不过由于FCS-3开发耽误，高波级只能安装与以前驱逐舰完全相同的型号。尽管如此，高波级的主炮换装了更大口径，其对空火力也进一步增强。

高波级舰载防空火力网由三重构成，分别是第一重的“海麻雀”IBPDMS（改进的基本点防御水面发射导弹系统）防空导弹、第二重的127毫米口径54倍径单装速射舰炮和第三重的美制密集阵20毫米高性能机关炮。这三重舰载防空武器都可与作为舰载战斗系统核心的OYQ-9战术情报处理装置进行数字化连接，从而形成一个庞大的半自动防空系统，这个半自动防空系统共由5个子系统构成，分别是OPS-24B三坐标对空搜索雷达（作为主防空雷达）、OYQ-9战术情报处理装置、FCS-2射击指挥装置、“海麻雀”IBPDMS（改进的基本点防御水面发射导弹系统）防空导弹和127毫米单装速射舰炮。

在防空作战中，针对空中威胁，OPS-24B对空搜索雷达首先对空中具有威胁的目标进行探测，随后，通过OYQ-9战术情报处理装置对空中目标进行捕捉和追踪，而后，根据计算机的优劣分析或操作员的情况判断决定攻击的优先顺序，在决定作出后，以自动或手动方式向FCS-2型火控雷达指示攻击目标，最后FCS-2再对“海麻雀”防空导弹或76毫米舰炮进行攻击指挥与控制，直到攻击动作完成。

作为射击指挥装置（火控雷达/系统），与初雪级、朝雾级、村雨级一样，高波级仍然使用日本国产的FCS-2系列产品，不过，与村雨级相同，高波级对“海麻雀”IBPDMS防空导弹和127毫米舰炮进行射击指挥的装置只采用单一机种，即为FCS-2-31火控系统，这套系统设置了2部射击指挥仪。

作为高波级的主要特征之一，其“海麻雀”防空导弹开始采用统一的垂直发射型阿斯洛克（VLA）发射系统进行发射，这套由32个垂直发射单元构成的MK41垂直发射系统（VLS）安装在舰桥构造物的前方、主炮的后部。这个位置曾经是村雨级安装MK41型16单元“阿斯洛克”反潜导弹垂直发射系统的场所，不过，由于高波级的发射装置更加大型化，因此，无法完全安装到舰体下部，于是，只能安装到01甲板水平的构造物内。这套发射装置内所携带的导弹型号从2010年8月至今一直都是RIM-7M（PIP）型“海麻雀”防空导弹，32个发射单元中的16个是用于发射“海麻雀”导弹的，不过，具体的携带导弹数量一直没有公开。自从平成16年度日本国防预算以来，几乎每年的村雨级等驱逐舰的轻型防空导弹系统换装都能批准通过，因此，村雨级可以连续不断地获得增强型“海麻雀”（ESSM）的运用能力，在这种情况下，对高波级的相关系统国防预算却一直没有通过。

作为近距离防御武器（CIWS），高波级仍然安装了2部美制密集阵20毫米高性能机关炮，2部的安装数量是日本通用驱逐舰的传统，这些高性能机关炮的安装位置与金刚级（63/2/3/5DDG）宙斯盾导弹驱逐舰相同，它们分别安装在前后舰体中心线上，一前一后各1部，这样的设计可让射界拥有更广阔的选择范围。此外，根据需要，OYQ-9战术情报处理装置对密集阵的干涉程度也降低到了最小限度，因此，密集阵基本上是一种独立的武器系统，它可自行实施攻击行动。

“卷波”号的舰艏127毫米主炮及主炮后面的MK41导弹垂直发射系统模块

“铃波”号的MK41发射系统平台，即高出前甲板由栏杆围起来的设备，可见发射装置的顶盖部分，其更上一层的平台安装了密集阵，其后依次是舰桥、对空搜索雷达等。高波级的MK41发射系统与村雨级不同的是，它的上部封盖高于前甲板，而村雨级的MK41封盖与前甲板持平，人员可以踩上去

“涟”号的MK41发射系统平台

舰载反水面战系统

与村雨级相同，高波级可利用“90式反舰导弹（SSM-1B）”而不是“鱼叉”反舰导弹实施远距离反水面攻击。90式反舰导弹是已经装备于日本海上自卫队1号级导弹艇上的国产反舰导弹，与日本驱逐舰采用传统的RGM-84“鱼叉”反舰导弹相比，90式拥有更精确的射击精度以及抗干扰性能。90式反舰导弹的发射装置与“鱼叉”反舰导弹相同，都为4联装的发射筒，共有2个发射筒，计有8枚导弹处于发射状态下，它们分别安装在舰体中央部以及第2个烟囱的前方。

与村雨级相比，高波级发射筒的安装位置变化是随着MK48型“海麻雀”防空导弹垂直发射系统的废除而采取的相应设计，这样，反舰导弹在发射时所产生的浓烟会很容易散发到舰体外部空间去。

作为主要的反水面电子传感器，高波级使用OPS-28型对海搜索雷达，这部雷达工作在C波段，它具有非常优秀的远距离精确搜索能力，不仅可搜索水面目标，而且，还可对超低空飞行的巡航导弹等高速目标进行探测。

此外，在舰载雷达操作处理危险情况时，高波级可基于电子支援（ESM）装置及战术数据链提供的情报实施攻击行动。

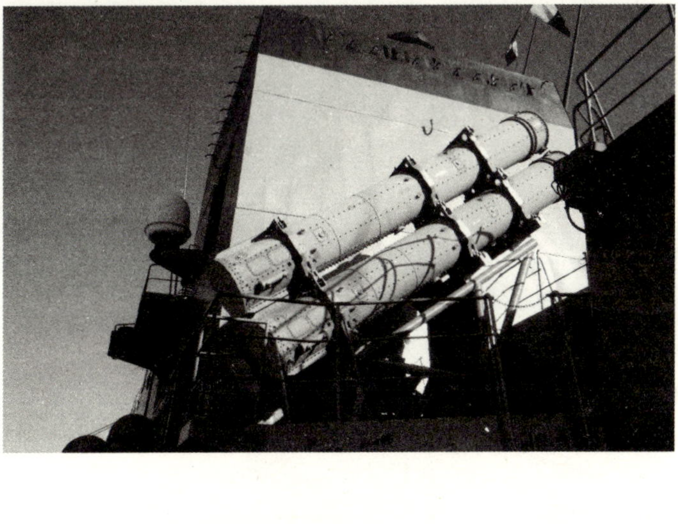

“涟”号位于前后两个动力舱烟囱之间的90式反舰导弹4联装发射筒，另一个发射筒在对面

舰载反潜战斗系统（构筑“三重”舰载反潜火力网）

高波级的反潜战斗系统基本与村雨级的相同，所有舰载反潜武器都与作为反潜战斗系统核心部分的反潜情报处理装置连接起来，从而构成一个半自动系统。

高波级的反潜情报处理装置与村雨级相同，都为OYQ-103型，这套系统包含反潜攻击指挥装置（反潜火控系统）的功能。

高波级主要的反潜传感器有安装在舰体上的OQS-5-1声呐、OQR-2战术拖曳声呐（为战术拖曳阵列声呐系统（TACTASS））以及由舰载反潜巡逻直升机搭载的吊放式声呐和声呐浮标。其中，舰体安装声呐的安装方法与村雨级一样，都回归到舰艏声呐的安装方式，因此，本级依然为舰艏声呐。OQS-5系列声呐采用橡胶槽，它与初雪级、朝雾级采用的壳体声呐式OQS-4系列具有更优秀的反潜探测性能。至于OQR-2战术拖曳声呐，它与美国海军的SQR-19声呐具有相同的探测能力，可对远距离的海下敌潜艇进行探测。

与村雨级相同，高波级的舰载反潜火力网也由三重构成，在远射程上可使用舰载反潜直升机，在中射程上可使用垂直发射式“阿斯洛克（VLA）”反潜导弹，在短射程上可使用HOS-302型3联装轻型鱼雷发射管，与同代的欧美同级舰相比，高波级的三重反潜火力网具备极其强大的反潜作战能力。尤其是反潜导弹，同时期建造的英国皇家海军23型护卫舰、德国海军的勃兰登堡级护卫舰等欧洲军舰都没有安装这种反潜导弹。

与村雨级相同，高波级不再使用以前通用驱逐舰采用的MK16型“阿斯洛克”8联装发射系统，而是使用MK41型供垂直发射型“阿斯洛克”（VLA）使用的垂直发射系统（VLS）。不过，这款发射系统与村雨级不同的地方在于它是1部与“海麻雀”防空导弹兼用的32单元发射装置，安装位置设在舰桥构造物的前方。村雨级在这个位置上安装了供“阿斯洛克”反潜导弹发射使用的MK41型16单元垂直发射系统。由于新发射装置更趋于大型化，因此无法完全收放到舰体下部，它只能收放到01甲板水平部的构造物内。

高波级搭载的舰载反潜巡逻直升机与美国海军的轻型机载多用途系统（LAMPS）不同，它拥有高度的独立作战能力，并可基于固定的吊放式声呐所收集情报的基础上实施攻击；它与LAMPS相同的地方在于都要在接受母舰控制的基础上才能实施攻击。

舰炮武器系统

自初雪级之后开始，日本海上自卫队通用驱逐舰的主炮都采用由意大利奥托-梅莱拉公司生产的76毫米紧凑型速射舰炮。不过，高波级所采用的主炮是由奥托–梅莱拉公司生产的127毫米舰炮。村雨级在安装76毫米主炮时，这门主炮与村雨级超过6000吨满载排水量的舰体相比非常不相称，主炮口径略显小气，高波级吸收了这样的经验教训。同时，作为榛名级（43/45DDH）直升机驱逐舰替代舰的日向级（16/18DDH）直升机母舰没有安装主炮武器，在这种情况下，每个护卫队群只配备2门127毫米主炮将难以提供有效的火力威慑，针对这种担忧，日本海上自卫队曾经将退役的长月号驱逐舰当作靶舰进行了实战条件下的主炮射击训练，结果显示76毫米主炮的反舰攻击能力比较低。综合上述两大因素，日本海上自卫队决定为高波级安装更大口径的127毫米主炮。

高波级安装的127毫米主炮与金刚级宙斯盾导弹驱逐舰安装的型号完全相同，其射击速度可达到每分钟40发炮弹。与76毫米主炮（炮弹重量为6千克）每分钟100发炮弹的射击速度相比，127毫米主炮（炮弹重量为32千克）的射击速度明显降低，有效射程及每发炮弹的破坏力却有很大程度的提高。

随着炮弹威力的增强，相应地，所搭载驱逐舰的反舰及对地攻击能力也得到加强。同时，全新开发的76毫米主炮所使用的炮弹采用了05式近炸引信和新型的窄指向性高爆炸药（HE）弹头，这种炮弹针对反舰导弹的近距离防空能力明显改善。在这种情况下，127毫米主炮所使用的近炸引信也要全新开发，那么，日本舰队整体的近距离防空作战能力势必会有很大程度的提高。此外，高波级的对地攻击和反舰射击并没有使用FCS–2型射击指挥装置。

127毫米主炮的整个战斗系统重量接近40吨，与只有7吨半全重的76毫米主炮相比，新型主炮系统的重量增加大约有5倍。在其影响下，舰体下部构造要进行很大的变动。为76毫米主炮提供炮塔重量支持的部分是上层甲板，至于127毫米主炮，提供炮塔重量支持的部分则换成下层甲板。安装76毫米主炮的村雨级对主炮与舰体之间的平衡进行了充分的协调。不过，高波级的舰体前部平衡明显有些失衡，这里不仅安装了更大口径的主炮，还有统一的垂直发射系统（VLS）。因此，与村雨级相比，高波级的舰体前部重量急剧增大，导致整个军舰的抗浪性能明显恶化。

此外，作为小口径舰炮武器，高波级在舰体前后部安装了两门密集阵，它们的主要任务是实施防空射击，在必要的情况下，可与FCS连接起来实施反水面射击。

从4号舰开始，高波级的密集阵换装成BLOCK 1B型，操作员可目视红外线照相机对水面目标进行射击。另外，在舰桥构造物两舷平台的前部还为M2型12.7毫米重机关枪安装了枪座，而且，通过使用简易的支架还可使用74式车载7.62毫米机关枪等轻型装备。

“高波”号的127毫米主炮

“涟”号127毫米主炮特写，其后的舰桥上下部有密集阵、FCS-2、对空搜索雷达等装备

“铃波”号的密集阵特写，及其后面的舰桥舷窗、对空搜索雷达

舰载电子战系统

与之前通用驱逐舰采用NOLR系列的电子支援（ESM）装置和OLT系列的电子干扰（ECM）装置不同，与村雨级相同，高波级也安装了NOLQ-3型综合电子战系统。其中，电子支援（ESM）使用OPN-7B（VHF/DF频率使用）和OPN-11（HF/VHF频率使用）分系统，电子干扰（ECM）使用OLT-5分系统。经过综合后，整个系统可与美国海军的SLQ-32（V）5电子战系统相匹敌，总之，这套系统具有极强的电子战能力。

作为反导弹软杀伤用途的装置，高波级使用MK36舰载超速散放箔条（SRBOC）和拖曳式诱饵，这些软杀伤手段都可与NOLQ-3互动起来。

“卷波”号的主桅杆，可见上面飘扬着一面2星海军少将将旗，说明有一名护卫队群司令坐镇军舰指挥，主桅杆上的NOLQ-3电子战装备也清晰可见

“涟”号舰面的主要装备，包括舰桥下的密集阵、MK41发射系统，舰桥左舷的通信装备外罩，舰桥顶部的FCS-2、对空搜索雷达和电子战装备

舰载反潜巡逻直升机

整体来看，日本海上自卫队所有的通用驱逐都设计了直升机机库，并可运用至少1架反潜巡逻直升机。朝雾级和村雨级的直升机机库更加大型化，可搭载2架直升机，不过，由机库向飞行甲板移动直升机的导轨却只安装了一条，故此可临时搭载的直升机无法超越这片区域。

高波级则完全不同，它安装了2条可移动直升机的导轨。作为通用驱逐舰，高波级是第一款采取如此设计的军舰，因此，高波级完全具备充分运用2架舰载直升机的能力，而朝雾级和村雨级只可临时搭载第2架直升机。不过，承担搬运用途的区间车也只配备了一辆，而且，截止目前为止，高波级的固定舰载直升机数量也只有1架。另外，着舰固定装置也由传统采用的RAST型经过加强改良为E-RAST型。

高波级的机库开发是以SH-60K直升机的运用为前提进行的，这种直升机的机型比现在使用中的SH-60J更加庞大。因此，与村雨级相比，高波级机库的进深设计进一步扩大。SH-60K直升机从朝雾级之后的驱逐舰开始上舰，这款新型直升机携带了“地狱火”轻型反舰导弹以及反潜炸弹（航空深水炸弹）。为此，高波级专门设置了供舰载直升机使用的弹药库。高波级舰载直升机搭乘员待机室设计在村雨级安装MK48“海麻雀”防空导弹垂直发射系统（VLS）的位置上，它更靠近机库，设计更加合理。

“铃波”号的直升机机库设计

处于开放参观状态下的“卷波”号直升机机库内景，可见上面的起重机设施，在直升机进行维修和检修期间，这些起重机设备可进行大部件的吊装

“铃波”号直升机甲板及停放在导轨上的一架SH-60J反潜直升机（从主旋翼顶端为直板造型可以看出）

半开启状态下的“涟”号直升机机库，飞行人员正在进行例行的检修任务

高波级同型舰概况

截止2013年，高波级共建有5艘同型舰，舰长军衔为海军上校或海军中校，基本概况如下：

舷号	舰名	建造日期	下水日期	竣工日期	建造船厂	编制	母港
DD-110	“高波”号	2000年（平成12年）4月25日	2001年（平成13年）7月26日	2003年（平成15）年3月12日	石川岛播磨重工（IHI）浦贺工厂	第2护卫队群第6护卫队（司令部佐世保基地）	横须贺
DD-111	“大波”号	2000年（平成12年）5月17日	2001年（平成13年）9月20日	2003年（平成15年）3月13日	三菱重工长崎造船所	第2护卫队群第6护卫队	横须贺
DD-112	“卷波”号	2001年（平成13年）7月17日	2002年（平成14年）8月8日	2004年（平成16年）3月18日	石川岛播磨重工（IHI）横滨工厂	第3护卫队群第3护卫队	大凑
DD-113	“涟”号	2002年（平成14年）4月3日	2003年（平成15年）8月29日	2005年（平成17年）2月16日	三菱重工长崎造船所	第4护卫队群第8护卫队	吴港
DD-114	“铃波”号	2003年（平成15年）9月24日	2004年（平成16年）8月26日	2006年（平成18年）2月16日	石川岛播磨重工（IHI）横滨工厂	第3护卫队群第3护卫队	大凑

高波级海外派遣及实战经历

“高波”号（DD-110）

“高波”号基于《中期防卫力整备计划（中期国防力量发展计划）》作为平成10年度计划4600吨级驱逐舰2239号舰建造，2003年3月12日服役后配属于第1护卫队群第5护卫队。

2004年8月，基于《恐怖对策特别措置法》，与“雾岛”号驱逐舰和“滨名”号补给舰共同执行印度洋派遣任务，12月结束任务返回。在返回中途恰巧发生了印度洋苏门答腊岛沿海大地震及大海啸，于是，基于《国际紧急援助队派遣法》，“高波”号执行泰国的派遣任务，在此期间，主要承担遗体搜索任务。

2009年10月13日，“高波”号由大凑海军基地出发与来自第4护卫队群第4护卫队的“滨雾”号（DD-155）驱逐舰共同编成第3次派遣海盗对策水上部队向索马里海域进发。从11月7日至2010年2月20日，两艘驱逐舰共执行了34次任务，为283艘船舶提供护航，2010年3月18日返回日本。

2011年3月11日，参加日本东北地区大地震的抗震救灾任务，震后紧急派遣至日本东北地区沿海，3月12日下午，在宫城县石卷渔港附近的码头上救助了包括11名幼儿园儿童在内的32人。

2011年10月11日，作为第10次派遣海盗对处行动水上部队，由横须贺海军基地出发的“高波”号与“大波”号（DD-111）共同执行亚丁湾派遣任务，2012年3月12日返回日本。

目前，隶属于第2护卫队群第6护卫队，母港为横须贺。

参加日本海上自卫队平成18年度观舰式的“高波”号（DD-110）

“大波”号（DD-111）

“大波”号基于《中期防卫力整备计划（中期国防力量发展计划）》作为平成10年度计划4600吨级驱逐舰2240号舰建造，2003年3月13日服役后配属于第1护卫队群第5护卫队。

2004年11月，基于《恐怖对策特别措置法》，与“鸟海”号导弹驱逐舰、“摩周”号补给舰共同执行印度洋派遣任务，2005年3月结束任务返回。

2007年9月4日至9月9日，在印度洋孟加拉湾海域，与“夕立”号（DD-103）

驱逐舰共同参加由印度海军主办的“马拉巴尔2007”多国间联合演习。

2009年7月6日，在日本海海域，与“阿武隈”号（DE-229）护卫舰、3架P-3C反潜巡逻机等参加日韩救援联合训练，韩国海军参加军舰有“杨万春”号（DDH-973）驱逐舰、“王建”号（DDH-978）驱逐舰等。

2009年12月4日上午8时45分左右，在高知县足摺岬以南大约130千米的海面上，与正在进行反海盗训练的“泽雾”号（DD-157）驱逐舰发生碰撞事故，双方无人员受伤，均可依靠自身动力航行。

2010年1月29日，作为第4次派遣海盗对处行动水上部队，向亚丁湾海域驶去，中途与僚舰“泽雾”号汇合。从2月25日至5月31日，共执行34次任务，护航船舶283艘，7月2日返回横须贺母港。

2011年10月11日，作为第10次派遣海盗对处行动水上部队，由横须贺海军基地出发与高波号共同执行亚丁湾派遣任务。

2012年6月9日，在日印建交60周年之际，在相模湾内，与访问日本的印度海军舰队展开代号为“JIMEX 2012”的联合训练，参加这次联合训练的日本军舰还有旗风号（DDG-171）导弹驱逐舰。

2013年1月19日下午17时左右，在中国东海，日本海上自卫队声称中国海军所属的江凯I型护卫舰向“大波”号舰载直升机实施火控雷达照射。

目前，“大波”号隶属于第2护卫队群第6护卫队，母港为横须贺海军基地。

在日本骏河湾海域进行海试中的“大波”号（DD-111）

在平成18年度观舰式的预演中，“大波”号与“村雨”号（左）共同航行于东京湾内

“卷波”号（DD-112）

“卷波”号基于《中期防卫力整备计划（中期国防力量发展计划）》作为平成11年度计划4600吨级驱逐舰2241号舰建造，2004年3月18日服役后配属于第3护卫队群第3护卫队。

2006年11月，基于《恐怖对策特别措置法》，与“十和田”号补给舰共同执行印度洋派遣任务，2007年3月，任务结束返回日本。

2010年8月26日，作为第6次派遣海盗对策水上部队，由佐世保海军基地出发面向亚丁湾海域航行，途中与僚舰“濑户雾”号（DD-156）汇合。从9月20日至12月22日，共执行28次任务，2011年1月18日，返回佐世保母港。

2012年8月31日，作为第13次派遣海盗对策水上部队，由大凑海军基地与“夕雾”号（DD-153）共同出发面向亚丁湾海域执行派遣任务。

2011年3月16日，根据编制调整，“卷波”号仍然隶属于第3护卫队群第3护卫队，不过，其母港由佐世保海军基地调换至大凑海军基地。

航行于太平洋中的“卷波”号（DD-112）

“涟”号（DD–113）

“涟”号基于《中期防卫力整备计划（中期国防力量发展计划）》作为平成12年度计划4600吨级驱逐舰2242号舰建造，2005年2月16日服役后配属于第4护卫队群第8护卫队。

2006年6月，基于《恐怖对策特别措置法》，与“摩周”号补给舰共同执行印度洋派遣任务，11月结束任务返回。

2008年6月24日至6月28日，作为日中国防交流的一环，“涟”号对中国广东省湛江港进行友好访问。这是自1945年第二次世界大战结束后，日本军舰第一次访问中国。根据2008年5月日中首脑会谈达到的协议，中国海军军舰也对日本东京港晴海码头进行了友好访问。

2009年3月14日，“涟”号和“五月雨”号驱逐舰编成日本海上自卫队第1次派遣海盗对处水上部队由吴港海军基地出发，3月30日到达阿曼萨拉拉港后即于当天傍晚开始执行护航任务。4月4日，一艘不属于日本军舰护航对象的新加坡籍油轮通过无线电向涟号发出求救信号，基于《船员法第14条》，“涟”号向正在接近新加坡籍油轮的4艘可疑船只进行了探照灯照射，并用索马里语向可疑船只表明日本海上自卫队军舰的身份，随后，可疑船只停止追击离开。

航行于阿拉伯海的“涟”号（DD–113）

在执行索马里海盗打击期间，“涟”号追加安装了4挺12.7毫米机关枪，并在侧舷部安装了防弹板，舰载直升机也配备了2架。

目前，“涟”号隶属于第4护卫队群第8护卫队，母港为吴港海军基地。

“铃波”号（DD-114）

“铃波”号基于《中期防卫力整备计划（中期国防力量发展计划）》作为平成13年度计划4600吨级驱逐舰2243号舰建造，2006年2月16日服役后配属于第3护卫队群第3护卫队。

2007年3月，基于《恐怖对策特别措置法》，与“滨名”号补给舰共同执行印度洋派遣任务，7月任务结束后返回。

2008年3月25日，根据部队编制调整，隶属于第1护卫队群第5护卫队。

2009年7月21日，基于《新恐怖特措法》，与“青海”号补给舰共同执行印度洋派遣任务，任务结束后于12月24日返回母港。

2010年4月8日，在中国东海中部海域，“铃波”号对中国海军由5艘军舰编成的舰队进行监视期间，中国海军舰载直升机以水平距离90米、高度差30米向铃波号做异常接近。

2012年12月18日，作为第14次派遣海盗对处行动水上部队，“铃波”号由大凑海军基地出发向亚丁湾海域执行派遣任务。

2011年8月1日，根据部队编制调整，铃波号隶属于第3护卫队群第3护卫队，母港也换至大凑海军基地。

停泊舞鹤基地北吸码头上的“铃波”号（DD-114）

| 第五节 | 秋月级通用驱逐舰

秋月级（预算期间的名称为5000吨级）驱逐舰是日本海上自卫队正在建造中和预算建造的新型多用途驱逐舰。日本防卫省通常用大写英文字母DD来标记通用多用途驱逐舰，又由于这一级驱逐舰是平成19年（2007年）开始预算建造的，所以秋月级驱逐舰也被称作是19DD级驱逐舰。日本防卫省公布的关于秋月级驱逐舰的建造计划概况是：1号舰于2007年度预算建造，2011年服役；2号舰于2008年度由国防预算批准建造；2009年根据年度国防工作草案情况，对3号舰和4号舰进行建造估算。

秋月级驱逐舰所需经费依次为：1号舰约750亿日元，2号舰约690亿日元，3号舰和4号舰总计大约1515亿日元（其中“冬月”号建造费用为726亿日元）。秋月级通用驱逐舰的基本任务是护卫实施日本海基导弹防御系统为宗旨的金刚级和爱宕级两级“宙斯盾”导弹驱逐舰，预计共建造4艘。

跨海航行的“秋月”号（DD-115），其基本舰型设计与高波级基本相同，最大的不同是体现在舰桥顶部的FCS-3A多功能雷达

跨海航行的“秋月”号，看其舰面总体设计，由舰艏至舰艉依次是舰艏127毫米主炮、舰桥前方密集阵、舰桥顶部4个面的FCS-3A多功能雷达、主桅杆的OPS-20C导航雷达、变换配置方式设计的前后动力舱及顶部烟囱、90式反舰导弹发射筒、直升机机库和直升机甲板

2013年度，日本防卫省预算建造与秋月级相同规模的下一代5000吨级新型通用多功能驱逐舰，首批预算只采购1艘，预算金额为723亿日元。

适应国际形势，不断增强作战性能

日本海上自卫队的多用途驱逐舰从初雪级（52DD至57DD）开始，一直到以后陆续服役的朝雾级（58DD至61DD）、村雨级（03DD至07DD）和高波级（10DD至13DD），一般都具备防空、反舰和反潜作战能力且都搭载有直升机。这些驱逐舰不论是从数量上，还是从作战性能上来说，都是日本海上军事力量的核心部分。随着欧洲同时期驱逐舰性能的不断提高，如英国海军的45型驱逐舰、法国和意大利的地平线级驱逐舰、西班牙海军的F-100级驱逐舰等，在这些开发项目影响下，日本海上自卫队认为本国多用途驱逐舰的作战性能也要得到相应的提高。鉴于此，日本决定开发新一代多用途驱逐舰，以满足日本多用途驱逐舰的正常更新换代，并且暂时把这一级多用途驱逐舰定名为5000吨级驱逐舰或“19DD”驱逐舰。

综合日本防卫省2007年和2008年两年来公布的数据来看，日本秋月级多用途驱逐舰与欧洲各国的新锐主力水面舰艇相比，毫不逊色，并且拥有自己的先进技术。

首先，舰体隐身性能方面将会有所突破。

秋月级多用途驱逐舰将会采用改进的新式舰型和塔形主桅，舰体结构采取倾斜设计，甲板上层建筑物将会采取内倾设计，以增强舰体的物理隐身性能；主舰体将会喷涂上高性能复合材料，防止电磁辐射的大量产生，以增强舰体的电磁隐身性能；动力推进系统所产生的废热气将会进行冷却处理以降低红外线辐射和产生的水中噪声，以增强热隐身和声学隐身性能，这样，通过舰型改造、消除电磁信号和热辐射，舰体的综合隐蔽性能将会得到极大的提高。然而，从日本防卫省公开出来的设计图来看，秋月级舰上所携带的应急艇和导弹发射筒都暴露在舰表面，与同时期的欧洲各国的水面舰艇相比，其整体隐身性能明显逊色一些，也或多或少降低了舰体本身的物理隐身性能。但是，从日本防卫省2008年度预算草案所介绍的情况概要来看，舰载应急艇和导弹发射筒都有覆盖物，为了隐蔽甲板上的设备，都做了一些掩盖性的隐身处理。而据2009年所发表预算概要设计图来看，武器装备的覆盖物又都没有了，装备又完全暴露在外。估计不管怎样处理，这一级舰的整体隐身性能都会有所欠缺。

其次，动力推进系统将会得到改进。

秋月级多用途驱逐舰采用四台燃汽轮机作为动力推进系统的主机，燃汽轮机引擎为SM1C，采取COGAG的工作方式，双轴推进，输出功率为16000马力，航速可以达到30节以上。舰体设计时，考虑到为了把导弹攻击所造成的损失减少到最小程度，推进系统两个轴的主机被隔着设备室前后分开安放，如果一个被攻击，另外一个可以继续工作。这一级驱逐舰是否全部采用这种发动机还不能完全确定。

这一级驱逐舰将会采取联合动力推进方式和先进的推进系统，总输出功率将会得到提高。

此外，舰体内部空间设计更加人性化，不断提高船员居住的空间环境，并且考虑到了女性船员的居住问题，同时也为海军陆战队士兵和特种作战部队士兵提供必要的充足的便利居住空间。

“秋月”号的发动机操纵室，中间有一个介绍斯佩SM1C燃气轮机主机的纸板，后面是发动机操纵平台、监视设备

“秋月”号发动机操纵室

停泊于码头上的“秋月”号，可见2个动力舱及外部烟囱的结构布局，有90式反舰导弹发射筒、发射筒前面是一部可收起的起重机

“秋月”号右舷的开放侧舷通道设施，可见动力舱烟囱的侧壁上设计有很多舱门，并有救生圈

秋月级基本技术参数及舰载系统概况

秋月级驱逐舰前级为高波级，后一级仍为5000吨级，其设计标准排水量5000吨，满载排水量6800吨，全长150.5米，全宽18.3米，型深10.9米，吃水5.4米，舰员编制大约200人。

与高波级相同，秋月级动力推进系统也采取燃气轮机和燃气轮机联合动力装置（COGAG）工作方式，主机配备4部由川崎重工许可生产的英国罗尔斯·罗伊斯斯佩SM1C燃气轮机，每部输出功率16000马力，2轴推进器（5片桨叶，可变距），最大航速可达30节。舰上电力供应由3台燃气轮机发电机提供，单台发电机功率为2.4MW。

舰载武器配备1门MK45型127毫米（5英寸）62倍径单装速射型舰炮、2门美制密集阵20毫米高性能机关炮、2部90式反舰导弹4联装发射装置、1部MK41型32单元垂直发射系统（VLS，可发射增强型“海麻雀”轻型防空导弹（ESSM），1号舰可发射垂直发射型“阿斯洛克”反潜导弹（VLA SUM），2号舰以后可发射07式垂直发射型反潜导弹）和2部HOS-303型3联装轻型鱼雷发射管。

舰载直升机为1架或2架SH-60J/SH-60K反潜巡逻直升机。

舰载C^4I系统配备最低工作频率（MOF）系统（“超级鸟”B2卫星通信）、海军战术情报系统（OYQ-11先进作战指挥系统（ACDS）加11号/14号/16号战术数据链）和FCS-3A射击指挥装置（供所有舰载武器火控使用）。

舰载雷达配备1部FCS-3A多功能三坐标雷达（搜索天线和射击指挥天线各4面和1部OPS-20C导航雷达（主副天线各1部）。

舰载声呐配备1部OQQ-22综合声呐系统，包括舰艏声呐和OQR-3战术拖曳式阵列声呐系统（TACTASS）。

电子战及对抗手段配备NOLQ-3D综合电子战系统、4部MK137诱饵发射器、2部投射型静止式干扰机和2部自行式诱饵。

秋月级舰载C⁴I系统

作为系统舰核心构成要素的作战指挥系统，秋月级采取日本全新开发的OYQ-11战术情报处理装置。OYQ-11战术情报处理装置是秋月级全新先进作战指挥系统（ATECS）的核心部分，它可以说是日向级直升机母舰使用的OYQ-10战术情报处理装置面向通用驱逐舰舰种定制的产品。为了与现代世界海军的C⁴I系统标准相契合，秋月级的OYQ-11系统也采用了通过商用现货化（现成的先进民用商品，而非军用产品）AN/UYQ-70工作站而进行的分布式计算方式，也就是说在秋月级战斗指挥所内以OYQ-11系统为核心建成一个舰上本地局域网。在这个局域网内，OYQ-11为网络管理系统，它可通过网络数据线将舰载武器和电子设备连接起来，各种舰载武器及电子设备再构成子系统，经过网络手段，OYQ-11可对所有终端节点进行管理和控制，上述这些子系统再通过NOYQ-1B综合工作站连接起来。整体来看，秋月级的先进作战指挥系统（ATECS）由OYQ-11子系统、FCS-3A雷达子系统、电子战子系统和反潜战子系统构成，OYQ-11子系统是核心，它负责管理舰载武器及相关电子设备。

秋月级的舰上通信设施有通常情况下的高频（HF）、甚高频（VHF）、特高频（UHF）无线电设备。此外，还有综合数据网络（JDN）和海军战术情报系统（NTDS），这些通信系统可利用11号和16号数据链。

秋月级的卫星通信设施有由斯卡普JSAT提供的公用“超级鸟”（SUPERBIRD B2）使用的NORA-1C设备、Ku波段通信用的NORQ-1设备、民用因玛萨特卫星通信用的NORC-4B设备以及为了方便与美军UHF-SATCOM卫星通信设施连接起来的AN/USC-42卫星通信接收机。

FCS-3A挑战美制“宙斯盾”舰的超强防空作战能力

秋月级多用途驱逐舰的最大特征是其具有超强的防空能力。从日本防卫省公布的资料来看，该级驱逐舰采用了“FCS-3A”型防空三坐标雷达，这也正是本级多用途驱逐舰的最大亮点之所在。“FCS-3A”型雷达已经装备于日本海上自卫队“日向”号直升机母舰上，其火控系统使用了日本国产的多功能有源相控阵雷达。即使是美国的现役“宙斯盾”舰也还采用的是无源相控阵雷达，而有源相控阵雷达技术要比无源相控阵雷达技术先进得多，复杂得多，作战性能也强得多。在驱逐舰上采用有源相控阵雷达无疑是符合未来驱逐舰舰载电子设备发展趋势的，日本在其未来的驱逐舰上率先采用有源相控阵雷达将使得其驱逐舰的综合作战性能大大领先于欧洲其他各国海军。

据日本海上自卫队公开的信息可知，“FCS-3A”型雷达是工作在C波段的多功能雷达与工作在X波段的导弹制导雷达的组合型多波段雷达。日本防卫省为了推进国产XRIM-4防空导弹开发，决定把“FCS-3A”型雷达的C波段制成有源相控阵雷达，以适应XRIM-4防空导弹的作战性能。由于XRIM-4防空导弹采用主动制导方式，因此需要舰载雷达为其提供对敌目标进行搜索与追踪的能力。后来，由于XRIM-4防空导弹受到各种不同原因的阻碍导致开发被拖延，日本海上自卫队的现役水面舰艇不得不采用已经投放于市场的防空导弹，“FCS-3A”型雷达也因此作出了相应的调整，其导弹制导模块最终采用了泰利斯荷兰公司生产的ICWI导弹制导模块。“FCS-3A”型雷达在与ICWI模块组合过程中，采用了新型的部件，整个系统也更趋向小型化。这就是目前定型的在世界海军舰船防空雷达领域中占有重要一席的日本“FCS-3A”型雷达。由于采用了ICWI导弹制导模块，那些采取半主动制导方式的防空导弹就可以通过“FCS-3A”型雷达进行操作。日本海上自卫队预计在秋月级多用途驱逐舰上采用的防空导弹是ESSM改进型“海麻雀”导弹。此外，还有可能采用美国生产的改进后“标准”型防空导弹。

“FCS-3A”型雷达具有很强的抗饱和攻击能力，号称是迷你版的宙斯盾，它可以同时与32个目标进行作战，而美制的宙斯盾舰也只不过是12个以上的目标，尽管这是目前日本海上自卫队官方公布出来的理论结果，还不知道其具体作战性能如何，但美制的宙斯盾经过这么多年的服役，也真的是已经“廉颇老已了”，只通过抗饱和攻击能力这一点就可以看出日本国产的“FCS-3A”型雷达的防空能力还是不可小觑的，世界各国海军都在拭目以待其在未来“5000”吨级（秋月级之后的新型军舰）驱逐舰上的上佳表现。

FCS-3型雷达在秋月级通用多功能驱逐舰上的应用

2006年，日本海上自卫队决定在下一代通用多功能驱逐舰秋月级上也将安装FCS-3型雷达的改进型号，这个型号的正式名称为“FCS-3A”型雷达。FCS-3A型雷达的主要改进之有几个，其一是雷达阵列面天线不再采用砷化镓半导体发射元件，而是换成了氮化镓半导体发射元件，这样雷达天线发射模块的总输出功率要比日向级驱逐舰所搭载的系统提高了至少3倍以上，相应的防空探测距离也会大大提高；其二是增强了FCS-3A型雷达与OYQ-11型战术情报处理系统所组成的作战指挥系统对多个目标和横行目标（不是飞向本舰的目标而是飞向友舰的目标）的处理和应对能力，并为雷达增加了相关搜索与跟踪的应对算法。

通过这些性能提高的措施和办法，秋月级驱逐舰所搭载的FCS-3A型雷达系统就能为同时参战的友舰提供本区域防空服务。日本海上自卫队在秋月级驱逐舰上安装如此先进的FCS-3A型雷达，其目的只有一个，那就是服务于日本的海基弹道导弹防御系统。

日本的弹道导弹防御系统是这样构成的，海基由金刚级和爱宕级宙斯盾舰来负责防御，陆基由美制“爱国者”PAC-3型防空导弹负责防御，其中海基处于第一道防线，陆基处于第二道防线。海基的宙斯盾舰能够对超高空的攻击目标进行捕捉、跟踪和反击，陆基的“爱国者”PAC-3型防空导弹能够对低空来袭的目标实施反击。当海基的宙斯盾舰对来袭的高空导弹进行捕捉、跟踪与反击的时候，这些宙斯盾舰自身的防御就处于很薄弱的状态之中，很容易遭遇其他空中目标的袭击。因此，日本海上自卫队决定建造一批驱逐舰对处于作战状态中的金刚级和爱宕级宙斯盾舰进行保护，这就是秋月级多用途驱逐舰的核心作战任务所在，也因此需要安装超级的防空雷达以适应其弹道导弹防御意图的需要。

此外，FCS-3A型雷达还重新担当起了对秋月级驱逐舰舰载127毫米口径舰炮的火控功能，在进行火控任务期间，FCS-3A型雷达和OYQ-11型战术情报收集系统主要承担舰炮的射击计算和弹着观测任务，可以实施对空、对海和对岸的各种炮击管制功能。

FCS-3型雷达基本开发工作结束以后日本海上自卫队又持续不断地进行了多次技术改进，从2008年开始，日本海上自卫队又确定了FCS-3型雷达在2008年至2013年共计五年时间内的性能提高研究计划，这项规模庞大的研制与开发计划将会进一步推进FCS-3型雷达的综合作战性能。

按照计划，这些改进后的FCS-3型雷达产品将会逐步装备于秋月级通用多功能驱逐舰的后续新一代水面舰艇上，其中重要的改进之处将会使X波段雷达增加对空目标搜索与追踪功能，而C波段雷达的对空探测距离将会进一步提高。通过一系列行之有效的改进措施和办法，C波段雷达将会更趋于小型化和轻便化，这样，整个雷达探测系统也会变得更加小型化和轻便化，电能消耗水平也会大幅度降低，雷达的可维修性会进一步提高，这些雷达改进措施对于设计未来的通用多功能驱逐舰会提供更好的自由空间，对于舰体舾装条件也会进一步降低。在五年改进计划中，FCS-3型雷达的对空与对海搜索能力、对空目标的探知能力和跟踪范围都将会得到大幅度的提高，对超低空掠海飞行的目标（比如反舰导弹、无人机和直升机）的处理和应对能力也将会进一步提高，电子抗干扰能力（ECCM）也会达到一个新的高度。

从远处体验“秋月”号的舰桥整体设计，简捷利落

“秋月”号的上层甲板舰内通道

秋月级的区域防空作战能力

秋月级的特长是能以FCS-3A射击指挥系统为核心而构筑起所谓“僚舰防空”（日语术语，英文缩写为LAD，即区域防空）的防空作战系统。

僚舰防空（LAD）是介于单舰防空和舰队防空之间的防空作战能力。其中，单舰防空只能进行一艘军舰的自身防空保护，而舰队防空可为一个庞大的海上作战舰队提供防空保护，其防空半径会超过数百千米。

日本海上自卫队提出的僚舰防空有两个必要条件，一是要拥有具备横飞目标（面向僚舰方向飞去的空中攻击目标）处理能力的C^4ISR系统（包括相应的情报处理系统和电子传感器系统）；二是要拥有比单舰防空导弹射程更远的防空导弹。

将秋月级与上述僚舰防空的必要条件相对比，秋月级的C^4ISR系统由FCS-3A构成，它具备横飞目标处理能力；作为射程更远的防空导弹，秋月级采用了增强型（改进型）的“海麻雀”（ESSM）。

与以前的“海麻雀”单舰防空导弹相比，RIM-162增强型“海麻雀”防空导弹在其基础上进行了射程与机动性能的强化设计，于是，这款导弹属于中远距离的防空导弹，从公布的技术参数来看，增强型“海麻雀”的防空性能已经超过了前一代的舰队防空导弹。秋月级的“海麻雀”全部储存在舰艏部一部MK41型8单元导弹垂直发射系统内，共装填32发。此外，日本还考虑选择“标准”SM-2 IIIA/B防空导弹作为秋月级驱逐舰的候选防空导弹。未来还有可能把99式主动制导空对空导弹直接改装成防空导弹，也有可能采用改装的终端制导的主动制导式“萨姆”导弹。其他采取主动制导方式的导弹还会考虑使用“标准-6”防空导弹。这些防空导弹的直发射系统都采用美制MK41导弹垂直发射器。

在世界海军中，同样作为僚舰防空作战能力而开发的军舰还有美国海军的佩里级导弹护卫舰和挪威海军的南森级导弹护卫队。与秋月级相比，佩里级将僚舰防空能力重点放在了防空导弹上，南森级则将重点放在C^4ISR系统中。秋月级更接近南森级的设计理念。

此外，在近距离防空武器方面，秋月级仍然安装了2部美制密集阵高性能20毫米机关炮。目前，日本海上自卫队装备的密集阵都是可通过红外传感器（FLIR）进行光学照射的BLOCK 1B型，不过，秋月级却仍然采取传统的BLOCK 1A型。秋月级的密集阵安装数量与高波级相同，都是两部。与高波级不同的是，秋月级安装在直升机机库顶部密集阵的基部完全裸露出来，这种安装方式又与爱宕级宙斯盾导弹驱逐舰相同。

此外，为了保证密集阵作为独立的作战系统，战术情报处理装置对它的控制进行了最低限度的设计。

“秋月”号位于127毫米主炮及密集阵之间的MK41发射系统平台

秋月级的反舰作战系统

秋月级采取传统的SSMS-2B型反舰导弹发射系统，其发射装置为两部4联装90式反舰导弹发射筒，装备导弹为日本国产的90式反舰导弹（SSM-1B）。90式反舰导弹设计弹长为5米，弹径为0.35米，射程为150至200千米，弹重260千克。

秋月级对海搜索雷达安装的是与日向级直升机母舰相同的型号，为OPS-2C对海搜索雷达，这款雷达在传统导航雷达的基础上进行了功能强化设计，它由主桅杆中间平台上的主天线及其右下方的分天线共计两部天线设备构成。

“秋月”号位于右舷的90式反舰导弹发射筒

秋月级的反潜作战系统

秋月级的反潜作战系统与高波级基本相同，分别由垂直发射型“阿斯洛克”反潜导弹（VLA）和2部68式HOS-303型3联装轻型鱼雷发射管组成。不过，自2号舰之后，秋月级以日本国产的07式垂直发射鱼雷投射火箭替换了原来的垂直发射式“阿斯洛克”。不过，无论是“阿斯洛克”还是07式，都储存在舰桥下方、前部上甲板的MK41导弹垂直发射系统（VLS）内，并由这部发射系统发射。2部鱼雷发射筒分别安装于两侧舷部，一侧舷一部。

秋月级舰载反潜探测声呐为OQQ-22型，这种声呐来自日向级直升机母舰使用的OQQ-21型，只不过OQQ-22以OQQ-21为基础，去除了OQQ-21中的舰艏声呐部分，并安装了低频率的OQR-3战术拖曳声呐——这是一种TACTASS

（战术拖曳阵列声呐系统）——和鱼雷防御系统的管制功能。

作为鱼雷防御系统措施，秋月级在传统的4型拖航用具基础上又分别安装了1部投射型静止式干扰机（FAJ，位于第2个动力舱烟囱前方的舰体中央部）和1部自行式诱饵（MOD，位于右舷轻型鱼雷发射管附近）。秋月级的反鱼雷防御（TCM）指挥管制装置可对这些反鱼雷装备与舰载声呐进行统一的管制和指挥。

位于"秋月"号第2个动力舱烟囱前方舰体中央部的1部投射型静止式干扰机，90式反舰导弹发射筒的右侧

放置在"秋月01"号搭载艇下面舱门内的2部自行式诱饵（MOD）发射装置

秋月级的电子战装备

自村雨级驱逐舰以来，日本海上自卫队的通用驱逐舰舰种一直采用NOLQ-3电子干扰装置系列的电子战装置，秋月级安装的产品是这一系列中的最新型号，为NOLQ-3D型。这型电子战装备引入了数字化技术等最新的信号处理技术，尤其是在收信方面，经过数字化改进的收信机的灵敏度进一步提高，其探测距离也进一步延伸。此外，在方向探测的方式上，与传统的振幅比较方式相比，新型产品采取转而采取相位差方式，其精度有明显的提高。

秋月级的诱饵发射器是一直以来使用4部MK137型6联装发射器的MK36 MOD6型。

位于“秋月”号主桅杆基部的NOLQ-3D电子战装置，共两个，左右各1个

参观开放结束后的“秋月”号，可见“秋月01”号搭载艇固定缆绳前面平台上的设备为2部MK137型6联装发射器的MK36 MOD6型诱饵发射器，它们的发射口都冲向天空，另2部在舰桥的左舷对应位置

秋月级的舰炮武器

秋月级驱逐舰的舰炮系统没有采用日本以往水面舰艇所惯用的意大利奥托·梅莱拉公司生产的“奥托·梅莱拉”舰炮，而是采用与爱宕级宙斯盾导弹驱逐舰相同的舰炮，即为1门美国BAE系统公司生产的MK45 MOD4型127毫米（5英寸）口径62倍径舰炮。127毫米舰炮可接受来自FCS-3A雷达的射击指挥，不过，不再是雷达照射射击，而是通过E/O照射器的光学照射射击。

秋月级的近距离防空武器系统仍然采用的是2部美制密集阵高性能20毫米机关炮（CIWS）。

“秋月”号的舰艏密集阵及舰桥顶部的FCS-3A雷达面外罩

“秋月”号舰桥的整体外观设计，与高波级相比有明显的不同，密集阵前面是MK41导弹垂直发射系统平台

秋月级的舰载直升机

秋月级的舰载直升机为SH－60J或者是SH－60K反潜巡逻直升机，常备搭载数量为一架或两架。与高波级的直升机机库相比，秋月级机库明显扩大，因此，秋月级可搭载2架反潜直升机再加1架MCH－101扫雷运输直升机。

SH－60K反潜直升机可通过舰机之间的ORQ－1C－2直升机数据链（TACLINK）与母舰之间进行数据通信。

秋月级的直升机着舰固定装置已经由高波级的E－RAST（使用后可回收、辅助、安全及横转）改进发展为RAST（回收、辅助、安全及横转）MK6型。新型着舰固定装置简化了复杂的操作程序，从直升机固定至搬运整个操作程序只需要一人即可完成，这是新装置最大的技术特征。此外，SH－60K反潜直升机自身还安装了着舰引导支援装置（SLAS）。本来秋月级也计划从1号舰开始安装着舰引导支援装置的舰载部分，不过由于预算上的制约，秋月级最终没有安装舰载部分，只能日后看预算形势。着舰引导支援装置只可安装在非全贯通甲板型的军舰上，而像日向级直升机母舰这样的全贯通甲板型军舰则不用安装。

“秋月”号直升机机库内景，可见2条搬运直升机的导轨及搬运平台

“秋月”号直升机机库舱门设计，右侧开启的舱门内为飞行人员待机室

“秋月”号的直升机机库右舷侧壁，可见密集阵、FCS-3A雷达外罩，侧壁上的通风孔可能兼具释放爆炸冲击波的作用，这将会大大提高军舰的损害管制能力

秋月级的小型荷兰坡道

与高波级和村雨级一样，秋月级的上甲板设计也为水平状态。

为了避免舰载直升机的起降与系留装置等设备之间的互相影响，秋月级舰艉甲板的侧舷部采取缓坡式的倾斜设计，这种设计是由第一代村雨级（32DD/33DD）驱逐舰开始的，它带有明显的早期日本海上自卫队驱逐舰的设计特征，这种设计称为荷兰坡道，也称小型荷兰坡道。秋月级的小型荷兰坡道设计完全继承了高波级。

近看“秋月”号的小型荷兰坡道及直升机机库的两个舱门

一艘港口拖船正在顶靠“秋月”号的舰艉部分，使其靠岸，从这个角度可以清晰感觉小型荷兰坡道的缓坡

“秋月”号两艘搭载艇中的一艘

秋月级同型舰

4艘秋月级同型舰预计编入第5至第8护卫队，每支护卫队1艘，4艘驱逐舰的舰长定为海军中校军衔，基本概况如下：

舷号	舰名	建造日期	下水日期	竣工日期	建造船厂	编制	母港
DD-115	“秋月”号	2009年（平成21年）7月17日	2010年（平成22年）10月13日	2012年（平成24年）3月14日	三菱重工长崎造船所	第1护卫队群第5护卫队（司令部：横须贺海军基地）	佐世保
DD-116	“照月”号	2010年（平成22年）6月2日	2011年（平成23年）9月15日	2013年（平成25年）3月7日	三菱重工长崎造船所	第2护卫队群第6护卫队（司令部：佐世保海军基地）	横须贺
DD-117	“凉月”号	2011年（平成23年）5月18日	2012年（平成24年）10月17日	预定2014年（平成26年）3月	三菱重工长崎造船所		
DD-118	“冬月”号	2011年（平成23年）6月14日	2012年（平成24年）8月22日	预定2014年（平成26年）3月	三井造船玉野事业所		

在三菱重工长崎造船所2台船台上建造中的“照月”号（DD-116）

| 第六节 | 5000吨级通用驱逐舰

日本海上自卫队最新型通用多功能驱逐舰根据平成25年度（2013年度）国防预算拨款建造，故此，这级驱逐舰也称25DD。25DD单艘建造成本高达701亿日元，它是继秋月级5000吨级驱逐舰之后，日本海上自卫队第二代5000吨级驱逐舰，同时也是日本海上自卫队第六代通用多功能驱逐舰。根据标准排水量设计为5000吨，故此，25DD在计划建造阶段的正式名称为5000吨级，这与其前级秋月级（19DD）在计划建造阶段时的名称完全相同。

25DD的开发概况

根据2013年日本防卫省公布的25DD设计示意图来看，25DD舰型设计与秋月级相似，不过，FCS-3射击指挥装置却集中于舰桥部，动力舱烟囱也并列设置在舰体中央线上。舰桥构造物前方的导弹垂直发射系统也由32单元减少至16单元，因此导弹携带数量也随之减少。其中，防空导弹的携带数量为4个发射单元总计16枚，防空战斗系统也省略了改进型连续波照射（ICWI）等功能，因此只具备单舰防空作战能力。此外，25DD安装了新机轴。

与秋月级相比，为了有效应对国外常规潜艇与核潜艇的高性能化与静音效果，25DD将会大幅度提高反潜探测能力及相关的应对措施。为了有效提高反潜探测能力，25DD将会提高对海搜索雷达的探测能力，届时，这部雷达对潜艇潜望镜的探测能力会进一步增强。不过，25DD的反潜探测主角将是拥有超高精度的多静态反潜探测声呐。

在动力系统设计上，25DD将采取全新的“电动机和燃气轮机联合动力装置”（COGLAG）工作方式，这种方式是电气推进与燃气轮机推进相结合的复合动力推进形式，其燃料消耗率（海里/升）非常低，因此，整个系统的全寿命成本也会随之降低。

5000吨级设计诸元及舰载系统概况

5000吨级设计标准排水量为5000吨，舰体全长151米，全宽18.3米。舰员编制未定。

动力推进系统采取COGLAG工作方式，主机配备2部LM2500IEC型燃气轮机（每部输出功率2.5MW）和2部电动机（每部输出功率为3400马力），2轴推进器，最大航速可达30节。

舰载武器计划配备1门5英寸62倍径单装速射型舰炮、两部美制密集阵高性能20毫米机关炮（CIWS）、两部90式反舰导弹（SSM）4联装发射筒、1部MK41型导弹垂直发射系统（可发射“海麻雀”近程防空导弹和07式反潜导弹）和2部3联装轻型鱼雷发射管（可发射12式轻型鱼雷）。

舰载航空系统设计直升机机库、直升机甲板，固定搭载型直升机为1架SH-60K反潜巡逻直升机。

舰载C^4I系统计划配备最新型的海军战术情报系统以及FCS-3型射击指挥装置（舰炮、导弹制导使用的多功能火控系统）。

舰载雷达将配备1部对空搜索雷达、1部对海搜索雷达及1部导航雷达。

舰载声呐配备1部OQQ-24型舰艏安装式声呐和1部OQR-4型拖曳式声呐。

第六章

护卫舰队兵器谱排名之护卫驱逐舰（DE）

自1954年日本海上自卫队成立以来，截至2013年10月，作为护卫驱逐舰舰种的舰级共有8级，分别是朝日级（采购自美国海军的卡尼翁级护卫舰）、“曙”号（28DE）、若叶级（原日本帝国海军的橘级驱逐舰中的“梨”号）、五十铃级（34/35DE）、筑后级（42DE至48DE）、石狩级（52DE）、夕张级（54/55DE）以及阿武隈级（61DE至01DE）。

从作战运用上来看，护卫驱逐舰虽然属于护卫舰队所有，但其实际使用部队为日本海上自卫队的五大地方队，因此，它们主要用于日本近海的事态处理、反潜巡逻及反潜攻击任务。由于预算削减，自1993年以来，日本海上自卫队没有再建造新型的护卫驱逐舰。目前，现役的护卫驱逐舰都编入护卫舰队直辖的两位数编号护卫队内，它们与老式的通用驱逐舰混用。

事实上，自20世纪90年代以来，由于日本海上自卫队大量建造像金刚级、爱宕级、日向级、出云级、大隅级、摩周级这样的超大吨位军舰，它们的建造成本已经占去了日本海上自卫队大部分的国防预算经费。因此，像护卫驱逐舰这样的小型军舰已经没有太多的预算。未来，护卫驱逐舰很可能会退出日本海上自卫队护卫舰队的作战序列，这些小型军舰再也不能满足日本向外扩展的胃口了。

日本海上自卫队9级护卫驱逐舰（DE）综合概况对照表：

舰级	建造数量	服役概况	设计排水量	同型舰	备注
朝日级	2艘	1955年开始服役，1975年退役	标准排水量1240吨	“朝日”号（DE-262）、“初日”号（DE-263）	“朝日”号为美国海军原“阿米克”号、“初日”号为原“阿萨顿”号
曙级	1艘	1956年服役	标准排水量1060吨	“曙”号（DE-201）	
若叶级	1艘	1956年服役，1971年退役	标准排水量1250吨	“若叶”号（DE-261）	为日本帝国海军原橘级驱逐舰改丁级“梨”号

续表

舰级	建造数量	服役概况	设计排水量	同型舰	备注
五十铃级	4艘	服役期为1961年至1993年	标准排水量1490吨	“五十铃”号（DE-211）、“最上”号（DE-212）、“北上”号（DE-213）、“大井”号（DE-214）	日本第一代护卫驱逐舰
筑后级	11艘	服役期1971年至2003年	标准排水量1470吨（DE-215、DE-217至DE-219）、1480吨（DE-216、DE-220）、1500吨（DE-222至DE-225）	“筑后”号（DE-215）、“绫濑”号（DE-216）、“三隈”号（DE-217）、“十胜”号（DE-218）、“岩濑”号（DE-219）、“千岁”号（DE-220）、“仁淀”号（DE-221）、“天盐”号（DE-222）、“吉野”号（DE-223）、“熊野”号（DE-224）、“能代”号（DE-225）	日本第二代护卫驱逐舰
石狩级	1艘	服役期1980年至2003年	标准排水量1290吨	“石狩”号（DE-226）	日本第三代护卫驱逐舰
夕张级	2艘	服役期1983年至2010年	标准排水量1470吨	“夕张”号（DE-227）和“涌别”号（DE-228）	日本第四代护卫驱逐舰
阿武隈级	6艘	1989年服役，今天仍然全部现役中	标准排水量2000吨，满载排水量2900吨	“阿武隈”号（DE-229）、“神通”号（DE-230）、“大淀”号（DE-231）、“川内”号（DE-232）、“筑摩”号（DE-233）、“利根”号（DE-234）	日本第五代护卫驱逐舰

| 第一节 | 夕张级护卫舰

夕张级护卫舰是日本海上自卫队根据昭和54年度和昭和55年度国防预算计划建造的轻型护卫舰，其次级是仍然现役的阿武隈级护卫舰（DE）。目前，夕张级护卫舰已经全部退役，因此，日本海上自卫队中仍然现役的护卫舰舰种就只剩下阿武隈级。夕张级护卫舰在服役期间主要配备于日本海上自卫队的五大地方队，尤其是大湊地方队及护卫舰队中的地方队，可承担日本近海的防御作战任务。

日本近海航行中的1号舰“夕张”号（DE-227），可见舰艏76毫米主炮，舰艉2部“鱼叉”反舰导弹4联装发射筒（倾斜式）、舰桥前部下方的1部71式“博福斯”火箭发射装置（倾斜式）、动力舱旁边的1部HOS-302型3联装轻型鱼雷发射管（水平式）以及舰桥顶部的FCS-2火控雷达（射击指挥装置）

夕张级的整体概况

夕张级护卫舰是前级“石狩”号护卫舰的准同型舰，不过，“石狩”号的舰体规模过于狭小，因此没有升级运用的余地。通过吸取“石狩”号的经验，夕张级舰体设计全长照比“石狩”号延长了6米，标准排水量增加了180吨。从这个规模来看，夕张级也应属于轻型护卫舰级别。

夕张级舰载装备与“石狩”号完全相同，其中不同点在于，前者为了提高整个军舰的抗击沉性能，上层建筑中的钢板建筑材料明显增多，同时，计划服役后安装用于近距离防空的美制密集阵高性能20毫米机关炮，为了这些机关炮的上舰，夕张级的后甲板空间进一步扩大。不过，与“石狩”号一样，这些计划安装的密集阵最终都没有上舰。

在“石狩”号退役之前，夕张级和“石狩”号都配备于大湊地方队。在实际运用过程中，由于夕张级的舰体规模仍然很小，其同型舰建造只截至昭和55年度计划建造的“涌别”号就停止了。所以，夕张级只有2艘同型舰。

根据昭和58年度国防预算，日本海上自卫队要建造1艘由夕张级扩大改良而来的1600吨级护卫舰，这艘护卫舰面向地方队运用。不过，由于要建造更大吨位的阿武隈级护卫舰，故此，上述护卫舰建造计划最终取消。

2010年6月25日，2艘夕张级护卫舰同时退役。

夕张级设计诸元及舰载系统概况

夕张级设计标准排水量为1470吨，满载排水量为1750吨，设计全长91米，全宽10.8米，型深6.2米，吃水3.6米。舰员编制95人。

夕张级动力推进系统采取“柴油发动机或燃气轮机联合动力装置（CODOG）”的工作方式，主机配备1部由三菱重工生产的6DRV35/44柴油发动机（每部输出功率4650马力）和1部由川崎重工与罗尔斯·罗伊斯奥林巴斯生产的TM3B燃气轮机（每部输出功率22500马力），双轴推进器，最大航速可达25节。

舰载武器配备1门76毫米口径62倍径单装速射型舰炮、两部“鱼叉”反舰导弹4联装发射筒、1部71式“博福斯”火箭发射装置和两部HOS-302型3联装轻型鱼雷发射管。

舰载C^4I系统配备海军战术情报系统（OYQ-5战术数据处理系统（TDPS）加14号战术数据链）和1部FCS-2-21B（81式射击指挥装置2型21B）射击指挥装置。

舰载雷达配备1部OPS-19导航雷达和1部OPS-28低空警戒与对海搜索雷达。

舰载声呐配备1部SQS-36D（J）声呐。

电子战及对抗手段配备NOLR-6B电子支援（ESM）装置、OLR-9B雷达告警接收机（RWR）、MK36舰载超速散放箔条（SRBOC，包括两部MK137发射装置）和SLQ-25反鱼雷诱饵。

可见“涌别”号舰艉部安装的2部RGM-84“鱼叉”反舰导弹4联装发射筒

“夕张”号和“涌别”号的舰艉反舰导弹发射筒特写

同时面向日本民众开放参观的“夕张”号的“涌别”号

由“夕张”号的舰桥透明舷窗看舰艏部的76毫米主炮背部及71式“博福斯”火箭发射装置设置

“涌别”号的4联装71式“博福斯”火箭发射装置特写

“涌别”号的火箭发射装置及舰桥周边布局特写，夕级的火箭发射装置是一种比较落后的武器，主要承担单舰防空任务，原计划它会被后来阿武隈级的防空导弹所取代

"涌别"号舰艏76毫米主炮特写，可见其后的火箭发射装置已经竖起

"涌别"号的舰艏主炮及火箭发射装置侧面特写，可见舰桥顶部中央位置的FCS-2射击指挥装置（白色圆盘状装备），它可76毫米主炮进行射击指挥与管制

"涌别"号的舰艉设计布局，可见没有任何航空系统设施

“涌别”号舰艉的2部反舰导弹4联装发射筒特写，可见它们的发射筒是以固定方式安装在舰艉甲板上，至于发射筒则可更换

夕张级同型舰概况

在服役期间，夕张级护卫舰共建有2艘同型舰，其中，夕张号舰名来自日本夕张川，涌别号舰名来自日本涌别川。

夕张级舰长为海军中校军衔，基本概况如下：

舷号	舰名	建造日期	下水日期	竣工日期	退役日期	建造船厂
DE-227	“夕张”号	1981年（昭和56年）2月9日	1982年（昭和57年）2月22日	1983年（昭和58年）3月18日	2010年（平成22年）6月25日	住友重机械工业浦贺工厂
DE-228	“涌别”号	1982年（昭和57年）1月14日	1983年（昭和58年）1月25日	1984年（昭和59年）2月14日	2010年（平成22年）6月25日	住友重机械工业浦贺工厂

夕张级的服役经历

“夕张”号（DE-229）

“夕张”号基于《中期防卫力整备计划》作为昭和54年度计划1400吨级乙型护卫舰1227号舰建造，1983年3月18日服役后配属于大凑地方队第35护卫队。

2008年3月26日，根据部队编制调整，“夕张”号编入护卫舰队直辖第15护卫队，其母港仍然是大凑海军基地。

参加日本海上自卫队平成21年度（2009年度）观舰式预备式的“夕张”号，正在进行发射操作的装备是1部71式“博福斯”火箭发射装置（倾斜式）

可见由“夕张”号发射出去的火箭弹

2010年6月25日退役后的“夕张”号和“涌别”号双双停泊于大凑海军基地内，可见舷号已经去掉，76毫米主炮的炮管也已经拆除，不过，其他舰载武器及装备仍然存在

“涌别”号（DE-228）

“涌别”号基于《中期防卫力整备计划》作为昭和55年度计划1400吨级乙型护卫舰1228号舰建造，1984年2月14日服役后配属于大凑地方队第35护卫队。

2008年3月26日，根据部队编制调整，涌别号编入护卫舰队直辖第15护卫队，其母港仍然是大凑海军基地。

停泊于大凑海军基地内的“涌别”号

| 第二节 | 阿武隈级护卫舰

随着2010年6月25日2艘夕张级护卫舰的全部退役，阿武隈级护卫舰成为日本海上自卫队现役唯一的护卫舰级军舰和唯一的乙型警备舰，这级军舰目前是护卫舰队地方配备部队中的主力舰。

与夕张级一样，阿武隈级也主要承担日本近海的防御作战任务。不过，照比夕张级的舰载武器配备，阿武隈级明显加强，它可承担防空、反潜、反舰等较全面的防御作战任务。

为日本民众提供公开火力展示及海上训练内容展示的“阿武隈”号（DE-229），可见甲板表面站满了日本民众

阿武隈级的整体开发概况

阿武隈级主要作为日本海上自卫队地方队的主力舰而设计。

从开发大背景来看，阿武隈级于冷战末期开始计划建造，其预定建造数量与筑后级护卫舰基本相当，筑后级共建造了11艘。然而，20世纪90年代初期，随着冷战结束，美苏紧张的关系立刻趋于缓和，在这种背景的影响下，阿武隈级最终只建造了6艘。此后，随着初雪级（52DD）通用驱逐舰也面向地方队配备，于是，阿武隈级之后的护卫舰（DE）建造计划一直处于搁置状态。

2008年3月26日，随着日本海上自卫队展开新一轮的大规模部队编制体制改编与调整，阿武隈级由日本海上自卫队地方队所属调整至护卫舰队的编制下。目前，这些护卫舰都运用于第一线。

根据平成24年度和25年度的国防预算，6艘阿武隈级护卫舰将全部进行现代化改装工程以延长服役期。目前，先期零部件的采购预算已经批准通过，之后，根据计划安排，如果改装工程预算也通过的话，所有护卫舰将依次进行现代化改装。经过现代化改装之后，所有阿武隈级护卫舰的服役期将会再延长5年至10年。

停泊在码头上的3艘阿武隈级护卫舰，分别为“大淀”号（DE-321）、“川内”号（DE-232）和“利根”号（DE-234）

并列停泊的3艘阿武隈级舰艏、舰桥及主桅杆对照，从前面看飞剪式舰艏设计

并列停泊的3艘阿武隈级主桅杆对照，由上至下依次有舰载通信装备、OPS-28对海搜索雷达（板条状固定式雷达）、OPS-14二坐标对空搜索雷达（抛物面旋转式雷达）、FCS-2射击指挥装置

阿武隈级设计诸元及舰载系统概况

阿武隈级设计标准排水量为2000吨，满载排水量为2900吨，设计全长109米，全宽13.4米，吃水3.8米。舰员编制120名。

阿武隈级动力推进系统采取“柴油发动机或燃气轮机联合动力装置（CODOG）”的工作方式，主机配备两部由三菱重工生产的S12U-MTK柴油发动机（每部输出功率5000马力）和两部由川崎重工生产的斯佩SM1A燃气轮机（每部输出功率13500马力），总输出功率为27000马力，双轴推进器（260转每分钟），最大航速可达27节。

舰载武器配备1门76毫米口径62倍径单装速射型舰炮、1门美制密集阵20毫米高性能机关炮、计划安装MK31型近程防空导弹武器系统（GMWS）、两部“鱼叉”反舰导弹4联装发射筒、1部74式“阿斯洛克”反潜导弹8联装发射装置和2部HOS-301型3联装轻型鱼雷发射管。

舰载航空系统可供直升机进行垂直补给（VERTREP）和空中悬停加油（HIFR），没有配备舰载机运用设备。

舰载C^{4}I系统配备最低工作频率（MOF）系统（“超级鸟”B2卫星通信）、海军战术情报系统——OYQ-7作战指挥系统（CDS）加11号战术数据链，以及1部FCS-2-22C/E（81式射击指挥装置2型22C/E）射击指挥装置。

舰载雷达配备1部OPS-14二坐标对空搜索雷达和1部OPS-28对海搜索雷达。

舰载声呐配备1部OQS-8中频率舰艏声呐和战术拖曳阵列声呐系统（TACTASS，仅有计划）。

电子战及对抗手段配备NOLQ-6C电子支援（ESM）装置、OLT-3电子干扰（ECM）装置和2部MK137型诱饵发射器。

"利根"号舰桥内的操舵轮及周边设置

阿武隈级基本设计及动力系统

从整体舰型设计来看，阿武隈级护卫舰（DE）与朝雾级通用驱逐舰（DD）非常相似，即这些军舰都采用防浪甲板（平甲板）和飞剪式的舰艏形状设计。不过，阿武隈级的上层建筑虽然采取传统的造型设计，但其舰体的外舷却有大约7度的倾斜，作为日本海上自卫队的护卫舰，阿武隈级是第一个采取这种设计的军舰，这样的设计意在提高军舰的隐身性能。

此外，为了改善舰员居住空间，舰员居住舱内的床铺也由传统的上中下3层床铺改装上下两层床铺，这是日本海上自卫队中第一个采取这种设计的军舰。

自"石狩"号（52DE）护卫舰以来，日本海上自卫队护卫舰的主机均采取“柴油发动机或燃气轮机联合动力装置”（CODOG）的工作方式。尽管如此，52DE至55DE护卫舰的第1组CODOG发动机输出功率通过减速器分配到两侧舷的2部推进轴上，与此不同，阿武隈级的每组CODGO发动机输出功率通过减速器分配到左右的2部推进轴上。此外，阿武隈级的发动机型号也进行了更新，在高速航行阶段，阿武隈级采用与朝雾级相同的由川崎重工许可生产的英国罗尔伊-罗伊斯斯佩SM1A型燃气轮机；在低速巡航阶段，阿武隈级采用与日本海上保安厅三桥级巡视舰相同的由三菱重工生产的S12U-MTK型4冲程直列式12汽缸柴油发动机。此外，阿武隈级的发动机配置方式（安装方式）也与朝雾级相同，为一前一后的“变换配置方式”，前部的第1机械室用于安装左舷轴机，后部的第2机械室用于安装右舷轴机。

“利根”号前部动力舱烟囱及其后面的反潜导弹发射装置

“利根”号和“大淀”号的舰艉设计布局对照，由后至前依次有开放式舰艉及自卫舰旗、操作甲板、1部美制密集阵、2部反舰导弹4联装发射筒

同时面向日本民众开放的“大淀”号和“利根”号，可见阿武隈级舰面布局由前至后依次是飞剪式舰艏、舰艏76毫米主炮、舰桥、主桅杆及其上部最大的1部OPS-14二坐标对空搜索雷达

“神通”号的舰桥设计特写，可见舰桥顶部刚刚露出头的1部FCS-2射击指挥装置（白色圆盘装备）

“阿武隈”号舰载电子装备特写，包括FCS-2射击指挥装置及主桅杆下部的OPS-14二坐标对空搜索雷达（最大的抛物面可旋转式搜索雷达）

各种舰载装备

“石狩”号和夕张级护卫舰为了减轻重量没有配备“阿斯洛克”反潜导弹，而阿武隈级却配备了这种舰载武器。另外，阿武隈级还搭载了筑后级护卫舰没有装备的“鱼叉”反舰导弹，作为小排水量的护卫舰，阿武隈级是日本海上自卫队护卫舰舰种中第一个同时具备反潜能力和反舰能力的军舰。而且，作为护卫舰，阿武隈级还是第一个配备了可使用战术数据链的海军战术情报系统，同时舰上还安装了拥有电子干扰（ECM）功能的电子战装置。在舰载电子武器方面，与护卫舰队其他通用驱逐舰相比，阿武隈级毫不逊色，并且有所加强。

在反潜战中，阿武隈级并没有搭载拥有更强大反潜能力的反潜直升机，尽管如此，在后部甲板，为了展开垂直补给（VERTREP，直升机向军舰提供运输补给），阿武隈级专门设计了相应的直升机接近（进场）空间。

与筑后级相同，阿武隈级也没有携带备用的“阿斯洛克”反潜导弹，所有搭载导弹全部装填在8联装发射装置内，也就是说阿武隈级只携带了8枚即用弹。“阿斯洛克”反潜导弹发射装置安装于舰体中央部两个烟囱之间的位置，这样的位置可能会影响“阿斯洛克”导弹的发射，因为前后都有烟囱的阻挡。筑后级也采取了这样的安装方式，不过，从实际运用情况来看，筑后级并没有报告有什么不方便的情况发生，故此阿武隈级仍然沿用筑后级的设计。

阿武隈级舰载声呐设备是由美国公司生产的DE-1160系列，由日本许可生产后变成OQS-8型安装于舰艏部。

阿武隈级的主要使用场所为日本近海海域。在此前提下，其舰载防空武器只有安装于前甲板上的76毫米速射炮和安装于后甲板上的美制密集阵20毫米高性能机关炮，这样的防空作战能力是非常有限的。76毫米主炮与舰桥之间为安装RAM近距离防空导弹预留有一定的空间，不过，RAM防空导弹并没有上舰计划，所以至今这个位置还空着。

“大淀”号和“利根”号舰艉部的两部“鱼叉”反舰导弹4联装发射筒

“利根”号位于舰体中央部两个动力舱烟囱之间的“阿斯洛克”反潜导弹发射装置

“神通”号反潜导弹发射装置特写

“利根”号的密集阵及反舰导弹发射装置特写

“利根”号舰艏主炮、舰桥顶部FCS-2射击指挥装置及主桅杆上的对空搜索雷达远视

“神通”号舰艏主炮特写

“神通”号舰艉部与密集阵前部之间的舰体上层建筑设计

“神通”号的开放式舰艉及自卫舰旗

阿武隈级同型舰概况

截至2013年，阿武隈级护卫舰共建有6艘同型舰，舰长为海军中校军衔，基本概况如下：

舷号	舰名	建造日期	下水日期	竣工日期	建造船厂	编制	母港	备注
DE-229	“阿武隈”号	1988年（昭和63年）3月17日	1988年（昭和63年）12月31日	1989年（平成1年）12月21日	三井造船玉野事业所	护卫舰队第12护卫队	吴港	平成22年3月舞鹤→吴港

续表

舷号	舰名	建造日期	下水日期	竣工日期	建造船厂	编制	母港	备注
DE-230	“神通”号	1988年（昭和63年）4月14日	1988年（昭和63年）1月31日	1990年（平成2年）2月28日	日立造船舞鹤工厂	护卫舰队第15护卫队	大湊	
DE-231	“大淀”号	1989年（平成1年）3月8日	1989年（平成1年）12月19日	1991年（平成3年）1月23日	三井造船玉野事业所	护卫舰队第15护卫队	大湊	平成23年3月佐世保→大湊
DE-232	“川内”号	1989年（平成1年）4月14日	1989年（平成1年）1月26日	1991年（平成3年）3月15日	住友重工追滨造船所浦贺工厂	护卫舰队第12护卫队	吴港	平成23年3月舞鹤→吴港
DE-233	“筑摩”号	1991年（平成3年）2月14日	1992年（平成4年）1月22日	1993年（平成5年）2月24日	日立造船舞鹤工厂	护卫舰队第15护卫队	大湊	
DE-234	“利根”号	1991年（平成3年）2月8日	1991年（平成3年）12月6日	1993年（平成5年）2月8日	住重浦贺	护卫舰队第12护卫队	吴港	平成23年3月佐世保→吴港

阿武隈级的服役经历

“阿武隈”号（DE-229）

阿武隈号舰名来自日本阿武隈川，它基于《中期防卫力整备计划》作为昭和61年度计划1900吨级乙型护卫舰1229号舰建造，1989年12月12日服役后配属于佐世保地方队第34护卫队。

1999年3月23日，在“能登半岛海面可疑船只事件”中，“阿武隈”号受命与“榛名”号直升机驱逐舰和“妙高”号宙斯盾导弹驱逐舰共同对可疑船只进行追踪。

2008年3月26日，“阿武隈号”编入作为护卫舰队直辖护卫队的第14护卫队。

2009年7月6日，在日本海海域进行的日韩救援联合训练中，“阿武隈号”与韩国海军“杨万春”号（DDH-973）号驱逐舰、“王建”号（DDH-978）驱逐舰以及日本海上自卫队“大波”号（DD-111）驱逐舰、3架P-3C反潜巡逻机等海军力量参加。

2010年3月，阿武隈号配属护卫舰队第12护卫队，母港为吴港海军基地。

停泊于日本横滨港内的“阿武隈”号（DE-229），其后方为“泽雾”号（DD-157）驱逐舰

“神通”号（DE-230）

“神通”号舰名来自日本神通川，它基于《中期防卫力整备计划》作为昭和61年度计划1900吨级乙型护卫舰1230号舰建造，1990年2月28日服役后配属于舞鹤地方队第31护卫队。

2008年3月26日，“神通”号编入护卫舰队直辖第15护卫队，此后结束日本海上自卫队地方队编制时代。

2010年7月23日至7月27日，在俄罗斯符拉迪沃斯托克（海参崴）海面举行的SAREX日俄搜索与救援联合训练中，日本海上自卫队派遣“神通”号和“比睿”号直升机母舰参加。

目前，“神通”号配属于护卫舰队直辖第13护卫队，母港为佐世保海军基地。

停泊于佐世保海军基地内的“神通”号（DE–230），其后方为“春雪”号（DD–128）驱逐舰

“大淀”号（DE–231）

“大淀”号舰名来自日本大淀川，它基于《中期防卫力整备计划》作为昭和62年度计划1900吨级乙型护卫舰1231号舰建造，1991年1月23日服役后配属于佐世保地方队第34护卫队。

1992年6月20日，配属于佐世保地方队第39护卫队；1997年3月24日，配属于佐世保地方队第26护卫队；2008年3月26日，编入护卫舰队直辖第16护卫队；2011年3月16日，随着第16护卫队撤销，编入第15护卫队。

2012年9月21日，“大淀”号出发参加在俄罗斯符拉迪沃斯托克（海参崴）及其周边海域举行的日俄搜索与救援联合训练，9月23日，进入符拉迪沃斯托克港。9月26日，与“有明”号（DD–109）驱逐舰共同参加联合训练，9月28日，返回日本母港。

目前，“大淀”号隶属于护卫舰队直辖第15护卫队，母港为大凑海军基地。

“川内”号（DE–232）

“川内”号舰名来自日本川内川，它基于《中期防卫力整备计划》作为昭和62年度计划1900吨级乙型护卫舰1232号舰建造，1991年3月15日服役后配属于佐世保地方队第21护卫队。

1992年6月20日，配属于佐世保地方队第39护卫队；1997年3月24日，配属于佐世保地方队第26护卫队；2008年3月26日，编入护卫舰队直辖第16护卫队；2011年3月16日，随着第16护卫队撤销，编入第12护卫队。

目前，“川内”号隶属于护卫舰队直辖第12护卫队，母港为吴港海军基地。

停泊中的“川内”号（DE-232），从这个角度可体会阿武隈级的飞剪式舰艏设计

“筑摩”号（DE-233）

“筑摩”号舰名来自日本千曲川的古名筑摩川，它基于《中期防卫力整备计划》作为平成元年度计划1900吨级乙型护卫舰1233号舰建造，1993年2月24日服役后配属于舞鹤地方队第31护卫队。

2000年6月13日，与成为练习舰的“秋云”号驱逐舰换防，编入大凑地方队第25护卫队。2008年3月26日，根据舰艇部队改编，大凑地方队下属第25护卫队撤销，于是“筑摩号”重新编入护卫舰队直辖的第15护卫队。

目前，“筑摩”号隶属于护卫舰队直辖第15护卫队，母港为大凑海军基地。

停泊于日本秋田港内的“筑摩”号（DE-233）

“利根”号（DE-234）

“利根”号舰名来自日本利根川，它基于《中期防卫力整备计划》作为平成元年度计划1900吨级乙型护卫舰1234号舰建造，1993年2月8日服役后配属于佐世保地方队第39护卫队。

1997年3月24日，配属于佐世保地方队第26护卫队；2008年3月26日，编入护卫舰队直辖第16护卫队；2011年3月16日，随着第16护卫队解散，编入第12护卫队。

目前，“利根”号隶属于护卫舰队直辖第12护卫队，母港为吴港海军基地。

2012年11月10日，停泊于日本神户港新港东部码头接受日本民众参观的“利根”号（DE-234）

第七章

护卫舰队兵器谱排名之运输舰（LST）

日本海上自卫队运输舰部队是护卫舰队中特立独行的一支部队。从实际的作战任务分配看，它与护卫队群之间没有太大的关系。根据作战能力划分，护卫队群是夺取制海权的海上控制部队及反潜战部队，它的作战责任区是大洋。与此不同，护卫舰队直属第1运输队所属的运输舰主要承担由海至陆的抢滩登陆作战任务，它的主要目标是海岸结合部，作战责任区为近海。

截至2013年10月，日本海上自卫队只建造了一级运输舰，这就是由3艘同型舰组成的大隅级。未来，根据国际环境变化及地区冲突的需要，日本很可能会建造比大隅级运输舰作战能力更强的两栖战略投送舰（BMP）、船坞登陆直升机母舰（LHD）、两栖突击攻击舰（LHA）、船坞登陆舰（LPD），如法国海军的西北风级两栖战略投送舰、西班牙海军的“胡安–卡洛斯一世”号两栖战略投送舰，美国海军的黄蜂级船坞登陆直升机母舰和圣安东尼奥级船坞登陆舰，等等。

丨第一节丨第1运输队

截至2013年10月，第1运输队隶属于日本海上自卫队自卫舰队之护卫舰队。与护卫舰队直属的第1海上补给队和第1海上训练支援队相比，第1运输队相对独立，着眼未来作战。今天的第1运输队相当于美国海军的两栖投送部队或两栖突袭登陆部队。未来，这支部队的力量构成及作战能力建设将会决定日本的军事发展走向。

第1运输队的部队编成

作为护卫舰队直辖的运输舰部队，第1运输队部队编制包括3艘大隅级运输舰和第1气垫登陆艇队。其中，3艘大隅级运输舰分别是“大隅”号（LST-4001）、“下北”号（LST-4002）和“国东”号（LST-4003）。第1气垫登陆艇队下辖1号气垫登陆艇（LCAC-2101）、2号气垫登陆艇（LCAC-2102）、3号气垫登陆艇（LCAC-2103）、4号气垫登陆艇（LCAC-2104）、5号气垫登陆艇（LCAC-2105）和6号气垫登陆艇（LCAC-2106）。

第1运输队设司令一名，为海军上校军衔，部队司令部设在吴港海军基地内，成立之初隶属于日本海上自卫队自卫舰队直辖之下，2006年4月5日之后隶属于自卫舰队下属护卫舰队。

在实际作战运用中，每艘大隅级运输舰各搭载2艘1号级气垫登陆艇（LCAC）。服役之初这些气垫登陆艇只作为普通的装载艇操作运用，从2004年4月8日开始，这些小型附属艇都升格为自卫舰（即日本现役军舰），它们都隶属于同时设立的第1气垫登陆艇队。

自从成立以来，作为日本唯一的两栖运输部队，第1运输队承担了大量的海外派遣任务，包括面向东南亚国家柬埔寨的海上运输任务，面向科威特的日本陆上自卫队派遣队的器材、车辆等保障物资的运输任务等。

第二节 大隅级两栖运输舰

大隅级两栖运输舰为日本海上自卫队现役核心两栖战舰，同时也是唯一的现役此类型军舰，它可承担日本陆上自卫队各种作战部队（包括轻装和重装）及特种部队的两栖远洋投送及登陆作战。大隅级舰艉部设计有浸水船坞，可搭载两艘LCAC气垫登陆艇。此外，舰上除设计有舰员居住区外，还设计有数个日本陆上自卫队队员居住区，这些居住区主要用于日本陆上自卫队特种作战部队（比如：中央即应集团特殊作战群、中央即应联队）、海军陆战队（比如西部方面普通科联队，即"西普联"）、反恐部队等部队进行两栖海上投送时使用。

截至2013年10月，日本海上自卫队中具备远洋兵力投送能力的军舰共有3级，分别是3艘大隅级运输舰、两艘日向级直升机母舰和两艘出云级直升机母舰。从兵力投送规模上来看，大隅级明显不如日向级和出云级。这两级直升机母舰的兵力投送规模可达到日本陆上自卫队的旅团规模级，而大隅级只为半个联队级。不过，从两栖突袭作战模式上来看，大隅级更具有优势。目前的日向级和出云级只具备通过舰载直升机进行的超视距兵力垂直投送能力，而大隅级除这种模式外，还具备通过舰艉部浸水船坞搭载气垫登陆艇而进行的超视距水平投送能力，这是一种海陆空立体式的两栖突袭登陆模式，因此抢滩登陆威力更大。

大隅级对日本陆上自卫队作战部队的投送

目前，1艘大隅级运输舰可运输由1支日本陆上自卫队普通科中队（步兵连）组成的作战单元，这个作战单元包括330名全副武装的日本陆上自卫队队员及所属各种轻重武器及支援武器，包括主战坦克、装甲车、火炮、迫击炮、运输车辆及队员随身携带的各种轻武器。由3艘大隅级运输舰所组成的日本海上自卫队第1运输队可运输由半个日本陆上自卫队普通科联队（步兵团）所组成的作战单元（RCT）。这个作战单元包括约1100名全副武装的日本陆上自卫队队员及所属各种轻重武器。

停泊在吴港海军基地内的大隅级“下北”号（LST-4002）运输舰及其后面的日向级伊势号（DDH-182）直升机母舰，可见两款军舰的基本舰型设计都为：全贯通飞行甲板、右舷中部一体化舰岛及开放式舰艉与舰艏，这些设计都是现代航母设计的典型特征

大隅级的基本技术参数及舰载系统概况——世界标准的船坞登陆舰设计

大隅级两栖运输舰设计标准排量为8900吨，满载排水量为14000吨，舰体全长为178.00米，全宽为25.8米，型深为17.0米，吃水为6.0米；两部日本国产三井16V42M-A柴油发动机，推进动力可达13500马力，两部推进器，最大航速可达22节；舰员135名，舰载武器为由2部高性能20毫米机关炮组成的近防武器系统（CIWS），可携带两艘美制LCAC气垫登陆艇；舰载雷达共3部，分别是1部OPS-14C对空搜索雷达和1部OPS-28D对海搜索雷达以及1部OPS-20导航雷达，电子战及反措施装备为4部MK 36 SRBOC诱饵发射装置。

在日本海上自卫队中，大隅级运输舰的舰种英文缩写为LST，意为坦克登陆舰，按照国际标准，相当于美国海军和欧洲海军舰种的船坞登陆舰（LPD）。

在1990年代末期，1艘大隅级运输舰的建造费用大约为272亿日元。

发展历史概况——日本第一级超过万吨级的大型主力舰种

按照当初的计划，大隅级运输舰为渥美级运输舰的替代舰，其计划名称为

3500吨级运输舰。不过，在设计过程中经过了数次更改，最终以1991年度（平成3年度）至1993年度（平成5年度）的《中期防卫力整备计划》为依据，形成了8900吨级运输舰计划（平成5年度计划舰），并通过日本政府预算。1998年（平成10年），大隅级1号舰正式开始配备日本海上自卫队的运输队。

大隅级运输舰共建造了3艘，全部部署在吴港海军基地内，隶属于日本海上自卫队自卫舰队直辖第1运输队。

在战后日本海上自卫队的发展历史中，大隅级是第一级满载排水量超过万吨级别的大型主力舰。也正是在1990年代末期，日本海上自卫队主力战舰建造进入了一个“爆发期”。此开始，日本相继建造了4艘接近万吨的金刚级宙斯盾舰、两艘超过万吨的爱宕级宙斯盾舰、两艘万吨级日向级直升机母舰，以及艘万吨级摩周级舰队作战补给舰，等等。

大隅级基本舰体设计——两栖部队远洋投送舰

大隅级运输舰除舰艄部一部分舰体外，其他舰体采取全贯通直甲板设计，类似于大型航空母舰的飞行甲板设计。在舰岛设计方面，舰桥上层建筑物则位于右舷一侧。大隅级运输舰具备非常高的隐身性能，主要体现在两个方面，一是舰体及舰岛建筑物均采取倾斜式设计，这样可有效避开敌舰对海搜索雷达的探测；二是舰体构件表面均采购平面设计，并尽量减少各种凸凹的表面，这样可减少雷达反射波。此外，3艘大隅级运输舰在就役时红色的舰底涂装材料涂至吃水线下部，不过，就役后所有运输舰的吃水线附近都采取黑色涂装材料进行涂装。

在舰岛后部的直升机飞行甲板上，设计有2个直升机起降平台，它们可供两架运输直升机同时进行起降操作。在舰岛前方另设计有车辆甲板以及可操作各种设备的器材甲板。车辆甲板下方是一个大型的车库，各种车辆可从舰体两侧舷处的侧舷门进出车库内。在车库和车辆甲板之间的前部以及舰岛的后部均设计有一座升降机，前方升降机的载重量为20吨，后方升降机的载重量为15吨。它们可在主飞行甲板和车库之间运进运出各种车辆，包括在载重范围之内的主战坦克、装甲车等重型武器。

大隅级运输舰具备非常强大的搭载运输能力，在运输日本陆上自卫队队员时，其运输能力为330名全副武装的士兵；在运输大型货运卡车时，其上甲板的运输能力为38辆，车辆甲板的运输能力为27辆；在运输主战坦克时，比如90式或74式主战坦克，其运输能力为18辆。在运输主战坦克的情况下，车辆甲板的卡车运输能力要下降。

直升机飞行甲板下方是舰艉部浸水船坞，这个船坞可注入海水，它主要用于搭载运输各种小型作战舟艇。在搭载车辆的情况下，这些车辆可直接从车库开出去，如果搭载的是舟艇，那么只需要大隅级运输舰的舰艉部挡板放下，舟艇就可直接由舰艉部的浸水船坞倾斜门进出海上。

综合来看，大隅级可对所搭载的日本陆上自卫队进行舰载直升机垂直登陆投送和LACA气垫登陆艇水平投送两种抢滩登陆方式。

大隅级设计模型及飞行甲板上的装备搭载能力分配情况，包括各种车辆、火炮和直升机

停泊在吴港海军基地内的大隅级二号舰“下北”号（LST-4002）

从外面看“大隅”号的舰艉部浸水船坞及打开的舷门，可见有两艘美制LCAC气垫登陆艇停泊在浸水船坞内

停泊两艘LCAC气垫登陆艇的浸水船坞

大隅级的舰内通道设计，可见各种管线布在通道的上方

大隅级的舰岛左侧及车辆甲板部分，可见车辆甲板上分布着各种固定车辆的设施

大隅级的车辆甲板及前方的器材甲板

大隅级舰岛前部，可见航海舰桥外部的玻璃窗户及其顶部的雷达外罩

由下向上看航海舰桥部

舰岛前部及主桅杆，可见主桅杆上的各种战术数据链及塔康系统、航海舰桥的玻璃窗户

俯视舰岛后部及舰岛左侧车辆甲板及舰岛后部的直升机甲板及直升机起降平台

车辆甲板及舰艏部的升降机，这座升降机负责车库与车辆甲板之间的运输作业

从里向外看“大隅”号的右舷车辆通行舷门

从外面看已经打开的大隅号右舷车辆通行舷门

“大隅”号右舷侧面布局，可见一个小艇存放舱

“大隅”号舰艏布局，可见固定两个锚链的突出结构（在舷号4001附近）

“下北”号舰艉部视图

由直升机起降平台看舰岛及舰艏部

大隅级舟艇系统——抢滩登陆方式的彻底变革

在大隅级运输舰服役之前，日本海上自卫队曾经装备了渥美级和三浦级等运输舰，这些运输舰都是物资运输舰，在承担物资运输任务时，它们可直接冲到海滩上，然后把货物卸下来，这就是所谓的“舰艏上滩方式”登陆。大隅级运输舰在运输物资时则不是采取这种直接的方式，其登陆方式为“超视距舰艇方式”。由于舰体庞大，吃水较深，大隅级只是采取间接的方式，这就是利用更小型的运输艇进行登陆物资运输。目前，大隅级运输舰可搭载两艘气垫登陆艇1号级小型运输艇，这种运输艇就是完全由美国进口的、大名鼎鼎的LCAC气垫登陆艇。在达到指定位置时，大隅级运输舰可由舰艉部浸水船坞将这些登陆艇放出去，从而达到物资运输的目标。从2011年开始，日本海上自卫队所有气垫登陆艇1号级运输艇的服役期都延长了。

目前，舰艏上滩登陆方式可利用的海岸线只占世界海岸线总长度的大约15%，而采取超视距舰艇登陆方式可利用的海岸线却达世界海岸线总长度的70%以上。因此，后一种登陆方式更为科学。在后一种登陆方式中，大隅级运输舰为母舰，由于没有必要再采取舰艏上滩登陆方式所采取的特殊舰底及舰体设计，因此，大隅级可具备更好的海上适航性，更远的续航能力，更高的航速以及更强大的海上两栖投送能力。

此外，大隅级运输舰还可搭载交通船2150号级运输艇，这种运输艇一直以来都沿袭着LCM登陆艇的设计，在吴港海军基地内，一般情况下，这种运输艇主要承担港内支援任务。为了方便物资、器材搬入搬出，大隅级在舰岛、烟囱附近还设计了一座15吨起重能力的起重机。

大隅级航空系统——垂直登陆方式

目前，大隅级运输舰既没有设计可用于直升机存放的机库设施，也没有可用于舰载直升机运输的直升机升降机，当然更没有配备随运输舰一起出行的固定搭载机。因此，大隅级运输舰不是直升机母舰。不过，为了方便日本陆上自卫队人员及物资运输，大隅级可搭载和操作日本陆上自卫队的运输直升机。

在进行运输直升机的运用过程中，大隅级不是以边航行边实施直升机起降操作的所谓机动登陆战方式进行操作，而是以非漂泊的锚泊状态下进行操作，这种运用方式称为海上作战运输方式。依此看来，大隅级只可进行静止状态下的垂直运输，而不具备高强度的海上机动运输能力。

在大隅级的飞行甲板上也铺设了与美国海军尼米兹级核动力航母、黄蜂级船坞登陆直升机母舰、圣安东尼奥级船坞登陆舰等以及日本海上自卫队日向级直升机母舰都相同的MS-440G特种防滑材料。此外，前甲板的车辆升降机（载重20吨）可升降日本陆上自卫队装备的H-60系列运输直升机。比如：在苏门答腊岛海面大地震救援中，执行海外派遣任务的大隅级3号舰“国东”号就曾经搭载了5架日本陆上自卫队UH-60JA运输直升机，由于大隅级不具备直升机机库及相应的直升机维修能力，故此UH-60JA直升机的维修工作在随同海外派遣的白根级直升机驱逐舰2号舰“鞍马”号上展开。大隅级也不具备对日本陆上自卫队装备的CH-47大型运输直升机实施例行检查以外的维修能力。

出于政治考虑，大隅级1号舰“大隅”号没有安装具备横摇防止功能的稳定推进器，这种横摇防止装置可有效提高军舰远洋航行和直升机起降操作时的舰体稳定性。不过，从2号舰“下北”号开始，后两艘大隅级都安装了这种稳定推进器。此后，根据日本防卫厅平成18年度预算，当时的日本防卫厅决定增强大隅级参与国际紧急救援行动的能力，于是，3艘大隅级获得了大量改装经费，主要改装操作包括安装稳定推进器、增大搭载航空燃料的空量、增加安装当初没有搭载的塔康（TACAN）战术导航系统。

大隅级舰载医疗系统——大型作战医疗舰

大隅级舰载医疗系统主要包括手术室、牙科治疗室、集中治疗室（共安装2张床位）、病房（共安装6张床位）。与其他日本海上自卫队军舰相比，作为自卫舰，刚刚服役时的3艘大隅级是日本海上自卫队中舰载综合医疗能力最强的军舰。其他的一些军舰只是搭乘了医师，可实施一些简单的外科手术，再加上一间充实的医务室而已。截至2013年，在日本海上自卫队现役军舰中具备大隅级舰载医疗能力及以上水平的军舰只有2艘摩周级大型舰队作战综合补给舰和2艘日向级直升机母舰。

此外，在苏门答腊岛海面地震救援行动之后不久，2005年（平成17年）6月，在一次国际紧急救援行动派遣任务中，日本陆上自卫队在下北号的车辆甲板上进行了一次野外手术系统展开技术试验。2006年，由于野外手术系统的电源部分由大隅级舰内安装移至舰外安装，3艘大隅级都进行了依次的改装操作，经过改装之后，这些大隅级可在大多数的情况下展开野外手术系统，而不再受电源部分的限制。至此，大隅级舰载医疗能力大幅度提升，它们既有了舰内大型内外科手术室，又有了舰外野外手术系统，堪称是名副其实的医院舰。

由于医院舰需要装备各种医疗设备，其维护费、维修费等日常经费较大，目前，除美国海军和中国海军拥有大型、专业的综合性医院舰之外，其他大多数国家海军都没有装备这种特种军舰。

大隅级同型舰——三艘舰配置

截至2013年，现役大隅级运输舰共3艘，分别是大隅号（舰名来自“大隅”半岛）、“下北”号（舰名来自下北半岛）和“国东”号（舰名来自国东半岛）。“大隅”号舰长为海军上校军衔，“下北”号舰长为海军中校军衔，“国东”号舰长为海军上校军衔，其他基本概况如下：

舷号	舰名	建造日期	下水日期	竣工日期	建造船厂	隶属	母港
LST-4001	“大隅”号	1995年（平成7年）12月6日	1996年（平成8年）11月18日	1998年（平成10年）3月11日	三井玉野	自卫舰队直辖第1运输队	吴港

续表

舷号	舰名	建造日期	下水日期	竣工日期	建造船厂	隶属	母港
LST-4002	“下北”号	1999年（平成11年）11月30日	2000年（平成12年）11月29日	2002年（平成14年）3月12日	三井玉野	自卫舰队直辖第1运输队	吴港
LST-4003	“国东”号	2000年（平成12年）9月7日	2001年（平成13年）12月13日	2003年（平成15年）2月26日	日立舞鹤	自卫舰队直辖第1运输队	吴港

大隅级海外派遣与参战经历——远洋派遣主力

截至2013年，3艘大隅级运输舰还没有参与真正的战争行动，其海外派遣任务主要以物资运输为主。

1999年（平成11年）9月，刚刚服役的“大隅”号参与了土耳其西北部地震受灾救援任务。在这次超过1万海里的远洋派遣任务中，“常磐”号补给舰和“丰后”号扫雷母舰随同“大隅”号海外派遣。当时，“大隅”号向土耳其伊斯坦布尔市运送了大量的临时住宅、救灾帐篷、毛毯等物资。在此次救灾派遣任务中，“大隅”号于9月23日离开吴港海军基地，在到达非洲埃及的亚历山大港之前，“大隅”号没在任何港口进行中途停泊，平均航速18节（约33千米/时），连续航行23天到达指定地域，这是日本海上自卫队自成立以来进行的第一次长距离远洋连续航行。10月19日，“大隅”号到达伊斯坦布尔市的港口码头。“大隅”号预定于11月22日返回吴港海军基地，不过，由于丰后号扫雷母舰出现状况故此推迟一天返港。

2002年（平成14年）3月，“大隅”号在“峰雪”号驱逐舰的护卫下奉命向东帝汶运送了日本陆上自卫队的维和部队（PKO）。

2003年2月至4月，基于《反恐对策特别措施法》，“下北”号在“雷”号（DD-107）驱逐舰的护卫下奉命向靠近阿富汗附近的印度洋沿岸运送了泰国皇家陆军工兵部队以及一些建筑重型机械。

2004年（平成16年）2月，基于《伊拉克复兴支援法》，“大隅”号在“村雨”号驱逐舰的护卫下又奉命向伊拉克运送了70辆轻型装甲机动车和供水车等大型车辆，这些装备主要供部署在伊拉克境内的日本陆上自卫队派遣部队使用。

2004年12月26日，在苏门答腊岛海面地震（印度洋大海啸）救援行动中，基于日本《国际紧急援助队派遣法》，“国东”号在“鞍马”号直升机驱逐舰和“常磐”号补给舰随同下执行了这次救灾派遣任务。除了各种救灾物资外，当时“国东”号还搭载了日本陆上自卫队3架CH-47JA运输直升机和两架UH-60JA直升机。在这次救灾任务中，“国东”号充分发挥了海上基地的职能。

2008年11月14日，在2008年（平成20年度）日本陆海空联合演习行动中，“下北”号负责搭载日本航空自卫队春日直升机运输队的CH-47运输直升机对日本陆上自卫队作战部队实施空中运输训练任务。

2009年9月7日，“下北”号和第5航空群共同参与冲绳县防灾训练任务。在这次训练中，“下北”号搭载了日本航空自卫队、消防、NTT、冲绳电力以及日本红十字会急救车等各种车辆。

2010年5月23日以及6月，“国东”号由吴港海军基地出发参加了在柬埔寨和越南进行的由美国海军太平洋舰队主办的医疗与文化活动。6月28日，活动结束。7月1日，在柬埔寨进行补给之后，“国东”号于7月15日返回吴港海军基地。

2010年8月26日，“下北”号由横须贺海军基地出发前往巴基斯坦参与洪水救灾派遣任务，舰上搭载日本陆上自卫队CH-47JA运输直升机等，9月18日到达巴基斯坦南部的卡拉奇港。

2011年3月5日，“大隅”号奉命参加由日本和印度尼西亚两国共同主办的东南亚诸国联合地域论坛灾害救援行动演习，始发港为吴港海军基地，出发前搭载了日本陆上自卫队的运输直升机。

2011年3月23日，“国东”号参与东日本大地震救援任务，主要负责在宫城县石卷湾内提供舰内临时浴槽铺设，任务结束后返回。7月，“国东”号又参与了日本电影《联合舰队司令长官——山本五十六》的拍摄任务。

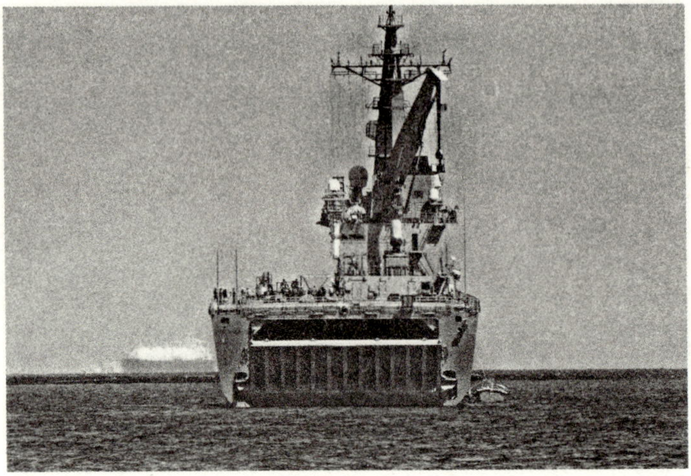

海上作业的“大隅”号，可见舰岛上的一架起重机正在吊放一艘小艇

作业中的舰岛起重机及开启的舰艉舷门

执行任务的大隅级“下北”号（LST-4002）及护航驱逐舰，可见“下北”号上搭载的日本陆上自卫队各种装备

第三节 UH-60运输直升机

UH-60J直升机是日本航空自卫队在美国西科斯基飞机公司开发的UH-60“黑鹰”直升机基础上独自改良而来的搜索与救援直升机，由三菱重工许可生产。至于UH-60JA直升机是面向日本陆上自卫队装备的多用途直升机，它也由三菱重工许可生产。

日本航空自卫队的UH-60J搜索与救援直升机

日本航空自卫队装备的UH-60J直升机于1988年度（昭和63年度）预算开始采购，截至2012年度（平成24年度）的修正预算，这款直升机日本航空自卫队总计采购了47架。

作为KV-107搜索与救援直升机的替代机型，UH-60J在美国空军HH-60A基础上进行了改良设计。经过改良后，UH-60J在机首部安装了红外线夜视装置（FLIR）和导航气象雷达，在机身两侧安装了搜索用途的透明窗（膨胀成半球状的窗户）和大型副油箱。UH-60J直升机在开发期间，日本的全天候搜索与救援直升机尚未达到实用化的标准，当时的HH-60G也正在开发中，仅完成试制机型。因此，UH-60J是日本第一款达到实用化标准的全天候搜索与救援直升机。

在实际的搜索与救援任务现场，UH-60J直升机要与U-125A直升机组合搭配使用。

一直以来，UH-60J采取日本航空自卫队救援队专用的白色与黄色的机身涂装。不过，2005年之后，这种机身涂装改为深蓝色的海上迷彩涂装，已经涂装的直升机将会陆续更改为全新的机身涂装。此外，机身编号为48-4579号之后的直升机追加安装了诱饵/照明弹发射器及导弹警报装置等自卫防御系统。另外，机载航空电子设备也进行了改良。这些经过改良的直升机称为UH-60J（SP），以与之前的直升机相区别，其中SP为英文Self Protection的缩写，意为“自身防御”。

另外，机身编号为98-4588号以后的直升机还安装了空中加油用的受油控管，同时，自身防御用的MINIMI5点56毫米机关枪也开始安装上机。

从2011年度预算开始，日本航空自卫队预定采购UH-60J直升机的替代机型。基于日本航空自卫队提出的提案要求书，日本川崎重工、三菱重工和欧直公司日本分公司也分别提出了本公司的提案书。基于上述提案书，2010年11月5日，日本防卫省正式对外宣布选定由三菱重工承担的UH-60J能力提升型直升机，也就是UH-60J的现代化改装机型。经过最后确定，UH-60J改进总数大约为40架，在长达20年时间内的总维护经费大约为1900亿日元。

目前，日本航空自卫队装备的UH-60J直升机主要配备于千岁空军基地内的千岁救援队、秋田分屯基地内的秋田救援队、松岛空军基地内的松岛救援队、百里空军基地内的百里救援队、新泻分屯基地内的新泻救援队、小松空军基地内的小松救援队、滨松空军基地内的滨松救援队、芦屋空军基地内的芦屋救援队、新田原空军基地内的新田原救援队、那霸空军基地内的那霸救援队和小牧空军基地内的救援教育队。

日本航空自卫队火力演示的中一架UH-60J直升机

日本航空自卫队一架旧式黄白色机身涂装的UH-60J直升机

日本航空自卫队采取全新深蓝色海上迷彩机身涂装的UH-60J，这种涂装具有低确认性

日本航空自卫队UH-60J直升机的主要技术参数及性能

日本航空自卫队UH-60J机长19.76米，机宽5.43米，机高5.13米，旋翼直径16.36米，运用时重量9900千克，最大任务起飞重量11100千克，动力系统采用2部GE/IHI T700-IHI-401C型涡轮轴发动机（连续输出功率为1662马力，起飞输出功率为1800马力），机组人员5人。

最大飞行速度143节（大约265千米/时），巡航飞行速度127节（大约235千米/时），空中转场交接（指飞机利用本身动力从接收地飞至使用地）的飞行续航距离为2200千米，续航距离为1295千米，实用升限为4000米（13500英尺）。

无固定机载武器，驾驶员座舱门可安装1门12.7毫米重机关枪，左右两侧的窗户可装备MINIMI型5.56毫米机关枪。

GE/IHI T700-IHI-401C涡轮轴发动机

日本海上自卫队的UH-60J搜索与救援直升机

日本海上自卫队的UH-60J直升机于1989年（平成元年）度预算开始采购，截至2001年度（平成13年度）预算，共采购了19架。

在日本海上自卫队中，UH-60J直升机是S-61直升机的替代机型。日本海上自卫队的UH-60J与日本航空自卫队的UH-60J具有基本相同的机身设计，不过，由于日本海上自卫队拥有独自特定的机载装备，故此，海自UH-60J直升机的设计全重有若干的增加，副油箱使用的外挂架也换成HH-60直升机使用的型号。海自UH-60J机身涂装采取白色与橘红色。

目前，日本海上自卫队装备的UH-60J直升机主要配备于大凑航空基地内的第73航空队大凑航空分遣队、馆山航空基地内的第73航空队、硫黄岛航空基地内的第73航空队硫黄岛航空分遣队、大村航空基地内的第72航空队、德岛航空基地内的第72航空队德岛航空分遣队和鹿屋航空基地内的第72航空队鹿屋航空分遣队。

第四节 LCAC气垫登陆艇

大隅级运输舰搭载的1号级气垫登陆艇就是美国海军装备的LCAC-1级气垫登陆艇，目前这种登陆艇仅装备于美国海军和日本海上自卫队。LCAC是Landing Craft Air Cushion的缩写，意为“气垫登陆艇”。

LCAC气垫登陆艇概况

1970年代，LCAC气垫登陆艇正式开始进入开发程序，1984年服役于美国海军。作为一种水陆两栖气垫艇，LCAC可由登陆舰舰艉部浸水船坞直接进入大海，然后展开海上航行。其主要目的是实施海岸条件下的作战人员“由海至陆”投送。在投送过程中，这种登陆艇可在陆地表面继续行走。在实施兵员与物资登陆运输的情况下，与传统的登陆舟艇和登陆艇相比，LCAC气垫登陆艇的登陆移动速度大幅度提升，并可在更广阔和条件更苛刻的海岸条件下登陆。

1982年至1986年，美国海军率先采购了33艘LCAC气垫登陆艇，1989年采购15艘，1990年、1991年和1992年采购12艘，1993年采购7艘。最早的LCAC气垫登陆艇于1984年交付美国海军使用，1986年，开始具备初期作战能力。1987年，进入批量生产阶段。

美国海军的LCAC气垫登陆艇，可见车辆甲板中央的四角形构造物为人员运输模块舱（PTM），在运输车辆后面

2012年，LCAC气垫登陆艇作为后续开发程序的舰至岸连接器（SSC）正式开始，预定于2017年进入采购程序，2020年具备初期作战能力（IOC），截至2028年，所有现役LCAC气垫登陆艇预定将全部实施延长服役期改装工程。

美国海军陆战队的LAV-25两栖运输车和HMMWV车辆通过LCAC气垫登陆艇登陆上岸

航行于美国海军陆战队彭德尔顿基地外的LCAC气垫登陆艇

LCAC气垫登陆艇基本设计

LCAC气垫登陆艇的艇中央部为全通式的车辆甲板，艇的前后部都有进出斜坡，艇用发动机分别安装在艇的左右部，右舷前部是操纵登陆艇的驾驶位置，左舷前部设计有观察所。观察所的下层空间是可以乘坐登陆人员的舱室。在高速航行期间，合成风会与燃气轮机发动机的排气形成巨大的噪声，因此，在高速航行期间为了避免登陆艇卷起来的激烈飞沫和波浪，在不使用人员运输模块舱（PTM）的情况下，LCAC气垫登陆艇所搭乘人员就要乘坐到观察所下面的舱室内。登陆艇后部安装了4个叶片带推进外罩的大型螺旋桨推进器。

LCAC气垫登陆艇的装载能力大约是70吨，每次可运输1辆像美国陆军M1艾布拉姆斯或日本陆上自卫队90式坦克这样的重型主战坦克，在使用人员运输模块舱的情况下，每次可运输180名作战队员，极限搭载能力为240名作战队员。

LCAC气垫登陆艇主要技术参数及性能

LCAC气垫登陆艇设计全长为26.4米，全宽为14.3米，配备2部机关枪支架，主要艇载武器有M2型12.7毫米重型机关枪，MK19型40毫米自动榴弹枪，M60型7.62毫米通用机关枪，GAU-13型30毫米加特林机关炮。

发动机配备4部“零尼韦尔”TF-40燃气轮机，输出功率12280马力（BHP），标准60吨。

在巡航期间的搭载能力为75吨。在人员或物资运输期间，以40节（75千米/时）航速航行时的行动距离为200海里（370千米），以35节（65千米/时）航速航行时的行动距离为300海里（550千米）。

最大装载量时的航行速度为40节以上，最大航行速度可达70节以上。

日本LCAC气垫登陆艇运用情况

1994年4月8日，美国政府宣布将向日本海上自卫队出口LCAC气垫登陆艇，这些出口日本的登陆艇由美国南部路易斯安娜州东南端新奥尔良市内的特克斯特伦/马林与兰特系统公司负责建造。

根据1993年度预算，日本海上自卫队只采购了1艘，1995年度预算采购了第2艘，1999年度预算采购了第3艘，第5艘与第6艘由2000年度预算采购。

截至2013年8月，日本海上自卫队只采购了6艘LCAC气垫登陆艇，这些登陆艇均隶属于第1运输队下属第1气垫登陆艇队。根据每艘搭载母舰的情况，这些登陆艇可搭载到不固定的3艘大隅级运输舰上。根据平成23年度和24年度预算，日本海上自卫队将对2艘LCAC气垫登陆艇进行延长服役期改装，相关零部件采购预算已经通过，在平成25年度预算中，另外2艘登陆艇的改装工程预算也已经审批通过。

第八章

日本海上自卫队“航空集团”

日本海上自卫队自卫舰队之航空集团是日本的海军航空兵部队，以反潜战、反舰战任务为核心，同时具备扫雷、运输、电子战、搜索与救援等能力。

截至2013年10月，航空集团作战序列包括日本海上自卫队现役全部的主力空中作战部队和支援部队，共设有5支固定翼航空群、2支旋转翼航空群。另有7支直辖航空队部队，分别是第1航空群、第2航空群、第4航空群、第5航空群、第21航空群、第22航空群、第31航空群以及第51航空队、第61航空队、第111航空队、第1航空维修队、第2航空维修队、航空管制队和机动设施队。

航空集团现役机型主要有P-3C反潜巡逻机、P-1反潜巡逻机、SH-60J反潜巡逻直升机、SH-60K反潜巡逻直升机、MH-53E扫雷运输直升机、MCH-101扫雷运输直升机、UH-60J搜索与救援直升机、US-1A水上飞机、US-2水上飞机、T-5教练机、LC-90/TC-90运输机、YS-11M/M-A运输机等。

第一节 航空集团

日本海上自卫队航空集团是隶属于日本海上自卫队自卫舰队指挥下的航空部队，它相当于其他国家海军的海军航空兵部队。

在有事（包括地区冲突、紧张关系以及战争条件）的情况下，航空集团需要根据任务安排进行快速反应；在平常时期，航空集团主要负责在日本领海以及海上专属经济区（EZZ）内进行例行的反潜巡逻以及可疑船只监视、航线上的反潜巡逻等任务。航空集团下属的水上飞机是执行空难救援等民事任务的主体。

目前，航空集团司令部坐落在日本神奈川县绫瀬市内的厚木航空基地内。航空集团下属主力部队为航空群，每个航空群编制包括航空群司令部、2个航空队以及维修补给队和航空基地队2支后勤保障部队。

航空集团发展历史概况

在日本海上自卫队发展历史中，航空集团是与护卫舰队同时创建的两大海军军种部队，这两支部队的创建也标志着当代日本联合舰队——自卫舰队的再次巨大转变和飞跃。

1961年9月1日，日本海上自卫队自卫舰队正式成立了航空集团及其司令部，当时的航空集团司令部设在下总海军航空兵基地内，与此同时，原鹿屋航空队改编为第1航空群，八户航空队改编为第2航空群，德岛航空队改编为第3航空群，馆山航空队改编为第21航空群，这4支全新的航空群全部隶属于航空集团司令部领导之下。

1962年9月1日，第4航空群成立，司令部驻地设在下总海军航空兵基地内。

1972年7月16日，随着美军返还了一部分冲绳基础设施，日本海上自卫队成立了临时冲绳航空派遣队，同年，12月21日又改编为临时冲绳航空队。1973年3月1日，第31航空群成立，司令部驻地设在岩国海军航空兵基地内。驻德岛基地

第3航空群改编为德岛教育航空群，并编入日本海上自卫队教育航空集团司令部领导之下。

1973年10月16日，临时冲绳航空队正式更名为冲绳航空队。

1973年12月26日，航空集团司令部和第4航空群由下总海军航空兵基地搬迁至厚木海军航空兵基地内。

1981年7月15日，航空集团司令部直辖的冲绳航空队改编为第5航空群。

1987年12月1日，第22航空群成立，司令部驻地设在大村海军航空兵基地内。

2008年3月26日，日本海上自卫队地方队配备下的大凑航空队、小松岛航空队、大村航空队以及教育航空集团领导下的救援飞行队进行了大规模改编，配备固定翼海上反潜巡逻机的航空队由8支部队减少至4支部队，配备旋转翼轻型海上反潜巡逻直升机的航空队由9支部队减少至5支部队，救援飞行队由7支部队减少至6支部队。

航空集团作战序列编成

目前，日本海上自卫队航空集团司令部设司令一名，为海军中将（3星）军衔；幕僚长一名，为海军少将（2星）军衔；作战主任幕僚一名，为海军上校军衔，下设8名作战幕僚。

目前，航空集团司令官为2012年12月4日任职的重冈康弘海军中将，他是防卫大学25期毕业生，前职为佐世保地方总监部幕僚长。幕僚长为2012年7月26日任职的园田直纪海军少将，他是防卫大学31期毕业生，前职为海上幕僚监部人事教育部人事计划科科长。

目前，航空集团主要承担日本领海和海上专属经济区的海上监视、保护以及养成训练、训练支援、灾害派遣、航空救援、研究开发等作战和支援任务。航空集团作战序列包括日本海上自卫队现役全部的主力航空作战部队和支援部队，共设有7支固定翼和旋翼航空群，另有7支直辖航空队部队。目前，航空集团下属主力作战部队编制主要由三级构成，分别是航空群（为军级编制）、航空队（为师级编制）和飞行队（为团级编制）。

截至2013年10月，航空集团司令部编制大约10架P-3C反潜巡逻机，下设海军航空兵主力作战部队共有7支，直辖航空队共有3支，直辖航空维修队两支，航空管制队1支，机动设施队1支。上述主力作战部队分别编属于下列部队：

第1航空群，司令部驻地设在日本西部九州岛鹿儿岛县鹿屋航空基地内，共配备大约20架P-3C反潜巡逻机；

第2航空群，司令部驻地设在日本北部本州岛青森县八户航空基地内，共配备大约10架P-3C反潜巡逻机；

第4航空群，司令部驻地设在厚木航空基地内，共配备大约20架P-3C反潜巡逻机；

第5航空群，司令部驻地设在日本西南诸岛冲绳县那霸航空基地内，共配备大约20架P-3C反潜巡逻机。上述4支航空群为固定翼海军航空兵部队。

第21航空群，司令部驻地设在日本中东部本州岛千叶县馆山航空基地内，共配备大约40架SH-60J、SH-60K舰载反潜巡逻直升机；

第22航空群，司令部驻地设在日本西部九州岛长崎县大村航空基地内，共配备大约40架SH-60J、SH-60K舰载反潜巡逻直升机；

第31航空群，司令部驻地设在日本西部本州岛山口县岩国航空基地内，共配备大约10架电子战飞机。上述3支航空群中前2支为旋转翼海军航空兵部队，后1支为固定翼支援海军航空兵部队。

7支航空集团司令部直辖部队分别是：

第51航空队，司令部驻地设在厚木航空基地内，主要承担固定翼和旋转翼飞机的试验评估以及运用、指导工作；

第61航空队，司令部驻地设在厚木航空基地内，为装备YS-11和LC-90运输机的运输部队；

第111航空队，司令部驻地设在岩国航空基地内，共配备大约10架MH-53E旋转翼扫雷运输直升机，主要承担扫雷及部队运输任务；

第1航空维修队司令部驻地设在鹿屋航空基地内；

第2航空维修队司令部设在八户航空基地内；

航空管制队司令部设在厚木航空基地内；机动设施队司令部设在八户航空基地内。

航空集团的历任司令官

从1961年9月1日至2013年10月，航空集团司令官历任34代，这些司令官均为海军中将军衔。

日本国土交通省公布的厚木航空基地照片，东侧为日本海上自卫队的厚木航空基地，西侧为美军的航空基地，航空集团司令部及第4航空群所属基础设施都位于机场飞行跑道的东侧

厚木航空基地南部的P-3C与直升机停机坪设施

P-3C和P-1（中间）反潜巡逻机的停机坪及机库设施

位于厚木航空基地北部负责为日本海上自卫队航空集团提供航空支援的日本飞机株式会社的大型航空车间设施（航空维修车间）

日本飞机株式会社的航空车间设施，上面的英文缩写NIPPI代表“日飞”，即日本飞机公司

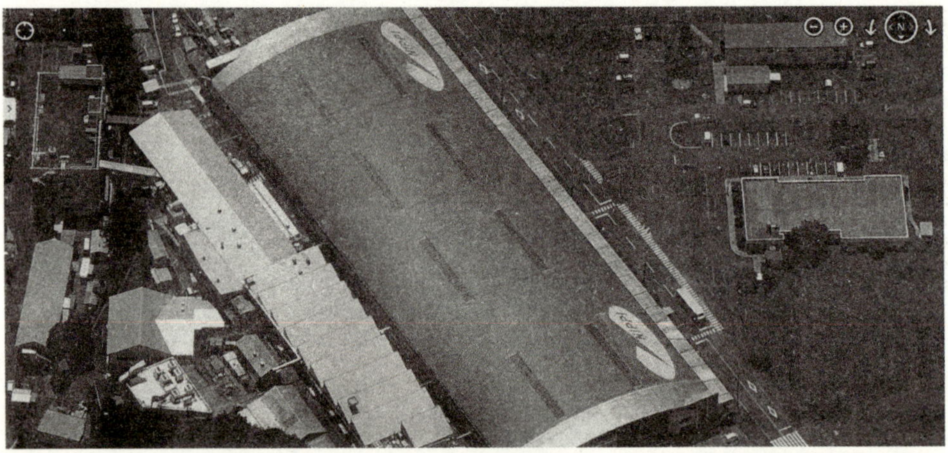

航空车间设施特写

第二节 航空集团部队编制

航空集团第1航空群（鹿屋航空基地）——反舰反潜航空部队

驻鹿屋航空基地内的第1航空群最早前身是创建于1953年（昭和28年）12月1日的鹿屋航空队，1961年（昭和36年）9月1日，鹿屋航空队经过改编后更名为第1航空群。第1航空群为日本海上自卫队的反舰与反潜航空部队，主要配备P-3C海上反潜巡逻机。

目前，第1航空群由第1航空队（鹿屋航空基地）、第1维修补给队（鹿屋航空基地）和鹿屋航空基地队（鹿屋航空基地）三支部队组成，第1航空群司令为海军少将（2星）军衔，三支下属航空队司令均为海军上校军衔。第1航空群为直接隶属于航空集团司令部领导之下的主力作战航空部队之一。

第1航空队为固定翼海上反潜巡逻机部队，主要由队司令部、第11飞行队、第12飞行队和第1外场维护队四支部队组成，两支飞行队均配备了P-3C反潜巡逻机（呼号为“丘比特”）。

作为第二次世界大战结束后日本海上自卫队最早创建的一支海军航空兵部队，第1航空队前身是1953年12月1日成立的归属鹿屋航空队管辖下的第1飞行队。1961年9月1日，随着日本海上自卫队航空集团的成立，鹿屋航空队更名为第1航空群，第1飞行队也随之更名为第1航空队。2008年3月26日，随着新一轮组织机构调整，第1航空队和第7航空队合并重组成全新的第1航空队直至今天。1961年至1971年，第1航空队主力作战机型为P-2V-7反潜巡逻机；1971年至1989年，其主力作战机型改为P-2J巡逻机；1989年至今一直在使用P-3C反潜巡逻机。目前，第1航空队是承担海上反潜巡逻任务的主力作战部队，平常时期主要承担日本西南诸岛及相关海域内的海上反潜巡逻任务。

第1维修补给队由队司令部、第1飞机维修队、第1电子维修队、第1武器维修队、第11检查队、第12检查队和第1补给队7支部队组成，这些部队主要承担驻鹿屋航空基地内各种飞机的维修与保养任务。

鹿屋航空基地队主要由队司令部、鹿屋管理队、鹿屋警卫队、鹿屋航运队、鹿屋经理队、鹿屋厚生队和鹿屋航空卫生队7支部队组成，这些部队主要承担鹿屋航空基地内各种基础设施管理、警备、福利保健、航空管制等所有的基地业务性工作。

截至2013年，第1航空群发展历史正好60年。在这一甲子的轮回中，第1航空群由无到有、由小到大、由弱到强、逐步发展状大。

1953年12月1日，新编鹿屋航空队正式在鹿屋航空基地内成立，当时它隶属于日本警备队佐世保地方队管理之下。1955年7月15日，训练飞行队群及第1训练飞行队和第2训练飞行队成立。1955年11月15日，第1飞行队、第2飞行队、第3飞行队、第4飞行队和第5飞行队成立。1957年5月1日，第6飞行队成立。1957年7月1日，第3飞行队编入八户航空队管理之下。1958年4月1日，第6飞行队编入德岛航空队管理之下。1958年12月16日，鹿屋航空队教育部更名为鹿屋教育航空队。

1961年9月1日，鹿屋航空队编入新成立的航空集团领导之下，同时，鹿屋航空队更名为第1航空群，下属第1飞行队更名为第1航空队，新编第3航空队，此外，鹿屋教育航空编入新成立的航空教育集团领导之下。1962年9月1日，第3航空队编入第4航空群领导之下。

1972年5月15日，临时那霸设施管理队成立，7月16日，临时那霸设施管理队更名为临时冲绳航空派遣队，12月21日，临时冲绳航空派遣队解散，取而代之，临时冲绳子航空队成立。1973年3月1日，第3航空群第11航空队编入第1航空群领导之下。

1984年3月30日，第11航空队解散。1987年12月1日，第7航空队成立。1989年7月，第1航空队开始配备P-3C反潜巡逻机。

1991年7月，第7航空队开始配备P-3C。2008年3月26日，第7航空队撤销，鹿屋救援飞行队改编为分遣队。

1974年，日本国土交通省公布的鹿屋航空基地航拍照片

航空集团第2航空群（八户航空基地）——反舰反潜航空部队

驻八户航空基地内的第2航空群最早前身是创建于1957年（昭和32年）5月16日的八户航空队，1961年（昭和36年）9月1日，八户航空队经过改编后更名为第2航空群。第2航空群为日本海上自卫队的反舰与反潜航空部队，主要配备P-3C海上反潜巡逻机。

目前，第2航空群设航空群司令一名，为海军少将（2星）军衔，首席幕僚一名，一名副官，均为海军上校军衔。从作战序列上来看，第2航空群主要由第2航空队、第2维修补给队和八户航空基地队三支主力作战部队组成。

其中，第2航空队司令部设在八户航空基地内，主要由队司令部、第21飞行队、第22飞行队和第2外场维护队4支部队组成，第21和22两支飞行队均配备P-3C大型反潜巡逻机（呼号为"奥丁神"），主要执行反潜、反舰搜索与攻击作战，以及监视、遇难舰艇搜索等灾害派遣行动。

第2维修补给队司令部设在八户航空基地内，主要由队司令部、第2飞机维修队、第2电子维修队、第2武器维修队、第21检查队和第2补给队6支部队组成，主要承担部署在八户航空基地内所有飞机以及相关机载设备的维修与补给任务。

八户航空基地队司令部设在八户基地内，主要由队司令部、八户管理队、八户警卫队、八户航运队、八户经理队、八户厚生队和八户航空卫生队7支部队组成，这些部队主要任务是维护和管理八户航空基地的正常运行以及所有队员的生活环境、卫生医疗等后勤保障。

第2航空群发展历史较早，早在1957年3月16日，第2航空群最早前身的八户航空队就在八户航空基地内成立。当时，这支部队隶属于大凑地方队领导之下。1957年7月1日，鹿屋航空队第3飞行队编入八户航空队，同时，更名为第11飞行队。1958年8月5日，第2飞行队成立。1958年9月16日，第11飞行队解散。1959年5月16日，在德岛航空基地内成立的第13飞行队编入八户航空队领导之下。

1960年12月1日，八户航空队救援飞行队成立。1961年9月1日，八户航空队编入新成立的航空集团领导之下，同时，八户航空队正式更名为第2航空群，下属第2飞行队和第13飞行队分别更名为第2航空队和第13航空队，新成立了第51航空队。1963年3月15日，第51航空队编入第4航空群领导之下。1963年3月31日，第4航空队成立。

1971年7月1日，第13航空队解散。1986年7月20日，第2航空队开始配备P-3C。1986年8月15日，第4航空队开始配备P-3C。

2008年3月26日，第2航空群进行编制调整，第4航空队及八户救援飞行队同时撤销。2010年2月3日，为了编成第3次派遣海盗处理航空队，第2航空群向非洲之角国家吉布提的吉布提国际机场派遣了2架P-3C巡逻机。

1975年，日本国土交通省公布的八户航空基地航拍照片

航空集团第4航空群（厚木航空基地）——反舰反潜航空部队

驻厚木航空基地内的第4航空群于1962年（昭和37年）9月1日成立，它没有航空队的早期经历。第4航空群为日本海上自卫队的反舰与反潜航空部队，主要配备P-3C海上反潜巡逻机。

第4航空群设司令一名，为海军少将（2星）军衔，主任幕僚两名，一名为幕僚，一名为副官，均为海军上校军衔。

第4航空群由第3航空队（厚木航空基地）、第4维修补给队（厚木航空基地）、厚木航空基地队（厚木航空基地）和硫黄岛航空基地队（硫黄岛航空基地）四支部队组成。

其中，第3航空队主要由队司令部、第31飞行队、第32飞行队和第3外场维护队四支部队组成，两支飞行队均装备P-3C巡逻机（呼号为“海鹰”）。1961年9月1日，随着日本海上自卫队航空集团的成立，第3航空队随之在鹿屋航空基地内成立，并直接隶属于第1航空群领导之下。1962年9月1日，第3航空队搬迁至下总航空基地内，并由第1航空群管辖之下转为第4航空群管辖。1973年12月25日，第3航空队随同第4航空群一同搬迁至厚木航空基地内。2008年3月26日，全新的第3航空队改编完成。这支航空队于1961年至1971年，装备P-2V-7巡逻机；1971年至1989年，装备P-2J巡逻机；1989年至现在，装备P-3C巡逻机。

第4维修补给队下设第4飞机维修队、第4电子维修队、第4武器维修队、第41检查队、第42检查队和第4补给队7支部队组成。

厚木航空基地队下设队司令部、厚木管理队、厚木警卫队、厚木航运队、厚木经理队、厚木厚生队和厚木航空卫生队7支部队。

硫黄岛航空基地队主要由队司令部、硫黄岛管理队、硫黄岛航运队、硫黄岛补给队、硫黄岛航空卫生队和南鸟岛航空派遣队（部署在南鸟岛航空基地）6支部队组成。

与第1航空群、第2航空群相比，第4航空群服役历史较晚。1962年9月1日，第4航空群在下总航空基地内成立，同时，第1航空群下属第3航空队编入新成立的第4航空群领导之下。1963年3月15日，第2航空群下属第51航空队编入第4航空群领导之下。1963年5月6日，第3航空群下属第14航空队编入第4航空群领导之下。1968年6月26日，新成立硫黄岛航空基地分遣队和南鸟岛航空派遣队两支部队。

1971年6月25日，厚木航空基地分遣队成立。1973年10月16日，厚木航空基地分遣队解散，12月25日，第4航空群搬迁至厚木航空基地内。

1981年7月15日，第14航空队解散。1983年3月30日，新成立了第6航空队。1992年4月，硫黄岛航空基地分遣队正式更名为硫黄岛航空基地队。

2008年3月26日，第6航空队和厚木救援飞行队撤销，重新成立了硫黄岛救援飞行队。2009年5月28日，第4航空群向吉布提派遣2架P-3C巡逻机参与执行索马里海盗打击行动。

航空集团第5航空群（那霸航空基地）——反舰反潜航空部队

驻那霸航空基地内的第5航空群于1981年（昭和56年）7月15日成立，它拥有冲绳航空队的早期经历。第5航空群为日本海上自卫队的反舰与反潜航空部队，主要配备P-3C海上反潜巡逻机。

目前，第5航空群设司令一名，为海军少将（2星）军衔，主任幕僚两名，一名为幕僚，一名为副官，均为海军上校军衔，编制部队由第5航空队（那霸航空基地）、第5维修补给队（那霸航空基地）和那霸航空基地队（那霸航空基地）共计3支部队组成。

其中，第5航空队由队司令部、第51飞行队、第52飞行队和第5外场维护队四支部队组成，两支飞行队装备P-3C反潜巡逻机（呼号为“TIDA”）。

第5维修补给队下设队司令部、第5飞机维修队、第5电子维修队、第5武器维修队、第51检查队和第5补给队6支部队。

那霸航空基地队下设队司令部、那霸管理队、那霸警卫队、那霸航运队、那霸经理队、那霸卫生队6支部队。

在航空集团下属4支固定翼海上反潜巡逻机部队中，第5航空群的服役经历最短。1972年5月15日，临时那霸设施管理队成立，这是第5航空群最早成立的组成部队之一。1972年7月16日，第5航空群最早前身的临时冲绳航空派遣队成立。1972年12月21日，临时冲绳航空派遣队解散，与此同时，重新组建了临时冲绳航空队，这支部队装备了6架P-2J反潜巡逻机，队员编制331人。1973年10月16日，临时冲绳航空队正式更名为冲绳航空队，此时仍然装备P-2J巡逻机。

1981年7月15日，由日本海上自卫队航空集团司令部直接领导下的冲绳航空队改编为第5航空群，同时新成立了第5航空队，这些航空队均装备P-2J。

1990年3月，第5航空群组建了航空反潜作战中心（ASWOC），同年7月，第5航空队开始装备P-3C巡逻机。1991年9月，国头接收站建造完成，这是一座专门用于P-3C巡逻机通信接收的通信站。1993年7月11日，第5航空群新成立第9航空队。1998年12月，经过编制调整，第5航空群成立了第5支援维修队和第5维修补给队。

2002年3月，经过编制调整，第5航空群成立那霸系统通信分遣队。2008年3月26日，第9航空队撤销。2009年10月5日，为了组建日本海上自卫队第2次派遣海盗处理航空队，第5航空群向吉布提派遣了两架P-3C巡逻机。

航空集团第21航空群（馆山航空基地）——舰载反舰反潜航空部队

驻馆山航空基地内的第21航空群最早前身是创建于1953年（昭和28年）9月16日的馆山航空队，1961年（昭和36年）9月1日，馆山航空队经过改编后更名为第21航空群。第21航空群为日本海上自卫队的舰载旋转翼反舰与反潜航空部队，主要配备SH-60J、SH-60K反潜巡逻直升机。

目前，第21航空群设航空群司令一名，为海军少将（2星）军衔，主任幕僚两名，一名为幕僚，一名为副官，均为海军上校军衔。第21航空群编制部队由第21航空队（馆山航空基地）、第23航空队（舞鹤航空基地）、第25航空队（大凑航空基地）、第73航空队（馆山航空基地）、第21维修补给队（馆山航空基地）和馆山航空基地队（馆山航空基地）共计6支主力作战部队组成。

其中，第21航空队由队司令部、第211飞行队、第212飞行队和第21外场维护队4支部队组成。目前，第211飞行队装备有大约10架SH-60K反潜巡逻直升机，第212飞行队装备大约10架SH-60J反潜巡逻直升机，这些舰载直升机的呼号为“海盗旗”（BLACK JACK）。

第23航空队司令部设在舞鹤航空基地内，部队编制由队总务室、队首席军士长室、队幕僚室、第231飞行队、第231维修补给队和舞鹤航空基地队6个部分组成。其中，第231飞行队主要装备SH-60J和SH-60K两种反潜巡逻直升机（呼号为“舞鹤”），舞鹤航空基地队下设队司令部、舞鹤管理班、舞鹤警卫班、舞鹤航运班、舞鹤通信班、舞鹤厚生班和舞鹤卫生班7支组成部队。

第25航空队司令部设在大凑航空基地内，部队编制由队总务室、队首席军士长室、队幕僚室、第251飞行队、第251维修补给队和大凑航空基地队6支组成部队。其中，第251飞行队只装备了SH-60J反潜巡逻直升机（呼号为“战斧”），大凑航空基地队下设队司令部、大凑管理班、大凑警卫班、大凑航运班、大凑通信班、大凑厚生班和大凑卫生班7支组成部队。

第73航空队司令部设在馆山航空基地内，部队编制由队司令部、第73飞行队、第73外场维护队、硫黄岛航空分遣队（部署在硫黄岛航空基地内）和大凑航空分遣队（设在大凑航空基地内）5支部队，其中，第73飞行队装备大约3架UH-60J搜索与救援直升机（呼号为“卫士”），这支部队是日本海上自卫队中最专业的海军航空兵搜索与救援部队，主要承担海难救助、伊豆诸岛的紧急患者运送任务等。

第21维修补给队司令部设在馆山航空基地内，编制部队由队司令部、第21飞机维修队、第21电子维修队、第21武器维修队、第211检查队、第21补给队和舞鹤维修补给分遣队7支部队。

馆山航空基地队司令部设馆山航空基地内，编制部队由队司令部、馆山管理队、馆山警卫队、馆山航运队、馆山经理队、馆山厚生队和馆山航空卫生队7支部队。

第21航空群是航空集团中成立最早的舰载反舰反潜部队。早在1953年9月16日，第21航空群最早前身的馆山航空队在馆山航空基地内正式，当时这支部队隶属于日本警备队横须贺地方队领导之下。1955年11月14日，第101飞行队、第102飞行队和第103飞行队成立。

1961年9月1日，随着航空集团的成立，馆山航空队更名为第21航空群，第101飞行队也更名为第101航空队。1964年11月20日，临时小松岛派遣队在小松岛航空基地内成立。1965年3月24日，临时小松岛派遣队更名为小松岛航空队。

1974年11月27日，第121飞行队改编为第121航空队。

1981年3月27日，第122航空队在大村航空基地内成立。1987年12月1日，第122航空队编入第22航空群领导之下，小松岛航空队编入吴地方队领导之下。1989年3月17日，第124航空队成立。

1998年3月20日，根据部队番号交换要求，第124航空队改称第123航空队。

2001年3月22日，舞鹤航空基地队成立。2008年3月26日，第101航空队、第121航空队和第123航空队重新改编为第21航空队。舞鹤航空分遣队改编为第23航空队。大凑地方队大凑航空队编入第21航空群，同时改编为第25航空队。厚木航空基地内的厚木救援飞行队与下总航空基地内的下总救援飞行队统一合并为第73航空队（配备UH-60J搜索与救援直升机），与此同时，第2航空群八户救援飞行队编入第73航空队领导之下的大湊航空分遣队，第4航空群硫黄岛救援飞行队编入第73航空队领导之下的硫黄岛航空分遣队。

2009年7月6日，在第2次派遣海盗对策水面舰艇部队中，有2艘驱逐舰分别由横须贺基地和舞鹤基地出港，在这种情况下，7月3日，第21航空队向这2艘驱逐舰派遣了8名队员及舰载反潜巡逻直升机。

1974年，日本国土交通省公布的馆山航空基地航拍照片

位于舞鹤航空基地内的第23航空队司令部办公楼

航空集团第22航空群（大村航空基地）——舰载反舰反潜航空部队

驻大村航空基地内的第22航空群于1987年12月1日正式创建，它的服役历史比第21航空群晚很多。第22航空群为日本海上自卫队的舰载旋转翼反舰与反潜航空部队，主要配备SH-60J、SH-60K反潜巡逻直升机。

目前，第22航空群设航空群司令一名，为海军少将（2星）军衔，主任幕僚两名，一名为幕僚，一名为副官，均为海军上校军衔。第22航空群编制部队由第22航空队（大村航空基地）、第24航空队（小松岛航空基地）、第72航空队（大村航空基地）、第22维修补给队（大村航空基地）和大村航空基地队（大村航空基地）5支主力作战部队组成。

其中，第22航空队司令部设在大村航空基地内，编制部队由队司令部、第221飞行队、第222飞行队、第223飞行队和第22外场维护队5支部队组成，三支飞行队配备机型为SH-60J和SH-60K反潜巡逻直升机（呼号为“飞龙”），这3支飞行队是以佐世保海军基地为母港的第2护卫队群和第13护卫队以及以吴港海军基地为母港的第4护卫队群和第12护卫队的舰载直升机部队。

第24航空队司令部设在小松岛航空基地内，部队编制由队总务室、队首席军士长室、队幕僚室、第241飞行队、第241维修补给队和小松岛航空基地队6支组成部队。其中，第241飞行队只装备了SH-60J反潜巡逻直升机（呼号为“阴影”）。此外，小松岛航空基地队下设小松岛管理班、小松岛警卫班、小松岛航运班、小松岛通信班、小松岛经理班、小松岛厚生班和小松岛卫生班7支组成部队。

第72航空队司令部设在大村航空基地内，编制部队由队司令部、第72飞行队、第72外场维护队、德岛航空分遣队（德岛航空基地内）和鹿屋航空分遣队（鹿屋航空基地内）5支部队组成，第72飞行队主要配备UH-60J搜索与救援直升机（呼号为“救援百灵鸟”），主要承担灾难救援、海难救援、重症病人紧急运输等民事任务，其任务辖区包括五岛列岛、对马岛和壹岐岛。到目前为止，第72航空队是日本陆、海、空三军中参与灾害派遣与救助任务最多的航空兵部队。

第22维修补给队司令部设在大村航空基地内，编制部队由队司令部、第22飞机维修队、第22电子维修队、第22武器维修队、第221检查队、第22补给队以及小松岛维修补给分遣队（小松岛航空基地内）6支部队组成。

大村航空基地队司令部设在大村航空基地内，编制部队由队司令部、大村管理队、大村警卫队、大村航运队、大村经理队、大村厚生队和大村航空卫生队7

支部队组成。

与第21航空群相比，第22航空群是一支服役较晚的舰载直升机部队。1987年12月1日，第22航空群在大村航空基地内正式成立，与此同时，第123航空队成立，第21航空群第122航空队也划归第22航空群领导之下。

1998年3月20日，随着舞鹤航空基地的建成服役，根据部队番号交换要求，第123航空队更名为第124航空队，第124航空队则更名为第123航空队，此后，第123航空队成为吴港海军基地第4护卫队群的舰载直升机部队。

2008年3月26日，第122航空队、第124航空队以及佐世保地方队大村航空队统一合并为第22航空队。吴地方队管辖下的小松岛航空队编入第22航空群，同时改编为第24航空队。小月航空基地内的UH-60J救援直升机统一成立了第72航空队，与此同时，第1航空群下属鹿屋救援飞行队编入第72航空队领导下的鹿屋航空分遣队，德岛航空基地队管辖下的德岛救援飞行队编入第72航空队领导下的德岛航空分遣队。

日本国土交通省公布的大村航空基地卫星照片

日本国土交通省公布的小松岛航空基地航拍照片

航空集团第31航空群（岩国航空基地）——航空电子战部队

驻岩国航空基地内的第31航空群于1973年3月正式创建，它是日本海上自卫队航空集团中唯一的一支救援、电子战及训练支援部队。

目前，第31航空群拥有多支航空集团中其他航空群所没有的特种作战航空队，比如：唯一装备有水陆两用救援水上飞机（飞行艇）的第71航空队，唯一承担电子战数据及图像情报信息收集的第81航空队，唯一承担航空标靶训练和电子战训练支援任务的第91航空队，等等，因此，第31航空群是日本海上自卫队航空集团中承担各种特种作战任务的特殊部队。

第31航空群设航空群司令一名，为海军少将（2星）军衔，主任幕僚两名，一名幕僚，一名副官，均为海军上校军衔，下级编制部队由第71航空队（厚木航空基地，编有救援待机派遣机）、第81航空队（岩国航空基地）、第91航空队（岩国航空基地）、第31维修补给队（岩国航空基地）、靶机维修队（江田岛，承担航空靶机的维修任务）和岩国航空基地队（岩国航空基地）6支部队组成。

其中，第71航空队下设队司令部、第71飞行队和第71外场维护队三支部队，第71飞行队装备有US-1A型和US-2型两款水陆两用救援水上飞机（呼号为"IVORY"），这支救援部队主要承担日本近海的海难搜索与救援行动。

第81航空队下设队司令部、分析队、第81飞行队和第81外场维护队四支部队，第81飞行队主要装备EP-3型电子战飞机（呼号为“紫罗兰”）和OP-3C型情报收集与侦察飞机（呼号也为“紫罗兰”）。

第91航空队下设队司令部、第91飞行队和第91外场维护队，第91飞行队配备UP-3D型（呼号为“DELPHI”）、U-36A型（呼号为“CUPID”）和LC-90型（呼号为“TARCEL”）三款多用途支援飞机。

第31维修补给队编制部队由队司令部、第31飞机维修队、第31电子维修队、第31武器维修队、第311检查队、第312检查队和第31补给队7支部队组成。

靶机维修队司令部设在广岛县江田岛市内的江田岛上，主要承担航空标靶的维修任务，下属编制部队由队司令部、维修队和维修教育队三支部队组成。

岩国航空基地队编制部队由队司令部、岩国管理队、岩国警卫队、岩国航运队、岩国经理队、岩国厚生队和岩国航空卫生队7支部队组成。

从整个日本海上自卫队航空兵部队来看，第31航空群装备有日本国内唯一的两款US-1A型和US-2型水陆两用水上飞机、唯一的电子战数据收集飞机EP-3型侦察机、唯一的图像数据收集飞机OP-3C侦察机、唯一承担训练支援任务的UP-3D飞机以及日本海上自卫队最初的U-36A型喷气式飞机。

从发展历史来看，第31航空群是航空集团中成立较晚的群级部队。1973年3月，第31航空群和第31航空队正式成立。1976年7月，第71航空队成立。

1983年3月，第81航空队成立。1989年3月，第31航空队解散。1989年9月，第111航空队由下总航空基地搬迁至岩国航空基地内。

1992年7月，第8航空队成立。2001年3月，第8航空队解散，并新成立了第91航空队。2002年3月，靶机维修队成立。2010年5月18日，第71航空队所属的US-2型飞机作为救援飞机第一次在犬吠埼海面进行海上救援行动，在这次救援中，救援飞机将一名患者送至日本羽田国际机场。

航空集团的“七队”——各显神通的支援部队

航空集团除上述7群编制部队外还有7队，分别是第51航空队（厚木航空基地）、第61航空队（厚木航空基地）、第111航空队（岩国航空基地）、第1航空修理队（鹿屋航空基地）、第2航空修理队（八户航空基地）、航空管制队（厚木航空基地）和机动设施队（八户航空基地队）。

其中，第51航空队主要承担固定翼和旋转翼飞机的试验评估以及运用、指导工作。第61航空队是装备YS-11运输机和LC-90小型联络运输机的运输部队。第111航空队装备着世界上最大的MH-53E扫雷运输直升机以及新一代MCH-101扫雷运输直升机，这支部队于1989年由下总航空基地内搬迁至岩国航空基地内。

第1航空修理队和第2航空修理队主要负责固定翼和旋转翼飞机的定期检查和修理任务。

航空管制队

航空管制队比较特殊，仅设一支，目前为航空集团司令部直辖部队，主要承担飞行支援和航空管制等后勤保障任务。1973年10月16日，航空管制队正式成立。截至2013年8月时，核心编制部队包括航空管制队司令部、洋上管制队、教育训练队和计划审查队四支部队。目前，队司令为海军上校军衔。

航空管制队中的洋上管制队[a]主要承担高频（HF）通信业务，当日本海上自卫队和日本航空自卫队所属飞机飞离航空自卫队所属雷达站捕捉范围之外的大洋上时，洋上管制队负责接收这些飞机发来的海上位置通报，并向它们发送气象情报信息。洋上管制队只向日本海上自卫队和航空自卫队提供业务范围服务，而不向任何民航客机提供服务，而且，洋上管制队不使用民航客机使用的高频无线电台呼叫设备。洋上管制队主要由女性自卫官提供声音通信业务服务，虽然也使用高频无线电台通信，但其他装备却接收不了。

机动设施队

与日本陆上自卫队相对应，机动设施队主要承担日本离岛以及沿海地区的灾害救助行动以及日本全国各航空基地内基础设施维护、修理、检查、机场除雪支援等后勤保障与支援任务，各航空基地所属基础设施的机动维修业务，部队编制总人数大约为80人。

目前，机动设施队设司令一名，为海军上校军衔，副司令一名，为海军中校军衔，下设队司令部、第1设施队、第2设施队、第3设施队和第4设施队四个主要业务部队。

a 这是日语的中文表达，因中文无对应概念，故沿用。

从发展历史来看，机动设施队成立较早。1977年12月27日，日本海上自卫队航空设施队成立，当时编制司令部和2个设施队，司令部下设三个班。1984年7月2日，航空设施队增设一名副司令和第3设施队。2001年6月27日，航空设施队撤销，新成立了机动设施队，并增设了第4设施队。2002年4月1日，改编后的机动设施队司令升格为海军上校军衔。

| 第三节 | 日式P-3C反潜巡逻机

P-3C是世界上最具代表性的大型海上反潜巡逻机，除美国海军和日本海上自卫队装备外，还有很多其他国家海军也装备了这款主力飞机。

日本采购P-3C的历史渊源

从1968年开始，日本海上自卫队着手选择P2V-7和P-2J反潜巡逻机的替代机型，这被称作下一代反潜巡逻机（PX-L）计划。原来日本计划推进P-2J反潜机的改造开发工程，并且坚持完全日本国产化的方针，在此期间担当P-2J授权许可生产任务的川崎重工抢先制作实物模型飞机等准备工作，并对日本的国产化鼓足了干劲儿。不过，当时的日本防卫厅对国产技术不放心，并多次表示担忧。因此，日本防卫厅极力推荐采购美国最新锐的P-3反潜机。

1972年10月，日本田中角荣新内阁突然宣布撤回国内开发的方针，中止一切国内开发计划，决定采购外国的先进机型。于是，从1975年起，日本下一代反潜巡逻机开始从国外选型。

就在选型过程中，1976年2月4日，发生了所谓“洛克希德事件”的受贿丑闻。随后，2月9日，时任日本防卫事务次官久保卓也对外讲话称1972年10月撤销PX-L国产方针是由田中政府作出的决定，为了支持这份决定，日本政府仍然考虑作为候选机型的P-3。在这种情况下，P-2J成为PX-L计划之前的过渡机型，于是，日本海上自卫队决定增加P-2J的产量。

1977年，日本政府再次决定采购P-3C，从1978年起，日本海上自卫队正式开始采购P-3C反潜机。最初采购的3架P-3C是美国政府以有偿援助形式提供给日本的，1981年，在美国国内，日本率先接收了这3架P-3C。

随后，1982年，川崎重工开始采购由装配生产方式提供的P-3C机身。此后，逐渐过渡到授权许可生产方式上来，全新生产的P-3C开始取代原来的主力机型P-2J。截至1997年9月，日本海上自卫队总计装备了101架由川崎重工许可生产的

P-3C，这些飞机中有因事故损失。

截至2012年3月，川崎重工生产了107架P-3C，世界上除了美国的洛克希德公司生产P-3C外就只有川崎重工。

P-3C在日本的服役经历

美国海军共装备了大约200架P-3C反潜机，但这些飞机部署于世界各大主要海域。与之相比，日本海上自卫队虽然只装备了大约100架飞机，但这些飞机都集中部署于日本的周边海域，这对日本的反潜战形势非常有利。

在冷战时代，日本海上自卫队处在反苏、反中战略的最前沿，从而成为美国最重要的战略棋子。P-3C于冷战末期开始部署于日本列岛，在此期间，在美日联合海上演习中，P-3C可通过机载低频分析记录器（LOFAR）浮标/测向与测距（DIFAR）浮标（这些都是专用的信号接收声呐浮标）进行大范围巡逻，陆续成功探测到海下的潜艇目标，作为演习敌方的日本海上自卫队的潜艇部队。日本人将P-3C造成的这种巨大威胁称之为“P-3C冲击”。然而，此后，日本海上自卫队开始不断提高潜艇航行时的水下静音效果，这时P-3C再用机载低频分析记录器（LOFAR）浮标捕捉日本潜艇就变得非常困难。在这种情况下，P-3C转而使用DICAS浮标（带探测信号功能的声呐浮标），这是一种主动式潜艇信号探测声呐。从此，P-3C与日本潜艇之间的“猫捉老鼠游戏”变成主动交战的战术。目前，P-3C可利用红外线夜视装置和逆合成孔径雷达探测到使用通气管航行中的潜艇。

冷战结束后，随着海上反潜巡逻作战任务的急剧减少，日本海上自卫队处于战备巡逻状态下的P-3C由100架急剧减少至20架左右，其中5架独自改装成OP-3C图像情报收集机。此外，1991年至1998年期间，以P-3C为基础，日本海上自卫队又改造了5架EP-3电子战飞机，1994年，改造了1架UP-3C装备试验飞机，1998年至2000年期间，改造了3架UP-3D电子战训练支援飞机。

从1998年开始，日本海上自卫队将P-3C的机种称呼由反潜巡逻机更改为巡逻机，至此，P-3C承担一边倒式的反潜战任务体制开始有所改善。此后，除反潜战任务之外，P-3C的核心任务还有对可疑船只的监视以及加强对中国东海油气田的监视。

从2000年起，P-3C的机身涂装改成白色与灰色双色分开涂装的方式，不过，明灰色单色的低辨认性涂装仍然适用。

截至2012年3月末，日本海上自卫队还装备有78架P-3C。剩余的这些飞机经过改装后可转为他用，比如日本海上自卫队正计划用改装后的P-3C取代陈旧老化的YS-11各种任务型飞机。此外，日本海上自卫队还计划延长P-3C的服役期，按照预定，剩余P-3C将会延长6年左右的服役期。

目前，P-3C的部署基地有6个，分别是八户航空基地内的第2航空群之第2航空队、下总航空基地内的下总教育航空群之第203教育航空队、厚木航空基地内的第4航空群之第3航空队和第51航空队（UP-3C/OP-3C）、岩国航空基地内的第31航空群之第81航空队（EP-3/OP-3C）和第91航空队（UP-3D）、鹿屋航空基地内的第1航空群之第1航空队以及那霸航空基地内的第5航空群之第5航空队。

2005年，在小牧空军基地内公开展示的一架日本海上自卫队P-3C，这架飞机机身涂装为低确认性的单色迷彩，垂直尾翼上标示的部队标志取消，国籍表示也趋于小型化

日本海上自卫队P-3C机身尾部的磁性探测装置（MAD）吊杆

采购初期，日本海上自卫队为P-3C施加了双色迷彩涂装，并且，在垂直尾翼上描绘了所属部队的巨大标志。这是2001年日美海上联合反潜训练期间部署至美国夏威夷P-3C机群

2009年11月，训练飞行中的一架日本海上自卫队P-3C，这架飞机隶属于下总航空基地内的第203教育航空队

P-3C的能力提升及后续替代机型

在服役期间，日本海上自卫队装备的P-3C有数个种类的改型，不同的改型飞机追加安装了卫星通信装置、合成孔径雷达、图像传送装置、导弹警报装置等机载设备。因此，每年的P-3C都有能力上的提升计划。日本下一代反潜巡逻机开发也正在进行中，不同的追加安装设备也正在讨论中，包括GPS对应电子海图显示装置、自动船舶识别装置（AIS）、下一代数据链等。

截至2013年，P-3C进行成功首飞已经过去40多年时间了，虽然机载设备经历了多次的现代化改装，但已经服役多年的飞机陈旧与老化在所难免，在这种情况下，日本海上自卫队也从2009年度开始退役P-3C。随着P-3C进入退役大潮，其后续替代机型也进入日本海上自卫队的议事日程上来。美国海军预定选择由波音737改造而来P-8“海神”反潜巡逻机，与此不同，日本决定独自开发完全国产化的P-1巡逻机，目前已经进入采购程序。P-1的技术验证机XP-1已经于2007年9月28日成功进行了首飞。

日本P-3C的主要技术参数

日本P-3C机长为35.6米，机宽为30.4米，机高为10.3米，机翼面积为120.8米^2，起飞重量为56000千克，发动机为4部T56A-14型涡轮螺旋桨发动机，输出功率为4910马力，最大飞行速度为395节，巡航速度335节，续航距离为9000千米，实用升限为8600米，机组人员为11人。

日本P-3C的主要机载设备及机组人员构成

P-3C主要机载设备有UHF/VHF无线电设备（包括国际海事波段）、HF无线电设备（传播距离大约为1200海里）、11号战术数据链（Link-11）、卫星通信装置、AN/APS-115搜索雷达（最大搜索距离大约为200千米）、逆探测装置（ESM）、红外线夜视装置（IRDS）、AN/APS-137逆合成孔径雷达（ISAR）、声呐浮标投射器（声呐浮标进行CZ搜索时的探测距离为大约30海里，进行直接传播探测时大约为3000米）、AN/UYS-1声呐浮标分析系统、AQS-81磁性探测器（MAD，探测范围为500～1000米）、导弹防御装置、ASM-1C空对舰导弹（仅日本海上自卫队飞机装备）、97式轻型鱼雷（仅日本海上自卫队飞机装备）、150千克反潜炸弹、水中发音弹（音响警告用途）。

P-3C机组人员编成分别是2名飞行员（也有1名飞行员的情况）、机载维修员（FE）、战术空中领航员（TACCO）、导航通信员（NAV/COM）、声呐员（SS-1）、机载反潜音响员（SS-2）、雷达员/机载反潜非音响员（SS-3）、机载电子维修员（IFT）、机载武器维修员（ORD）。

P-3C驾驶员座舱内的仪表盘

P-3C驾驶员座舱的内部全景

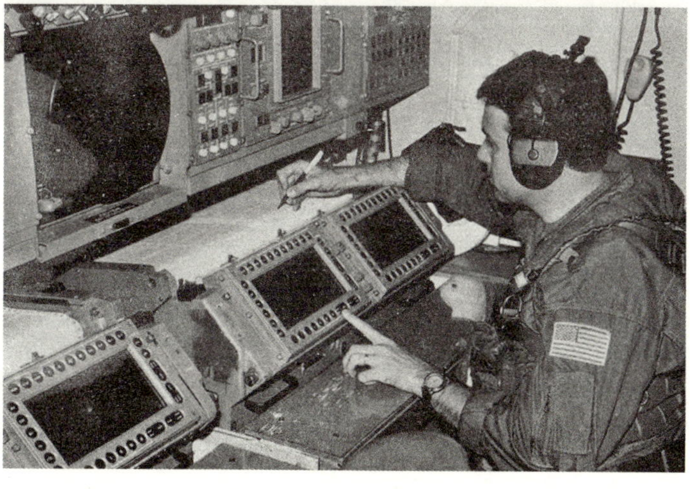

美国海军P-3C的声呐操作员

P-3C的战术空中领航员（TACCO）座位（左侧）和导航通信员（NAV/COM）的座位（右侧）

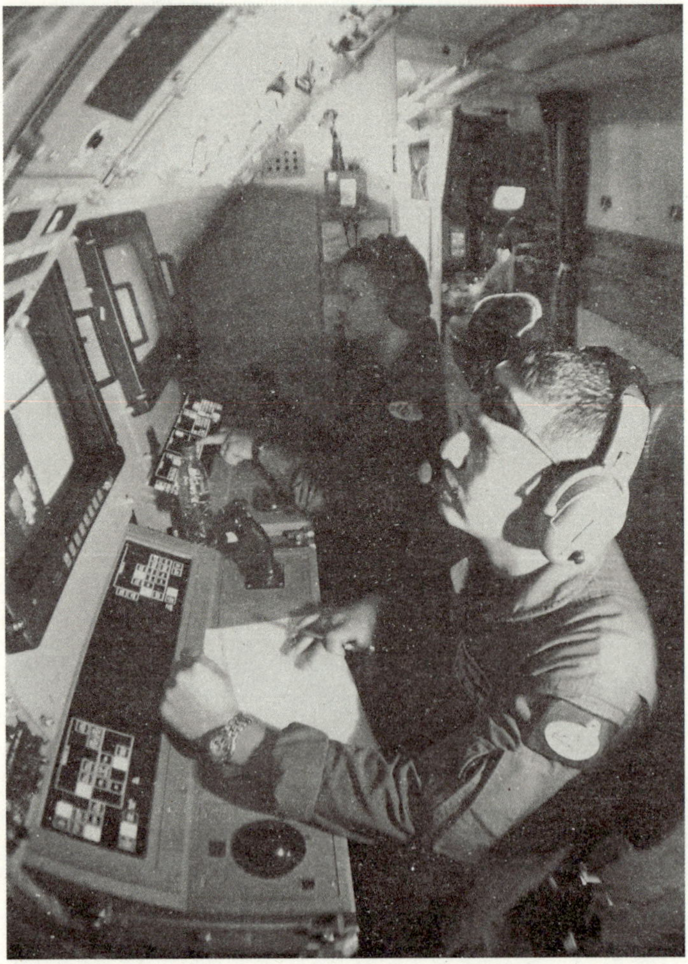

P-3C的声呐操作员（SS-1、SS-2）

美国海军士兵正在将声呐浮标装入P-3C机腹下部的声呐浮标投放口内

| 第四节 | P-1固定翼中型反潜巡逻机

P-1巡逻机是由日本防卫省技术研究本部与川崎重工联合开发、川崎重工负责制造、日本海上自卫队最新列装的中型固定翼反潜巡逻机。这款巡逻机配备了4部涡轮风扇发动机，为日本海上自卫队现役P-3C“猎户座”大型固定翼海上反潜巡逻机的替代机型。虽然P-1被定位为中型反潜机，但是，无论是从设计规模，还是从综合反潜能力来看，它都比现役的P-3C反潜机大很多、强很多。实际上，日本海上自卫队不过又是在玩一种“文字游戏”。

P-1巡逻机于2007年（平成19年）9月28日成功进行首飞，试制飞机名称为XP-1。不过，2013年（平成25年）3月12日，随着开发程序正式宣传结束，这款机型的正式名称就确定为P-1。最初服役的两架P-1已经于2013年3月29日配备于日本海上自卫队厚木航空基地，这款飞机的预定生产数量是80架。随着P-1的正式服役，日本海上自卫队的海上反潜能力更上一层楼。

P-1的前期开发历史

一直以来，日本海上反潜巡逻平台利用的都是由川崎重工许可生产的美国洛克希德公司P-3C“猎户座”反潜巡逻机。然而，随着时间的流逝，这款机型已经陈旧、老化。于是，P-3C更新取代计划也迫在眉睫，在这种情况下，日本防卫厅（现在的日本防卫省）开始研究下一代固定翼巡逻机，当时的名称为MPA。在这项计划中，日本防卫厅考虑全面使用并锻炼日本的国内技术。2000年（平成12年），日本防卫厅正式对外发表国产化下一代固定翼巡逻机（MPA）和下一代运输机（C-X）的决定，第二年，巡逻机研制计划预算批准。

在开发阶段，日本海上自卫队的P-X下一代固定翼巡逻机与日本航空自卫队的C-X下一代运输机（即后来的XC-2运输机）同时开发，两大飞机总计开发经费为3400亿日元，这是自1945年第二次世界大战结束以来，日本国内最大的军工开发项目。在联合开发中，两大机种之间的一部分零部件达到了通用化，因此，整体开发成本大幅度削减。

由日本国产技术开发固定翼巡逻机是日本航空业界多年以来的夙愿和希望，在此之前，日本航空业界中的川崎重工曾经许可生产了P-2J反潜巡逻机、新明和工业公司曾经生产了PS-1反潜巡逻水上飞机。此外，从1968年开始，日本又展开了作为P-2J替代机型的PX-L选型计划。一开始日本政府采取国内开发的方针，在此指导下，川崎重工构想研制国产4发喷气巡逻机，同时，制作了同比例的实物模型。然而，就在川崎重工意气风发地进行下一代反潜巡逻机国产开发的时候，日本田中角荣新一届内阁迫于国防预算及美国飞机采购的压力，不得不于1972年撤回下一代反潜巡逻机的国产开发决定。后来，1977年，日本政府决定由川崎重工许可生产洛克希德的P-3C。

与日本防卫厅的国产派和日本航空业界的希望正好相反，日本海上自卫队内部相关下一代巡逻机的计划早就有以B-757为基础的设计方案浮出水面，在日本防卫厅的内部部局，更有比B-757机身更大型化、以B-767以基础的设计方案出炉。同时，日本国内希望采购由美国海军最新开发的P-8“海神”巡逻机的声浪也很高涨。后来，日本海上自卫队在开发P-1过程中也曾经搭乘“P-8计划”这辆便车，在此期间，日美之间曾经形成共同开发P-8的强烈意见。围绕P-X下一代巡逻机开发计划，日本国内形成所谓“国产派”与“开国派（采购美国飞机派）”两大阵营之间的尖锐对立，后来，对国内开发P-X持批判观点的石破茂就任日本防卫厅长官，这两大派别之间的对立更是达到了激化的趋势。

根据平成13年度的预算，P-X开发需要53亿日元的经费，这项开支得到足额的批准，2001年（平成13年）初，日本防卫厅技术研究本部（技本）开始进行可行性研究工作。2001年5月25日，日本防卫厅开始选择飞机制造商，并以官方通报形式对外宣布，截至2001年5月30日，飞机制造商仍在募集当中。5月31日，募集到的8家制造商召开了说明会，在7月31日下午5时最后期限内，各大飞机制造商提出了各自的方案。

在P-X与C-X两款飞机制造的主承包合同中，川崎重工要求生产两款飞机，富士重工提议为了生产两款机型设立一家新公司，而三菱重工则要求生产任何一款飞机。在P-X分担生产任务中，川崎重工要求负责主翼和水平尾翼生产，而富士重工则要求生产主翼、水平尾翼、垂直尾翼、翼片整流装置、C-X的机腹部分，三菱重工要求生产机身中部、机身后部、垂直尾翼，至于新明和工业、日本飞机、昭和飞机、贾姆科4家公司则要求生产各种零部件，上述7家公司均明确表示参加P-X和C-X的分担生产任务。

2001年11月26日，日本防卫厅正式对外宣布主承包商选定为川崎重工。同时，日本防卫厅与川崎重工签订了C-X下一代运输机与P-X下一代固定翼巡逻机的生产合同，而三菱重工和富士重工则是两家最大的分承包商，他们负责两款机型的分担生产任务。在平成14年度预算中，日本政府正式批准410亿日元的开发经费，随后开发工作全面展开。

此外，在此期间，日本国内传言YSX国产客机与P-X存在着一部分通用性，不过，2001年末，日本防卫厅和川崎重工发表联合声明否认了这种传言。尽管如此，川崎重工计划的125座级别的喷气客机（2007年最终定型生产）为P-X开发提供了主翼技术。与此同时，2002年，日本飞机开发协会（JADC）对P-X与C-X的民用客机转用展开了开发调查。

2011年4月，机身编号为5501号的XP-1飞机在厚木航空基地内进行飞行测试

2009年，机身编号为5501号的飞机与一架P-3C在岐阜航空基地内进行并列飞行测试

P-1正式开发情况

根据P-1的总体开发计划，平成13年度至16年度为飞机的设计阶段，平成15年度至21年度为飞机的试制阶段，平成18年度至23年度（截至2012年3月末）为飞机的飞行试验阶段，具体的合同又将每年度分成“其一”至“其七”共7个阶段。经过若干经费预算之后，P-X与C-X两款飞机的总开发经费高达3450亿日元。

自1990年代以来，日本防卫厅与国内的电子设备制造商就机载巡逻设备进行了全面研究，到P-X开发时为止，包括机身、航空发动机、机载装备在内的所有生产都可国产化。因此，P-X是一款完全由日本国产化的巡逻机。环顾世界，日本同时进行两款中型飞机的研制与开发，这在全世界范围内都是非常罕见的。

2001年（平成13年），日本防卫厅与技术研究本部和川崎重工之间正式签订了C-X/P-X开发合同（其一阶段）。为此，川崎重工在公司内部专门成立了一个大型飞机设计小组，即MCET小组，这个小组包括由三菱重工、富士重工、日本飞机等日本大型公司借调来的工程师在内共由大约650名工程师组成。随后，这个设计小组开始了P-X与C-X设计工作。

P-X与C-X基本设计图由日本防卫厅技术研究本部负责具体的技术审查工作。2003年（平成15年）6月12日，技术研究本部审定川崎重工P-X与C-X的设计非常“妥当”。在此基础上，根据三维设计图及性能诸元可以确定假想的发动机选择范围。在基本设计图通过技术审查的第二天，两款飞机开始转入细节设计阶段，2004年，制造图也最终完成，2004年12月，日本防卫厅对外公开了P-X/C-X木制同比例实体模型。此外，2004年11月至12月期间，选定安装的日本国产XF7-10涡轮风扇发动机开始搭载于C-1FTB飞机上进行飞行试验，这款发动机的主承包商为石川岛播磨重工（即现在的IHI），具体测试工作由技术研究本部负责。

2002年3月至2005年3月期间，在进行机身设计的同时，为了确保P-X/C-X与以盟国美国海军为中心的各国军队之间的互操作性，日本防卫厅展开了日美两国之间相关P-3C后续替代机型机载电子设备的共同研究。在这项研究中，P-X与美国海军P-8A下一代反潜巡逻机进行了互相借鉴，它们共同对P-3C进行了利用，因此，P-X与P-8A之间拥有通用性，这样在机种更新之后，这种通用性可确保两款飞机具有运用的通用能力，至此，事实上，P-X与P-8A具有同等的作战能力。2006年9月末，P-X与P-8A之间的通用性研究正式结束。

2003年度（平成15年度），根据“C-X/P-X（其三阶段）”的签订合同，川崎重工开始制造静强度试验飞机第1号飞机。2006年（平成18年）3月，第1号飞机搬入技术研究本部第3研究所（2006年4月，在技术研究本部组织机构改革后，第3研究所改组为航空装备研究所）内。2006年10月6日，在制成技术检查中，技术研究本部给予“妥当”（也就是合格）的审查结果。2006年10月13日，第1号飞机正式通过技术验收。在静强度试验期间，2007年7月30日，日本防卫省对外宣布P-X水平尾翼的一部分及机身舱内地板的一部分发生了变形。

2004年度（平成16年度），根据“C-X/P-X（其四阶段）”的签订合同，川崎重工开始制造飞行试验飞机第1号飞机（机身编号为5501）。这架试验飞机预定于2007年3月进行首次公开展出，然后，于2007年夏天进行首飞。然而，就在这些预定计划的前2个月，采购自美国的进口机身铆钉（长度为13.5毫米）被检查出了强度不足的问题。而后，由于安装位置确认（达数千个安装位置）和产品退换程序，以及必要的重新检查，首次公开展出日期不断推迟。2007年5月，技术研究本部在自己网站上首次公开发表了飞行试验飞机第1号飞机的全机身照片。2007年6月7日，日本防卫省飞机科发表了问题调查结果，根据这些调查显示，必须进行更换的铆钉数量达到了161个，几乎所有的问题铆钉都由川崎重工负责更换，有4个问题铆钉由于周围铆钉的存在不得不更换成强度大的拉链式铆钉。根据这些改善处理，日本防卫省飞机科认定机身强度的问题得到了圆满解决。

此外，航空发动机在进行地面试验时轴承发生损伤，在这种情况下，试制飞机的发动机更换也需要一些时间。鉴于情况不允许，川崎重工只改变了轴承支撑部件的形状，从而解决了问题。

飞行试验1号机的首次公开展出于2007年7月4日正式举行。按照预定，2007年8月29日这天，1号机要进行公司内部的首飞。然而，根据静强度试验的结果，首飞延期。9月28日，在与川崎重工相邻的日本航空自卫队岐阜基地内，在川崎重工9名员工的参与下，1号机进行了大约1小时的首飞试验。在这次飞行试验期间，1号机称为XP-1。1号机经过了为期11个月的公司内部飞行试验，2008年8月29日，日本防卫省验收了1号机。2008年9月5日，在岐阜基地进行了飞行试验之后，1号机依靠自身动力飞往日本海上自卫队厚木航空基地。

2005年（平成17年），根据“C-X/P-X（其五阶段）”的签订合同，川崎重工开始制造疲劳强度试验机2号机和飞行试验机2号机。2008年，日本防卫省验收了疲劳强度试验机2号机，随后，疲劳强度试验由日本宇宙航空研究开发机构（JAXA）下属航空宇宙技术中心飞机场分室负责实施。此外，2008年6月19日，飞行试验2号机（机身编号为5502号）进行了首飞试验，它预定于2008年度之内由日本防卫省验收。

2007年（平成19年）度签订的“C-X/P-X（其七阶段）”合同为最终合同。

2013年（平成25年）3月12日，日本防卫省正式对外宣布P-X飞机开发结束，作为P-1飞机的最初2架飞机配备到厚木航空基地内。

在P-1开发过程中，包括日本国内各大相关公司共有超过1800名技术人员参加了开发工作。在飞行试验1号机进行首次公开展出时，C-X/P-X的开发总额已经达到3500亿日元。

2013年4月28日，机身编号为5503号的飞机在鹿屋航空基地内进行公开展示

P-1的主要设计诸元及性能

P-1机全长为38.0米（124英尺8英寸），机高为12.1米（39英尺4英寸），翼展35.4米（114英尺8英寸），最大任务起飞重量为79700千克（176000磅），发动机为4部F7-IHI-10型涡轮风扇发动机，单发60kN（13500lbf），机组人员为13人，其中包括2名飞行员（主副各一名）和11名机载设备操作人员。

最大飞行速度为538节，巡航速度450节，续航距离为8000千米（4320海里），实用升限为13520米（44200英尺）。

机载武器有空对舰导弹、轻型鱼雷、反潜炸弹等，上述这些武器装载总量超过9000千克（20000磅）。

美国海军P-8与日本海上自卫队的P-3C和P-1技术数据对照表：

	P-3C	P-8	P-1
机长	35.6米	39.5米	38米
机宽	30.4米	37.6米	35.4米
机高	10.3米	12.83米	12.1米
最大任务起飞重量	63.4吨	85.8吨	大约80吨
实用升限	8600米	12500米	13520米
发动机	T56A-14×4	CFM56-7B×2	XF7-10×4
	涡轮螺旋桨发动机	涡轮风扇发动机	
巡航飞行速度	328节	440节	450节
续航距离	3600海里（6600千米）	不详	4300海里（8000千米）
有效作战半径	2380海里（4410千米）	2000海里（3700千米）	不详
机组人员	11人	9人	13人
现役情况	现役	实战测试中	现役（P-1）

P-1的采购情况及装备部队

2010年（平成22年）度之后，随着P-3C服役数量的减少，根据《中期防卫力整备计划》（平成17年度至21年度），日本防卫省计划采购4架P-1。根据2008年（平成20年）度国防预算，首批采购的4架P-1预算总额为679亿日元，4架飞机分别是量产1号机/通产3号机之后的4架，分别是量产1号机/通产3号机、量产2号机/通产4号机、量产3号机/通产5号机、量产4号机/通产6号机，“通产”就是包括前面的飞行试验1号机和飞行试验2号机，其他试验种类机型不包括在内。

作为单年度合同，4架采购量是一个比较大的采购额，为了降低每架飞机的采购价格，以后每两年将进行一次统筹采购计划。

一直以来，日本海上自卫队的作战飞机编制定数确定为13个飞行队170架飞机，其中，P-3C编制8个飞行队大约80架飞机，然而，根据平成17年度以后的日本防卫计划大纲，作战飞机编制定数要削减至9个飞行队150架飞机，其中，P-3C将减少4个飞行队，也就是说这些减少的飞行队都是P-3C飞行队。根据日本防卫省的方针，虽然全新列装的P-1比P-3C拥有更远的续航距离和连续巡逻时间，但是P-1的服役数量仍然必须维持在大约70架，这样日本的海上反潜巡逻能力才不至于下降。

2011年，试验中的P-1机身出现几处裂缝，因此，2011年度预定的装备计划被迫推迟。不过，2013年3月12日，日本防卫省还是服役了最初的两架P-1。

2013年3月26日，在岐阜县各务原市的川崎重工岐阜工厂内，日本防卫省举行了隆重的量产1号机验收仪式，2013年3月29日下午2时左右，量产1号机着陆厚木航空基地机场跑道上。最初的2架P-1都配备于厚木航空基地，在进行2年左右的飞行试验以及机组人员训练等程序之后，它们将预定承担海上警戒与监视任务。

2013年5月，在飞行试验中，一架P-1在确认了超速警报装置的动作之后，进行了紧急减速，随后，停止工作的几部发动机发生了状况不佳的问题，在这种情况下，日本海上自卫队对2架飞机进行了停止飞行的处理。鉴于此次事故影响，P-1在今后的采购及配备情况都将变得扑朔迷离。2013年6月20日，日本防卫省对外宣布了上述事实。

截至2013年3月末时，日本海上自卫队共装备了4架P-1，具体的P-1采购数量如下表（试验机除外）：

预算批准年度	采购数量
平成20年（2008年）度	4架
平成21年（2009年）度	0架
平成22年（2010年）度	1架
平成23年（2011年）度	3架
平成24年（2012年）度	0架
平成25年（2013年）度	2架
总计	10架

P-3C在服役期间，日本海上自卫队曾经使用了其几种派生型飞机，作为其后续替代机型的P-1也将有派生机型，这些派生机型都将以P-1为基础进行改造开发。其中，相关EP-3（全新制造5架）、OP-3C（改造5架）两款P-3C派生机型，2005年，日本防卫厅已经就它们的使用寿命年限设定进行了技术讨论，为了选择这些机型的后续替代飞机。根据日程表安排，目前正在进行数据收集工作。如果用P-1的派生机型来取代这些飞机的话，那么，P-1派生机型的生产数量大约为80架左右。

作为P-1的第一款派生机型，P-1试制1号机将改造成UP-1多用途飞机，预定于平成26年度配备部队。

P-1的机身设计——纯日本技术集合

在现代海上反潜巡逻机设计中，P-1是比较罕见的采取4部涡轮风扇发动机的中型飞机，其机身规模比P-3C大型反潜巡逻机还要大一些。P-1全力追求只有喷气式飞机才具备的高速性能，其主翼和尾翼都安装了后退翼，主翼采取低翼配置，主起落架的车轮安装在机身与主翼的根部，除非常显眼的4部涡轮风扇发动机之外，从外观上来看，P-1与一般的喷气式客机没什么两样。此外，这些机身外部形状设计基本继承了20世纪60年代末期在PX-L计划中由川崎重工提出的机身设计方案特征，当时的飞机采取4部喷气式发动机，由此可见，川崎重工在生产P-3C期间一直不忘开发日本国产海上反潜巡逻机的梦想，日本有这样的爱国企业怎能不强大，未来日本的军事复兴将势不可挡，就是因为日本有世界上最爱国的超级发达企业。

与2部发动机相比，4部发动机的燃料消耗率和维修成本因素都不具优势，不过，这种设计却可大大缩短巡逻机赶赴指定岛屿巡逻地域的时间，这是非常重要的，同时，机载电子巡逻设备的电源保障、低空飞行的噪声削减以及执行任务时的生存能力都可有大幅度的提高。

P-1的涡轮风扇发动机是IHI（原石川岛播磨重工）制造的F7，其试制机型为XF7-10，包括这种发动机在内，P-1的机身全部采用日本的国产技术，这在世界范围内是非常罕见，它也彰显了日本为世界超级技术大国的地位。P-1的机载维修系统及维修系统的地面分析装置也由川崎重工在P-1开发期间同时开发完成。

为了避免机载电子传感器与精密电子设备之间的相互干扰，P-1驾驶系统采取使用光纤维的电传飞行操纵系统（FBL），日本海上自卫队在UP-3C装备评价试验机上对这种驾驶系统已经进行了反复的实验。作为实用飞机，P-1是世界上第一款尝试采用电传飞行操纵系统的飞机，这种系统有配线更轻便化、降低电力消耗等技术优势。

在驾驶员座舱防风罩、主翼外翼（全长的一半）、水平尾翼、综合显示器、惯性导航装置、飞行控制计算机、辅助动力装置（APU）、冲突防止灯、起落架收放系统控制装置等设计方面，P-1与同时期开发的XC-2运输机具有通用性。从机身重量比角度来衡量，两款机型的通用零部件可达到大约25%；从机载系统的设备种类数来衡量，两款机型的通用装置到达大约75%。由此可见，两款机型同时开发所具有的成本节约优势。根据这些通用开发，P-1与XC-2节省了250亿日元的开发经费。这些通用性优势不仅体现在开发、制造、维修等方面，而且，在日后的服役、运用及参战过程中还会继续发挥巨大的优势。

与P-3C相比，P-1的飞行性能大幅度提升，后者的巡航速度和绝对升限（飞机能飞行的最大高度）是前者大约1.3倍，在续航距离方面，后者是前者的大约1.2倍，后者到达指定作战空域的时间也大大缩短，平均单位时间内的巡逻面积也提高了很多。在这种情况下，日本防卫省虽然削减了海上反潜巡逻机的服役数量，但日本的海上反潜巡逻能力却丝毫没有降低，反而效率更高。

P-1的机身涂装各不相同。试制1号机（机身编号为5501号）的涂装配色采取白色为底、机身条纹为红色、机身下部为灰色，技术研究本部的试制飞机采取标准配色，不过，后来的试制2号机以及量产飞机涂装配色均采取全面的青灰迷彩装。这种涂装具有低确认性的优势，让对方难以辨别，它与日本航空自卫队C-130H海外运用机型涂装非常相似。

P-1的机身开发与制造分别由不同的日本企业承担，其中，三菱重工负责机身的中部和后部，富士重工承担主翼和垂直尾翼，日本飞机公司也参加了分担生产。在机载系统方面，机载雷达由东芝公司制造，音响处理装置由日本电气公司制造，管制装置由神钢电机公司制造，自身防御装置由三菱电机制造，空调装置由岛津制作所生产，起落架组装由住友精密工业公司承担，等等。整体来看，日本国内几乎所有大型企业都参加了P-1的开发、研制与生产任务。

XP-1飞机的机身后部全视

P-1的机载反潜巡逻装备

P-1机载反潜巡逻装备在试制机进行飞行试验期间就已经并行展开了。自1990年代以来，日本防卫省技术研究本部就已经开始自主开发固定翼与旋转翼反潜巡逻机的机载反潜巡逻装备，这些研究成果也大量应用于P-1的机载反潜巡逻装备开发程序中。为了确保日美两军之间的互操作性，日本防卫厅决定P-1与美国海军P-8A之间要有通用性，不过，由于存在分歧，日本最后独自开发了P-1的机载反潜巡逻装备。

P-1的机内布局设计以P-3C为标准，驾驶员座舱后面的战术空中指挥官（TACO）座席变成透明舷窗。ESM天线安装在机身上部，这部天线的外观特征是两个半球状的整流罩。与P-3C相同，P-1机身后部安装有容纳磁性探测器（MAD）设备的尾梁。为了强化下方的目标探测能力，P-1安装了日本国产最新型的HPS-106型相控阵雷达，这部雷达安装在机首雷达天线罩内及前起落架收放部附近的整流罩内。与P-3C的机载雷达相比，HPS-106型相控阵雷达拥有超高度对极端微小目标的探测能力。

与SH-60K反潜巡逻直升机一样，P-1在机首下部安装了一部红外线探测装置（FLIR）。一般情况下，这部探测装置要收放到机首内，只有在使用时才伸出机身外部。P-1的声呐浮标发射口位于机身下面、主起落架的后部。P-1的作战指挥系统具备高度的人工智能化，它可对来自海面不同声呐浮标的音响、高性能雷达的探测情报等数据进行一元化综合处理，同时，还可探测潜艇及各种可疑船只。此外，机身下面还安装有敌我识别装置（IFF）天线，紧随其后，还安装有通信天线、导航天线、声呐浮标电波接收用的天线。另外，作为战术数据链的MIDS-LVT（小型综合数据系统-小型终端）终端也安装在机身上。

与P-3C相同，作为P-1机载武器的炸弹仓安装在机首下部，这个武器仓库可投放反潜炸弹、航空深水炸弹、航空鱼雷等武器，另外，主翼下面设计有几个硬支点，这些武器挂架最多可装备8枚反舰导弹等机载武器。

F7涡轮风扇发动机

P-1的喷气发动机是F7涡轮风扇发动机，其主承包企业是石川岛播磨重工（今天的IHI），从2000年开始，在日本防卫厅技术研究本部的主持下，F7以最初的XF-7-10试制机型进入开发程序，其开发总额达到200亿日元以上。2004年10月，经过当时日本防卫厅的装备审查会议审查之后，2004年10月28日，XF-7-10发动机正式被日本采用。

F7起飞时的推力为每部发动机大约60kN，它与普通50座至100座级别的客机用发动机基本属于同一水平，其函道比为8.2，具备节约燃料和低噪音的优点。F7的开发借鉴了此前开发的XF5-1发动机的技术，这款发动机同时又继承了日美英德四国联合开发的同级别V2500民用发动机的经验。今天的IHI除开发、生产涡轮等基干产品外，它还面向川崎重工和三菱重工提供工业零部件。

在推力方面，与F7属于同一级别的还有日本航空自卫队C-1运输机使用的JT8D-9发动机，同级别的现役发动机只有美国通用公司的CF34-8E发动机，由于可选择的发动机产品很少，故此日本只能独自开发F7。

4部F7发动机都安装在P-1主翼下面的支架上，内侧发动机的机身搭载状态是安装了推力反向器。

在发动机噪声方面，与作为螺旋桨飞机的P-3C相比，在巡航输出功率期间，P-1的发动机噪声为10分贝左右，在起飞输出功率期间，发动机噪声下降至5分贝左右。此外，通过性能提升，P-1的起飞与降落次数将会大大降低。这样，飞机部署给周边居民所带来的噪声影响将会有所缓解。在P-1已经部署到位的厚木航空基地周边的大和市和绫濑市进行的调查显示，与P-3C相比，P-1的噪声污染明显得到改善。

机身编号为5503号P-1巡逻机使用的F7涡轮风扇发动机

P-1的民用客机方案

P-1的民用客机机型为YPX，它是100座至150座级别的小型客机，与波音737和空客A320相比，YPX非常适合于短距离航线。YPX的发动机尚未选定，预定于2015年开通航线，它投入运营后，运营经费相比三菱重工现行的波音737-700客机最大削减15%。

2007年时的YPX-11客机是由两个级别构成的113座小型客机，YPX-10客机是由两个级别构成的93座小型客机，而YPX-12客机是137座的小型客机。在所有座席都是经济座的情况下，这些客机可望达到150座。上述3个机种的标准续航距离为4260千米（2300海里）。另外，YPX-10和YPX-11的标准续航距离可延长至5930千米（3200海里）。

2012年时，日本防卫省和川崎重工认为，原原本本地将XP-1巡逻机转用为民用客机将会缺乏市场性，如果按照全新的方案更改设计又没有这个必要，故此，P-1的民用化道路将会面临一些困难。2013年3月26日，川崎重工宣布对于P-1的民用客机设计方案还没有进一步的具体意见。

第五节 SH-60J反潜直升机

SH-60J直升机是日本海上自卫队在美国西科斯基飞机公司研制的SH-60B“海鹰”直升机基础上开发而成的反潜巡逻直升机。这款直升机的主要用途是通用及反潜巡逻任务，机种分类为中型直升机，制造商为日本三菱重工及美国西科斯基飞机公司。

SH-60J与SH-60B“海鹰”直升机基本概况对照表：

机型	三维尺寸（机长x机宽x机高）（米）	最大飞行速度	续航距离	最大任务起飞重量	自身重量	实用升限	搭乘人员	机载武器
SH-60J	19.8×4.4×5.4	275千米/时	584千米（最大）	9.7吨	6.2吨	5790米	机组人员3人，最大可搭乘人员为8人	2枚鱼雷
SH-60B	19.75×4.4×5.2	333千米/时	834千米（450海里）（以巡航速度飞行时）	9.927吨	6.895吨	3580米	机组人员3－4人，最大可搭乘人数为11人	3枚鱼雷、另有机载导弹、航炮等武器

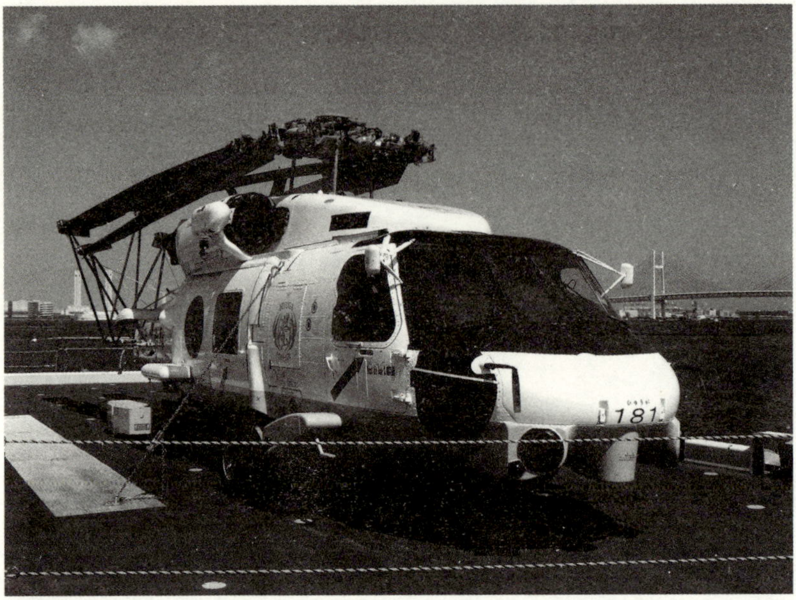

一架SH-60J直升机停放在“日向”号直升机母舰的飞行甲板上，可见机首部写着“日向181”，这表明这架直升机是“日向”号（DDH-181）的固定搭载直升机

一架机身编号为86号的SH-60J直升机

SH-60J的开发过程

作为HSS-2B直升机的后续机型，日本海上自卫队决定采购美国海军SH-60B直升机面向日本设计的机型，即SH-60J直升机。

1985年（昭和60年），日本防卫厅决定以研究用途采购一架SH-60B直升机，此外，还向美国西科斯基公司采购了2架SH-60B直升机的试制机型。以美国海军LAMPS-III舰载直升机多目的运用构想为参考，日本防卫厅决定面向国内需求开发SH-60B的日本型号。然而，由于贸易磨擦的影响，美国拒绝向日本出口SH-60B的机载电子设备。在这种情况下，日本以“构造不明的设备”方式进口了一部分SH-60B的电子设备。此外，其他大部分机载电子设备都由日本防卫厅技术研究本部进行国产开发。

1987年（昭和62年）8月31日，SH-60J的第一架试制飞机XSH-60J在美国国内进行首次飞行，至第二架飞机为止，SH-60J仍为进口采购。

从第三架飞机起，日本三菱重工以美国授权方式开始批量生产SH-60J直升机。1991年8月之后，日本海上自卫队各部队开始列装这款直升机，截至2005年，共配备了103架，单机造价大约为50亿日元，机身寿命大约为6000飞行小时。1998年至2001年度期间，根据生产合同，三菱重工又生产了32架。这些直升机为舰载型直升机的补充用途，除机身编号为8284号的那架外，其他直升机都配备于日本海上自卫队的陆上基地使用。在此期间，对于舰载型的直升机机身还追加安装了一些机载装备，比如；由8271号开始的32架编号直升机都配备了红外线监视装置（FLIR），8284号除外；由8285号开始的19架编号直升机都配备了AAR-60型导弹警报装置和AN/ALE-47（PJ）型干扰箔条/照明弹投射装置，这些新增设备主要用于对付可疑民用船只；由8294号开始的10架编号直升机都配备了MAGR全球定位系统（GPS）导航装置。

此外，从8271号直升机开始，以后的直升机都拆除了声呐浮标及与声呐浮标处理相关的机载设备，搭载电子设备的托架也集中到机身左侧。于是，驾驶员座舱空间有了大幅度的提升，这样的改装直升机有多架，其中，8285号以后的飞机为了增加续航距离与美国海军装备的SH-60F直升机一样，都在机身左侧机载武器外挂架上搭载了一个机外油箱。

一架尾翼未折叠起来的SH-60J，机身编号为8293，机首的机身编号只写后两位数字93。机身编号8293上面的24代表这架直升机是来自驻小松岛航空基地内的第22航空群之第24航空队，目前，第24航空队只装备了SH-60J

可见机身编号为93号的SH-60J正停放于“直升机着舰固定与机身移动系统”的导轨上，经过这套系统SH-60J直升机可降落到直升机甲板上，然后通过导轨进入直升机机库内

93号SH-60J正在直升机甲板面向日本民众开放参观，可见主旋翼、尾翼设计

93号SH-60J与下面的“直升机着舰固定与机身移动系统”

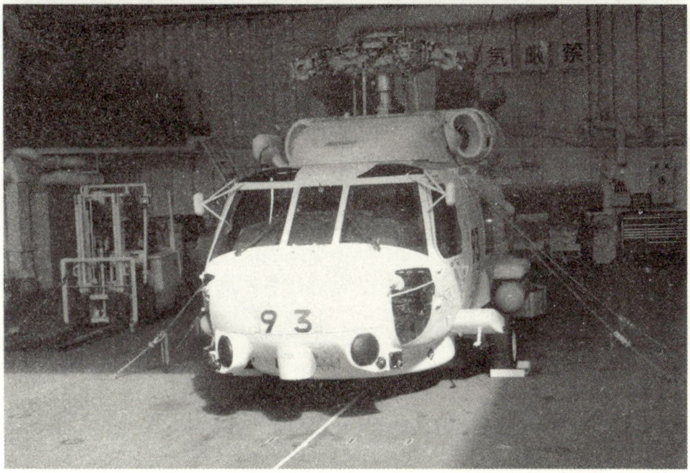

进入直升机机库的93号SH-60J，可见其在机库内的固定方式

SH-60J的主要技术参数

SH-60J直升机的机组人员3人，最多可搭乘人员总数为8人。机身设计全长为19.8米，机身宽度为4.4米，机高为5.4米，主旋转翼直径为16.4米，自身重量6.2吨，最大任务起飞重量为9.7吨。

发动机配备两部由石播重工生产的T700-IHI-401C涡轮轴，连续输出功率为1662马力，起飞功率为1800马力，使用航空燃料为JP-5型，极限飞行速度为275千米/时，实用升降为5790米，最大续航距离大约为584千米。

SH-60J的机身后部：可见折叠起来的尾翼，中部可见的装置分别是诱饵、照明弹发射器及飞行自动记录仪。可见机身编号为8295，机首的机身编号只写后两位数字95。机身编号8295上面的23代表这架直升机是来自驻舞鹤航空基地内的第21航空群之第23航空队，目前，第23航空队装备了SH-60J和SH-60K两款机型

SH-60J机载武器及主要机载设备

SH-60J机载武器配备包括两枚MK46轻型鱼雷，在有需要的情况下还可安装1挺74式7.62毫米机关枪。

SH-60J直升机的机载设备非常丰富，主要机载设备包括战术情报处理显示器、通信器材、导航器材、巡逻器材、救援器材及其他方面器材。

其中，通信器材有UHF无线电设备（航空无线）、UHF/VHF无线电设备（船舶无线）、加密通信装置、数据链装置、HF无线电设备（与航空管制队、驱逐舰、基地司令部之间进行通信时使用，最大有效半径大约为300海里）。

导航器材有自动驾驶装置、惯性导航装置、多普勒雷达导航装置、塔康（TACAN）导航装置、甚高频全向无线电信标（VOR）导航装置、特高频/测向（UHF/DF）。

巡逻器材有机载雷达（最大搜索距离大约为100海里，搜索高度大约为2000米）、投放式声呐、25部声呐浮标、ESM（电子监视与监听系统）反探测装置（可向部署平台通报敌搜索雷达的探测方位，而且，还可向飞行员通报敌火控雷达被照射的状态）、MAD（机载磁性探测器，AN/AQS-81光学抽吸式磁性探测器系列，探测范围大约为500米）、FLIR（红外线夜视装置，仅一部分）、航空摄像机、夜视双筒望远镜、带陀螺仪的双筒望远镜、图像传送装置。

救援器材有探照灯、救援升降机（载重限制为600磅/大约270公斤）、货物挂钩（载重限制为4000磅/大约1900公斤）、海面着色剂（海上定位指示器）。

其他器材有着舰控制装置（RAST）、机载防御装置（包括诱饵和照明弹）、全球定位系统（GPS）、外挂燃料箱（供JP-5型航空燃料使用，可延长空中飞行时间1小时）、发烟筒投放器（投放MK-7型发烟筒（15分钟燃烧时间）或MK-6型发烟筒（45分钟燃烧时间））、水中发音器（音响警告装置，有电子音响型和爆炸音响型两种）、空中消防器材、外挂货物挂钩（货物最大载重大约为2吨）。

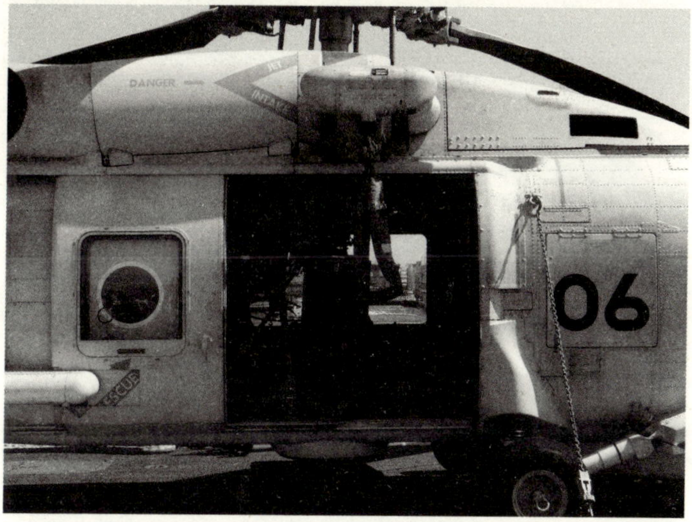

SH-60J机内搭载的一部救援升降机

SH-60J外挂架上挂载的AN/AQS-81型磁性探测器（MAD）

SH-60J位于机腹下的战术数据链装置，可见起落架固定在舰载直升机的支援系统上

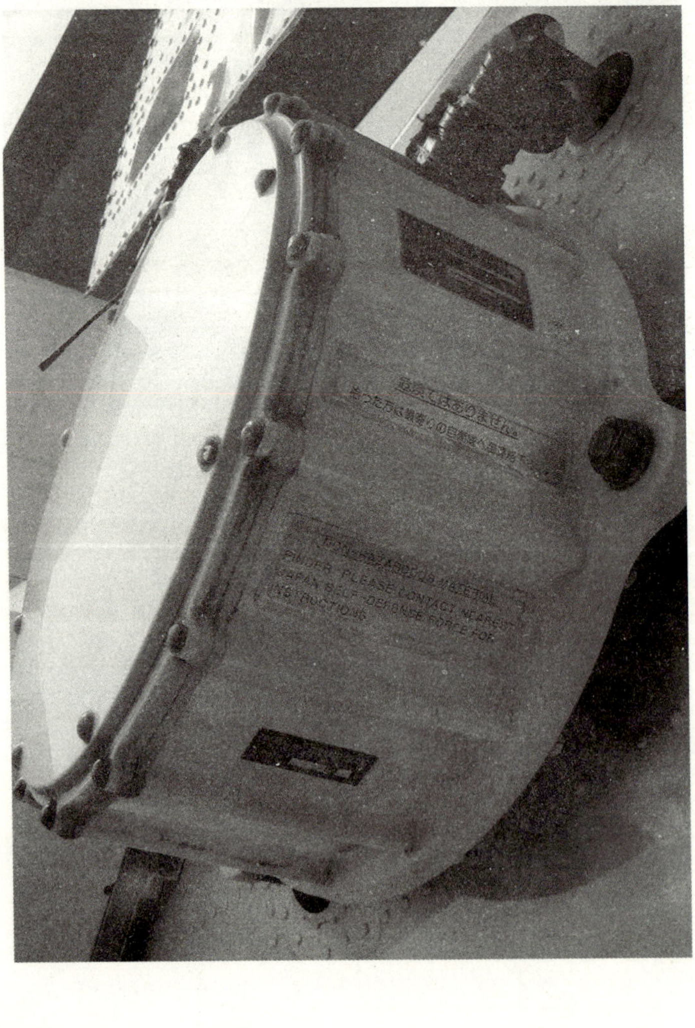

SH-60J位于机尾部的飞行自动记录仪

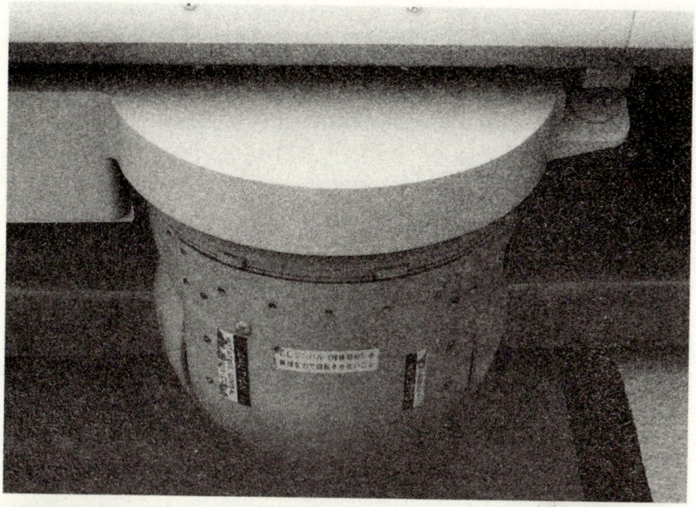

SH-60J的前方监视红外线装置（FLIR）

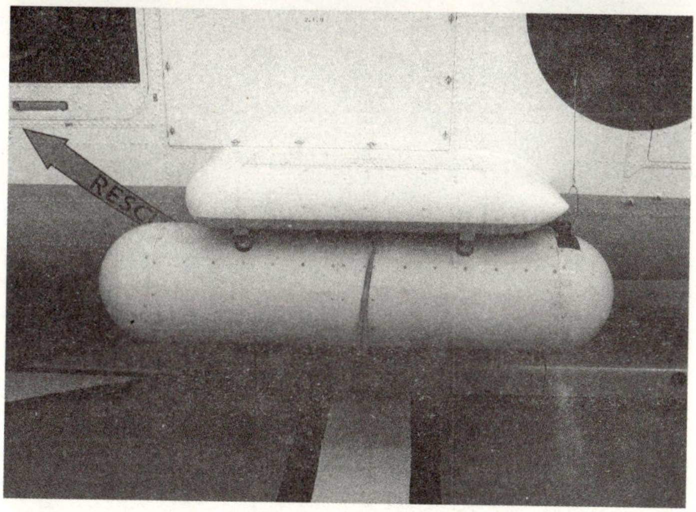

SH-60J的发烟筒投放器

SH-60J的任务组成

目前，SH-60J直升机的主要部署平台为日本海上自卫队的各级驱逐舰，包括直升机母舰、直升机驱逐舰、导弹驱逐舰、通用多功能驱逐舰等，在这些部署平台中，SH-60J可作为空中飞行的战斗指挥所而实施各种战术任务。

从重要程度来看，SH-60J所执行的任务可分为主要任务和次要任务两种，其中，主要任务可分为两项，分别是反潜战和超视距侦察。SH-60J可执行的次要任务很多，在搭载机关枪的情况下可执行由武装运输至搜索与救援等各种各样的任务，具体包括搜索与救援（SAR）任务、人员物资运输（VERTREP）任务、空中消防任务、通信中继（COMREL）任务、照片/视频摄影与图像/电影转送任务、可疑船只处理、特别警备队的突击投送、扫雷任务等。

目前，SH-60J机组人员共有3人，其中2人为驾驶飞行员，另有1人是空中领航员，他是负责雷达与声呐操作的传感器操纵员，同时兼任下降救助员。

SH-60J是驱逐舰舰载战斗系统的一个重要组成部分。通过舰载战斗指挥所与SH-60J机载战斗指挥所之间的战术数据链连接，驱逐舰可指挥直升机遂行各种战术任务。通过舰机之间的战术数据链连接，SH-60J可将自身获得的雷达图像、声呐浮标信号等数据传送给驱逐舰等部署平台。另外，各级驱逐舰平台也可以直接看见SH-60J的雷达图像。也就是说，SH-60J直升机在由驱逐舰平台起飞的那一时刻起就已经成为空中飞行的雷达站，它可对驱逐舰周边的军舰、飞机及接近飞行中的敌导弹进行探测。另外，驱逐舰平台可对SH-60J的雷达图像进行调整。驱逐舰平台的巡逻队长可指示SH-60J直升机按照搜索飞行航线图等进行作战行动，于是，在SH-60J的帮助下，军舰的侦察能力有了飞跃性的提升。通常情况下，拥有反舰侦察能力的SH-60J直升机都配备有非常强大的侦察手段，这种直升机也被称为“空中飞豹”。SH-60J机载ESM（电子监视与监听系统）反探测装置拥有非常强大的侦察手段，如果它能监听到敌人的无线电信号，可瞬间判断目标并锁定发射信号的位置。

SH-60J的副驾驶飞行员与P-3C战术空中领航员担当相同的作战任务，他除了辅助飞行员驾驶任务外，同时，为了更加高效地遂行各种任务，还承担为战斗指挥所提供建议的职责。

SH-60J可凭单一机种灵活运用全球巡逻用的声呐浮标以及可达到位置极限的投放式声呐，而且，由于导航设备也进行了充实，因此，可在夜视条件下进行超低空作战任务。在搭载于驱逐舰平台时，通过舰机战术数据链连接，SH-60J战斗系统成为舰载战斗系统的重要组成部分，这种系统也称为“直升机系统”。

在作为舰载直升机运用期间，SH-60J都安装有着舰控制装置（RAST），同时，直升机的起飞与着陆装置也进行了强化。另外，作为舰载直升机，SH-60J还追加安装了HF无线装置、副油箱、红外线夜视装置（FLIR）、7.62毫米机关枪、老式全球定位系统（GPS）、自身防御系统（包括诱饵及照明弹）等。

在执行搜索与救援任务时，SH-60J携带有探照灯、起重机灯和救援用的绞车，另外，还装备了吊装运输用的货物挂钩。

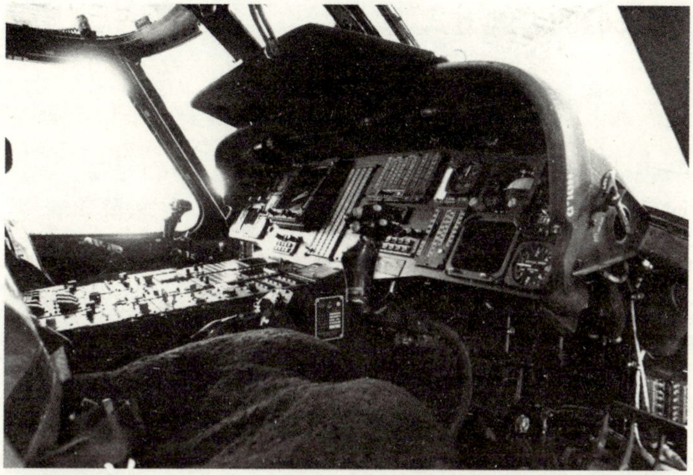

95号SH-60J的驾驶员座舱内部布局，共有左右2个驾驶员座席

95号SH-60J的机内座位安排，为空中领航员座席，他是负责雷达与声呐操作的传感器操纵员，同时，兼任下降救助员

95号SH-60J，可见机首下部的大功率、高辐射战术数据链装置

SH-60J的着舰方式

海上航行中的驱逐舰摇晃激烈，为了安全平稳地降落到驱逐舰狭小的飞行甲板上，SH-60J共设计了3种着舰方式，分别是自由甲板降落、无下降降落和下降降落。在驱逐舰上，这些着舰方式统称为“甲板降落着舰”。

其中，“自由甲板降落”着舰方式不使用着舰控制装置，着舰后使用悬垂锁链系停在军舰上，直升机在进出机库时一般依靠人力移动直升机。目前，“自由甲板降落”着舰方式是日本海上自卫队独有的称呼，美国海军将这种着舰方式称为“清场甲板降落”。

“无下降降落”着舰方式使用着舰控制装置。以这种着舰方式降落时，SH-60J利用着舰控制装置抓牢机身下部的突起部（主传感器），从而将机身固定住。无下降降落着舰方式是使用频度最高的一种着舰方式，直升机在出入机库操作时都使用着舰控制装置，而不使用人力。“无下降降落”着舰方式是日本海上自卫队独有的称呼，美国海军将这种着舰方式称为“下降降落”。

“下降降落”着舰方式也使用着舰控制装置，这种着舰方式利用驱逐舰表面安装的回收辅助缆索连接上直升机机身下部，然后，通过驱逐舰上的起重机强制性地将机身拉下来，从而达到降落甲板的目的。在极端恶劣的气象条件下，通常采取“下降降落”着舰方式。着舰后，利用着舰控制装置将直升机机身下部的突起部固定住，再将机身停稳。在直升机进行出入机库操作时，这种着舰方式也使用着舰控制装置。“下降降落”着舰方式是日本海上自卫队独有的称呼，美国海军将其称为“回收辅助（RA）降落”。

日本海上自卫队一架机身编号为“45”号的SH-60J直升机正在降落到美国海军阿利-伯克级宙斯盾导弹驱逐舰上，这是一次跨军直升机着舰试验

SH-60J的服役状况及今后的装备计划

截至2012年3月末，日本海上自卫队共装备49架SH-60J直升机，分别装备到日本海上自卫队航空集团馆山航空基地内的第21航空队之第212飞行队、大村航空基地内的第22航空队之第223飞行队、舞鹤航空基地内的第23航空队之第231飞行队、小松岛航空基地内的第24航空队之第241飞行队、大凑航空基地内的第25航空队之第251飞行队、鹿屋航空基地内的第211教育航空队和厚木航空基地内的第4航空群之第513飞行队。

自从服役以来，SH-60J直升机发挥了多任务的威力，曾经执行了能登半岛海面可疑船只事件、台风灾害派遣、地震灾害派遣、水灾灾害派遣、山林火灾派遣等任务。此外，还在日本众多离岛的海面上进行了大量的救援、患者运输等任务，这些任务既包括军事任务又有民事任务。鉴于SH-60J的通用功能，日本海上自卫队将其分类为旋转翼巡逻机（巡逻直升机）。

从2002年起，日本海上自卫队开始采购SH-60J直升机的替代机型SH-60K，这项替代计划仍在进行中。然而，在异常严峻的财政预算情况限制下，虽然有一些SH-60J直升机的机身已经达到了耐用飞行时间，不过，日本并没有采购替代的SH-60K直升机。从2011年度预算开始，日本海上自卫队展开了SH-60J机身寿命延长措施。根据平成23年度至平成25年度的预算情况，日本海上自卫队要为总计6架SH-60J直升机进行机身寿命延长处理。按照预定，这些措施将为服役期满的SH-60J直升机再延长5年的服役期。

SH-60J的服役经历

SH-60J直升机可实施海上超低空飞行，在这样的情况下，直升机维修员就要展开一场所谓的“反盐害战斗”。反盐害战斗就是飞行任务结束后，直升机维修员必须用清水对SH-60J的机身及发动机进行及时的清洗，而且，还要实施细致入微的详细检查、维护及保养。另外，由于夜间飞行任务很多，故此，直升机机组人员还要努力更新各种机载设备及提升技术与战术水平。

截至2012年3月末时，共有9架SH-60J直升机出现了重大事故，基本概况如下：

1993年，机身编号为01号的直升机在厚木航空基地内因发动机故障而坠落，机身损失严重。

1994年，机身编号为09号的直升机在馆山航空基地附近的海面上因发动机故障而落水。

1995年，在日本襟裳岬海面，机身编号为41号的直升机由于飞行员的空间定向错误而坠落大海，1名飞行员死亡。

1996年，机身编号为13号的直升机在大村航空基地内因发动机故障而紧急迫降到胡萝卜地内，机身遭遇轻微损失。

1996年，另有一架机身编号为15号的直升机在美国夏威夷珍珠港海军基地着陆后不久旋翼断裂而燃起熊熊大火，损失严重。

2004年，在长崎县，在执行灾害派遣任务过程中，一架机身编号为37号的直升机机身与树木接触，随后紧急迫降到附近的农田里，机身遭受中等程度的损伤。

2009年，在长崎县西彼杵半岛西部的海面上，一架机身编号为97号的直升机因操作失误而坠落，包括副驾驶飞行员及空中领航员共计2名机组人员死亡。

2012年，在大凑航空基地内，一架机身编号为64号的直升机由于飞行员的空间定向错误而发生左右回转，1名空中领航员受轻伤。

2012年，在青森县陆奥湾内，一架机身编号为79号的直升机与“松雪”号驱逐舰发生碰撞后坠落海上，1名机长死亡。

舞鹤航空基地机库内的一架机身编号为72号的SH-60J。可见机尾翼上的机身编号为8287，机首的机身编号只写后两位数字72。机身编号8272上面的23代表这架直升机是来自驻舞鹤航空基地内的第21航空群之第23航空队，目前，第23航空队装备了SH-60J和SH-60K两款机型。可见尾翼稍前的战术数据链装置及左侧机身的自动飞行记录仪、发烟筒投放器

72号SH-60J机身左侧的发烟筒投放器及自动飞行记录仪

舞鹤航空基地机库内的一架机身编号为69号的SH-60J。可见机尾翼上的机身编号为8269。可见战术数据链装置及其前面的磁性探测器（MAD）

空中悬停的SH-60J，机身编号为56号

| 第六节 | SH-60K反潜直升机

日本海上自卫队SH-60K反潜巡逻直升机是日本最新型的旋转翼反潜机，它在SH-60J基础上开发而来，由三菱重工和日本防卫厅技术研究本部联合开发。与SH-60J相比，SH-60K的反潜巡逻能力大幅度提高。

作为SH-60K开发原型的SH-60J机身侧面，机身编号为80号

SH-60K的开发过程——衍生自SH-60J

SH-60B“海鹰”直升机原本是一款专用的反潜巡逻直升机，从1991年开始，日本海上自卫队列装了来自SH-60B的SH-60J直升机。后者因为搭载了大量的搜索与救援用的机载电子设备，机内空间变得异常狭窄，直升机本来所拥有的通用特性大大降低，这样就严重限制了SH-60J的作战应用范围。

此外，SH-60J的机载武器只有2枚MK46型轻型鱼雷，想再加装一挺7.62毫米机关枪，就必须要拆下一部分机载设备。而日本海上自卫队不仅需要一款可承担搜索与救援任务的直升机，还需要执行常规的反潜搜索任务、有效应对来自可疑船只等威胁对象的变化、对大规模自然灾害等突发性事态进行有效处理，等等。这些多样性的任务迫切需要一款真正的通用直升机。同时，随着SH-60J直升机服役期期满，其替代机型计划也自然浮出水面。在这些综合因素下，日本海上自卫队决定提高原有SH-60J的各方面能力，并在这款机型基础上凭借日本独自的研发能力开发一款全新的通用直升机。

在此之前，作为独立的反潜巡逻机改装与开发经验，日本的川崎重工曾经开发了P-2J“大鹫”巡逻机和HSS-2A/B“千鸟”直升机。

作为SH-60J的后续替代机型，这款全新直升机必须具备增强的反潜战与反水面战能力、更好的人员物资运输与警戒监视等多用途特性、更高的安全性等。为了实现这些设计目标，新机型不仅要追加安装、更改一些机载设备，还要对机身形状设计进行优化、进一步更新设计旋翼和发动机等机身组件。

作为全新机型的SH-60K直升机不仅扩大了机内空间，还换装了更大马力的发动机，新开发了高性能的旋翼，追加安装了着舰制导支援装置、战术情报处理显示器等。随着多功能目标的实现，为了增添新机型的搜索与救援以及运输能力，日本海上自卫队希望开发单位能对驾驶员座舱进行彻底的防水化设计，对座舱表面进行强化处理。然而，在计划阶段，这些设计就被暂缓。为了提高物资搬出、搬入的效率，SH-60K直升机的座舱门采取两层设计。

与SH-60J不同，SH-60K对海搜索雷达换装成分辨率更高的逆合成孔径雷达（ISAR），投放式声呐也换装成探测距离更长的低频声呐。

SH-60K的机载武器除可安装反潜鱼雷外还可装备反舰导弹（比如AGM-114M“地狱火II”）和反潜炸弹。随着探测能力的提高，整个直升机的攻击能力也随之提高。通过引入这些新技术，SH-60K成为与SH-60J完全不同的新机型，开发周期也随之延长。

SH-60K的研究工作最早于SH-60J列装部队的第二年即1992年正式开始。1997年，以“SH-60J改”为开发名称的SH-60K研制计划正式开始，开发与技术验证机试制工作全面展开。当时，日本防卫厅将“SH-60J改”与“US-1A改”两项升级计划同时展开，不过，只有三菱重工是完全按照新规定的开发体制进行研制工作。SH-60K首架试制飞机预定于2000年7月进行首飞，不过，由于用复合材料制成的一体化主旋翼发生了未曾预料的问题，故此，对旋翼进行调整又耽误了一些时间。

2001年，SH-60K试制飞机首次由工厂发货，3月27日，成功进行了首飞。

2002年至2004年，在为期两年时间内，日本防卫厅技术研究本部（TRDI）和日本飞机试验部队第51航空队对两架编号为8401号和8402号的SH－60K试制飞机进行了全面的技术与实战试验。

2005年3月，日本防卫厅长官正式批准SH－60K直升机可列装部队，2005年8月10日，批量生产的第一架飞机（编号为8403）和第二架飞机（编号为8404）正式交付日本海上自卫队。此外，原SH－60J改的8401号编号飞机在SH－60K正式服役之后成为USH－60K通用直升机（用于装备试验的试验台），飞机编号也改为8901号。

停放在驱逐舰飞行甲板上的SH-60K直升机，机身编号为13号

SH-60K的主要技术参数及机载武器

SH－60K直升机的机组人员由3人或4人构成，最多可搭乘人员总数为12人，与SH－60J相比多出4人。机身设计全长为19.8米（旋翼旋转时），机身全宽为3.3米（旋翼折叠时，旋翼旋转时的机宽为16.4米），机高为5.4米，主旋翼直径为16.4米，尾旋翼直径为3.4米。设计全重10.65吨，最大任务起飞重量为10.9吨（24000磅）。

两架SH－60K试制飞机的发动机（编号为8401号和8402号）型号与SH－60J发

动机型号相同，都为通用电力T700-IHI-401C型发动机，不过，量产型的SH-60K发动机开始采取两部改良型的GE/IHI T700-IHI-401C2型发动机，改良型发动机的起飞输出功率已经达到2145轴马力，其使用寿命也有明显提高。

SH-60K的极限飞行速度为139节，续航距离大约为800千米，实用升限为大约4000米。

SH-60J的机载武器只有MK46轻型鱼雷，不过，SH-60K除了这款轻型鱼雷外，还增加了日本国产的97式轻型鱼雷、12式轻型鱼雷、反潜炸弹、AGM-114M“地狱火”II空对舰导弹以及承担警戒与监视任务的74式7.62毫米机关枪。

SH-60J由于受最大任务起飞重量的限制而不能携带97式鱼雷，这款鱼雷可对拥有高速及超深度潜航能力的现代攻击型常规动力潜艇进行攻击。同时，SH-60K机载反潜炸弹还可在鱼雷无法发挥作用的浅水海域对潜艇实施有效的攻击，在执行海上警备行动时，反潜炸弹还可作为有效的威慑与告警手段而发挥作用。

AGM-114M“地狱火”II可应用于低强度的反水面战任务，主要对敌人的警备艇、导弹艇等轻型水面舰艇实施有效的打击。机关枪可在与敌人的轻型水面舰艇进行近战时使用。

SH-60K武器挂架上挂载的一枚AGM-114M“地狱火”II反舰导弹

SH-60K的机身设计及各种机载装备

SH-60K的机首为了能够搭载红外线探测装置（FLIR）和各种天线装置而进行了重新设计。不过，考虑到空气阻力因素，机身各个组成部分都进行了流线型处理，从而机身成为长斗形状。AN/AAS47型红外线探测装置（FLIR）设计在机首右侧，这部装置拥有供AGM-114“地狱火”II反舰导弹（原设计为反坦克导弹）制导使用的激光目标指示器功能。“地狱火”反舰导弹是在反坦克导弹基础上开发而来的，因此，这款导弹不能击毁大型军舰而只能对可疑的民用船只进行有效的应对和处理。

SH-60K机首前方左右部设计有电子监视与监听系统（ESM）天线，机身下部圆形天线的左右部还设计有供AN/AAR型导弹告警探测器（MWS）使用的传感器。另外，随着机首的延长，皮托管（空速管）也随之延长。

与SH-60J相对照，SH-60K的机内空间向前方延伸了33厘米，向上方延伸了15厘米。机内空间配置包括反潜战使用的声呐与声呐浮标，为了执行人员运输任务另设计了9个座席，为了执行灾害派遣任务另设置了担架，在执行警戒和监视任务时另可配置7.62毫米的机关枪等。总之，SH-60K较之SH-60J可执行更多的任务种类，针对不同任务模块的机内空间配备更换起来也特别容易。

机身右侧的驾驶员座舱开口部也扩大了，它主要针对救援与运输任务进行了适应性的性能提升，与此相对应，右侧的舱门也由传统的一扇式变成可打开的两扇式，舱门上部还设置了供救援任务使用的升降机，这部升降机可对救援作业提供充分的保障。

由于舱门的滑动变长，因此，机身右侧的武器外挂架也不得不更换到机身后部。同时，机身尾部右侧的磁性探测器（MAD）外挂架也更换到机身后部，在这种情况下，磁性探测器的投放点也进行了若干更改设计。机身左侧的武器外挂架极大程度地向机身外侧突出，通过M299型导弹发射架可搭载两枚AMG-114型反舰导弹。此外，在搭载传统的MK46型轻型反潜鱼雷的同时，还可搭载日本国产的97式鱼雷以及反潜炸弹等机载武器。机身左侧的透明舷窗也增大了很多，这样，以目视条件进行警戒与监视就变得更加容易起来。

机尾两侧各安装有电子监视与监听系统（ESM）天线，它们与机首前方的天线结合就形成了360度全方位的电子情报收集网络。机身左侧后部有供诱饵/照明弹干扰分配器（CMD）装填使用的固定挂架，而且，后部还安装有多功能型的飞行自动记录仪，它不仅可以记录基本的飞行技术数据，而且，还可对机身各部追加安装的电子传感器所收集到的情报和振动数据进行记录。

SH-60K的机身侧面设计，机身编号为05号

SH-60K的磁性探测装置（MAD）

一架海上执行任务的SH-60K，机身编号为35号，可见机身右侧的磁性探测装置（MAD），机身后部下面的战术数据链装置

SH-60K机群海上反潜训练

“伊势”号（DDH-182）直升机母舰上正在进行舰机协同反潜训练

机身编号为81号的SH-60K

SH-60K的驾驶员座舱

SH-60K驾驶员座舱内由5部供飞行情报综合显示装置（IFDS）使用的15英寸显示器以及1部供战术情报处理显示装置（AHCDS）使用的大型多功能显示器构成，因此SH-60K的驾驶员座舱是完全的眼镜座舱。

飞行情报综合显示装置（IFDS）是由综合飞行情报（PFD）、综合导航情报（ND）、综合发动机关连情报（EICAS）等综合系统构成的。通常情况下，这些综合情报分别以综合飞行情报显示画面和综合导航情报显示画面显示在飞行员的平视正面，而综合发动机关连情报画面则显示在座舱仪表盘的中央部右侧。

战术情报处理显示装置（AHCDS）使用的大型显示器设置在仪表盘的中央位置，非常显眼，它可通过战术情报、数字地图、红外线探测装置（FLIR）等手段以探测影像、逆合成孔径雷达（ISAR）分析图像等形式显示在显示器上。

驾驶员座舱前面的显示仪表及座位之间的飞行控制仪表和飞行控制杆

位于驾驶员座舱后面的传感器操纵员座位，可见各种仪表及终端显示器

SH-60K引入的新技术面面观

总体来看，SH-60K引入的新技术有高性能主旋翼系统、先进战术情报处理显示装置（AHCDS）、高性能投放式声呐、搜索装置、防御系统及着舰引导支援装置（SLAS）。

高性能主旋翼系统

SH-60K直升机使用的主旋翼片进行了全新的开发，并采取了极其特殊的形状。这种主旋翼的翼端由内侧面向外侧，首先有10度的上半角，随后有20度的下半角，最后是50度的下半角。这个造型奇特的部分有40度的后退角，同时，翼端变得越来越细，翼端的翼弦大约为30%。

除前缘和翼端外，主旋翼由复合材料制成，横梁部分使用了阿拉密德纤化塑料（AFRP），这种特种材料制成的翼片具有重量轻和强度高的双重特点。与SH-60J对比，SH-60K主旋翼系统中的旋翼直径没有变化。不过，为了提高工作效率，旋翼的结构及形状都有了改变。经过这些更改设计，SH-60K的悬停重量大约为10.9吨（24000磅），比SH-60J大约9.9吨（21884磅）的设计有1吨左右的增重。主旋翼经过特殊的翼端形状设计，由翼端产生涡流干涉现象所造成的阻力明显降低，在高速飞行时，当后退侧翼片发生失速时，前进侧翼片的冲击波影响也会明显降低。尽管如此，在开发阶段，翼端还曾经发生了几度的龟裂现象。这样的翼端形状还会产生空气阻力，因此，SH-60K的最大飞行速度与SH-60J相比会有30千米/时的下降。

同时，主旋翼的轮壳结构也进行了改良，它由8根支撑固定式更改为2根分担支撑固定式，这种结构在翼片进行交换时可进一步提高作业效率。

SH-60K造型奇特的主旋翼尖端设计，这是SH-60J与SH-60K相区别的最主要外部特征

先进战术情报处理显示装置（AHCDS）

SH-60K的先进战术情报处理显示装置（AHCDS）增加了SH-60J战术情报处理显示装置（HCDS）所拥有的探测情报显示功能，同时，还追加使用知识型数据库（人工智能）技术的战术判断支援功能。在这些尖端技术支持下，针对敌潜艇的各种隐蔽行动，先进战术情报处理显示装置可为飞行员自动提供最有效的目标搜索计划。

同时，AHCDS还融入了复合导航系统，这套系统将地图显示功能以及全球定位系统（GPS）与飞行控制标准装置有效结合起来，从而极大程度地减轻了飞行员的工作负担。此外，AHCDS具备友机间情报交换与共享功能，它可在直升机飞行编队内自动进行战术情报交换，在这种功能帮助下，当本机探测到潜艇后可极大程度地缩短友机到达搜索海域的时间，从而提高了直升机对抗更高速化现代潜艇的能力。

高性能投放式声呐

SH-60K的高性能投放式声呐是振动频率为低频的声呐，使用了无反射吸音材料，从而实现无回声式对抗现代化的潜艇，而且，对潜探测距离也明显延长。与SH-60J使用的HQS-103声呐不同，SH-60K使用了HQS-104声呐，这套系统为了具备机载的前提条件进行了小型化及低频振动设计，在这种情况下，信号收发装置只能采取折叠式设计。

此外，传统的舰载直升机只能接收声呐浮标探测到的情报，然后通过战术数据链在部署军舰上进行情报分析工作。在这种情况下，如果母舰与直升机之间的位置变化导致数据链中断，那么直升机将不能进行连续的目标探测。而SH-60K对此重新进行了设计，追加了机上分析能力。如果直升机与母舰之间的数据链联系中断，SH-60K可凭借自身的分析能力继续对目标实施跟踪，因此直升机自身的反潜攻击精度大幅度提升。

机载情报搜索装置

SH-60K的情报搜索装备除了传统的机载雷达、声呐浮标、磁性探测器（MAD）、电子战支援装置（ESM）之外，还追加安装了红外线探测装置（FLIR）、逆合成孔径雷达（ISAR）。其中，逆合成孔径雷达可对目标反射的雷达波进行多普勒变换分析，同时，这种雷达还可对目标进行摄像，通过这些功能组合，雷达的搜索与识别能力、监视能力都进一步提高。一直以来，舰载直升机所获取的情报信息可通过战术数据链传送给部署母舰和友机平台上，而SH-60K还追加了可传送图像的功能，从而可提供更详细的情报数据。

机载防御系统

为了提高敌导弹攻击后的生存能力，SH-60K装备了性能更强的机载防御系统，它由导弹警报装置（MWS）与诱饵/照明弹干扰分配器（CMD）组合而成。其中，导弹警报装置安装在机身前后左右各部，它可通过紫外线光学被动式传感器探测到导弹目标，检测出导弹的来袭方向，然后向飞行员报警。同时，导弹警报装置与诱饵/照明弹干扰分配器连动，后者可以自动发射诱饵和照明弹进行干扰，以对直升机提供自卫防御。SH-60K在机身尾部两侧安装了3部诱饵/照明弹发射装置，除了与导弹警报装置连动的自动、半自动发射模式外，这些干扰弹也可以采取手动方式发射出去。

着舰引导支援装置（SLAS）——世界第一部着舰引导支援装置

SH-60K的着舰引导支援装置可帮助直升机自动降落到部署母舰的飞行甲板上，这是世界上第一部达到实用化标准的着舰引导支援系统，这套系统可通过差速器GPS位置情报在接近部署母舰大约60码[a]处进行自动向导，在着舰操作期间通过红外线和激光进行自动引导。通过这套引导装备，在夜间条件及极端恶劣的气象条件下，它们可大幅度减轻飞行员的操作负担。

一架机身编号为27号的SH-60K，可由机身下部的固定装置判断其是驱逐舰搭载机，还是直升机母舰搭载机。如果是驱逐舰搭载机就需要“直升机着舰固定与机身移动系统”。可见这架直升机下方甲板有3条导轨，这说明它是驱逐舰搭载机，如果没有导轨装置就是直升机母舰搭载机

a 1码=0.9144米。

SH-60K的任务分类

由于机载设备精度和性能的提升，SH-60K的任务遂行能力也有大幅度的提高。同时，随着机载武器种类及数量的增加，这款直升机应对突发性事态的能力也明显增强。此外，通过防御系统增强了直升机的生存能力，机身设计也积累了大量的实战经验。

与SH-60J相比，SH-60K的机内空间明显扩大，这种优化更利于运输与救援等各种任务的完成。为了满足多任务、多功能需求，与SH-60J仅配备一名传感器操纵员不同，SH-60K将平常条件下的传感器操纵员增至2人。同样，SH-60K的传感器操纵员也兼任下降救助员的职责。

在执行灾害派遣等民事救援任务时，按照计划，SH-60K可搭乘机上救护员。近年来，随着海上巡逻任务重要性的不断提高，SH-60K还计划追加安装GPS以对应电子海图显示装置、自动船舶识别装置（AIS）、AN/ASR-3声呐浮标自动位置显示装置、电视图像传送装置、低光量电视（LLLTV）等更加先进的机载电子设备。

目前，SH-60K可执行反潜战、反水面战、警戒与监视、运输与救援等各种任务。

在执行反潜战任务时，SH-60K可通过机载声呐和声呐浮标探测到敌人潜艇，在机上进行情报数据处理，并通过战术数据链与部署母舰和友机之间进行情报共享。与SH-60J相比，SH-60K可快速交换更大量的情报数据，从而与更加高性能化的现代潜艇进行有效对抗。根据情况不同，SH-60K还可使用机载鱼雷及反潜炸弹进行直接的攻击处理和应对。

在执行反水面战任务时，SH-60K可通过机载电子传感器探测、识别敌人军舰，然后通过战术数据链将情报传送给部署母舰，同时还可为已方军舰提供反舰导弹攻击支援。到目前为止，SH-60K只能执行情报收集和行动监视任务，在面对敌人的轻型水面舰艇时，根据情况的不同，SH-60K还可利用“地狱火”II以及鱼雷、反潜炸弹进行直接的攻击与警告处理行动。

在执行警戒与监视任务时，SH-60K可通过逆合成孔径雷达（ISAR）和红外线探测装置（FLIR）对可疑船只等水上目标进行识别和夜视。同时，在遭受便携式防空导弹等突发性攻击的场合下，直升机可利用防御系统进行自动的规避，并且，根据情况的不同，可利用“地狱火”II和机关枪进行反制攻击，或者利用反潜炸弹进行警告。

在执行运输与救援任务时，由于SH-60K的载货量大幅度提高，因此，直升机的物资与人员运输能力也明显提升。在突发事故和灾害情况下，或者其他有事情况下，SH-60K可使用图像传送功能向指挥中心提供现场的实时图像信息。在救援任务期间，SH-60K可垂降救助员提供救援帮助，并可利用机上升降机展开高效的难民收容救援作业。

由“日向”号直升机母舰起飞的一架SH-60K，机身编号为24号

固定于通用驱逐舰直升机机库外的SH-60K，可见其机身尾部的诱饵、照明弹发射器及飞行自动记录仪与SH-60J基本相同

SH-60K机身后部的诱饵、照明弹发射器和飞行自动记录仪以及战术数据链装置

SH-60K的服役经历

截至2013年，日本海上自卫队SH-60K直升机的采购数量为51架。

自服役以来，SH-60K可分为三种机型，分别是SH-60J改、标准SH-60K和USH-60K，其中，SH-60J改是开发阶段的称呼，只有两架编号为8401号和8402号的试制飞机属于这种机型；标准SH-60K是制式服役后的机型名称，编号为8402号后的飞机都是这种机型；USH-60K特指编号为8401号的试制第一架飞机，SH-60K制式服役，这架飞机转为飞行试验机，编号更改为8901号。

截至2012年3月末时，日本海上自卫队各航空队共装备37架SH-60K直升机，这些装备部队分别是馆山航空基地内的第21航空群之第21航空队之第211飞行队、大村航空基地内的第22航空群之第22航空队之第221飞行队、舞鹤航空基地内的第21航空群第23航空队之第231飞行队、厚木航空基地内的第51航空队之第513飞行队和鹿屋航空基地内的教育航空集团下属第211教育航空队。

相关SH-60K采购数量的细节如下表：

预算提供年度	采购数量	预算提供年度	采购数量	预算提供年度	采购数量
平成14年度（2002年）	7架	平成20年度（2008年）	0架		
平成15年度（2003年）	7架	平成21年度（2009年）	2架		
平成16年度（2004年）	7架	平成22年度（2010年）	3架		
平成17年度（2005年）	7架	平成23年度（2011年）	3架		
平成18年度（2006年）	3架	平成24年度（2012年）	4+3架		
平成19年度（2007年）	5架	平成25年度（2013年）	0架	总计	51架

近年来，随着日本国防预算的削减，SH-60K直升机的批量生产也受到重大影响，作战机型的定额装备也有减少，SH-60K的预定生产数量为70架左右，与SH-60J的103架批量生产数量相比，其规模明显减少。

作为后续改良机型，目前，三菱重工已经提出SH-60K能力提升型的设计方案。大约在平成30年，日本构想进行实战化的SH-60K替代机型开发。不过，UH-60“黑鹰”系列直升机自从首飞之后已经服役了30年以上，在机内容量及货物载重量方面，这款机型还没有达到SH-60J的设计极限。在任务不断扩大及运用环境区域化日趋增大的背景下，与小规模能力提升的机型相比，日本海上自卫队更需要采取全新开发手段研制的功能更强大的直升机产品。

作为日本下一代巡逻直升机的有力竞争机型，欧洲的NH90多功能直升机是有力的竞争者。2008年10月，在日本横滨举行的国际航空展期间，日本海上自卫队高层对参展的NH90直升机表现出了极大的兴趣和关心。其次是作为扫雷运输直升机MCH-101的替代机，日本海上自卫队已经决定在日向级直升机母舰上运用由欧洲阿古斯塔·韦斯特兰公司生产的AW-101。另外，还有由三菱重工共同开发和分担生产任务的美国西科斯基S-92直升机。

不过，在SH-60K开发期间，这些先进的直升机全部落选。NFH-90直升机的落选是因为时间来不及，机载有效负荷剩余小，EH-101的落选是因为它机身太庞大不能停放到村雨级通用多功能驱逐舰的机库内，S-92的落选是因为需要补充飞行甲板功能。

空中巡逻的一架SH-60K，机身编号为14号

|第七节|MH-53E扫雷运输直升机

日本海上自卫队MH-53E扫雷运输直升机来自美国西科斯基飞机公司的CH-53E“超级种马”重型运输直升机。目前，美国海军和日本海上自卫队都装备了这款机型。

关于CH-53E“超级种马”重型运输直升机

CH-53E是美国西科斯基飞机公司根据美国海军陆战队的要求而开发的一款重型运输直升机，它是CH-53“海上怪马”（S-65）运输直升机的改良型及替代机型。目前，CH-53E是欧美现役最大的直升机。日本海上自卫队也采购了这款机型，即MH-53E扫雷运输直升机。

CH-53E于1971年正式开发，1974年3月1日进行首飞，1981年装备部队，生产总数为115架，单机造价为2436万美元（1992年价格），装备部队有美国海军、美国海军陆战队、日本海上自卫队和伊朗海军。

经过改良的CH-53E在CH-53机身中央部左侧增加了第3台发动机，在此基础上，各发动机输出功率都有明显的提升。于是，主旋翼翼片也由6片增加至7片，旋翼直径也增加了2米。此外，与CH-53相比，CH-53E的尾翼设计也有明显变化，后者的尾旋翼向左侧倾斜了20度。

CH-53E在美国海军及美国海军陆战队中的主要任务是承担运输。在运输型基础上，CH-53E又派生出具有扫雷用途的MH-53E“海龙”直升机。MH-53E在机身两侧安装了大型的机侧突出部，因此，这款机型与CH-53E之间存在着很大的不同。机身侧突出部是燃料箱，这种设计使MH-53E的燃料携带量较之CH-53E有近3倍的增加。

MH-53E除装备于美国海军外，还装备于日本海上自卫队和伊朗海军。

美国海军两架CH-53E直升机准备由“巴丹”号（LHD-5）船坞登陆直升机母舰上起飞，机身编号分别为22号和23号

一架机身编号为05号的美国海军CH-53E直升机（05机身编号位置的装置为空中加油管）

美国海军CH-53E飞行员座舱内部设计，此时直升机正与一架美国空军HC-130加油机进行空中加油操作

CH-53E的主旋翼及废气排气管细节

在亚丁湾海域，两架承担运输任务的CH-53E正接受KC-130加油机的空中加油操作

日本海上自卫队装备的MH-53E

从1989年起，日本海上自卫队通过对外有偿军事援助（FMS）的方式开始采购MH-53E并装备部队，共采购了11架。1995年，一架MH-53E因事故损失，此外，因陈旧、老化的原因，另有一些直升机退役。截至2012年3月末时，日本海上自卫队还有7架MH-53E服役。目前，日本现役的MH-53E直升机都装备于岩国航空基地内的第111航空队。这些直升机的使用寿命周期为6000小时。

目前，日本海上自卫队已经决定由MCH-101直升机成为MH-53E的替代机型。

美国海军一架MH-53E直升机

一架MH-53E直升机正在拖曳一部MK-105型海上拖靶扫雷装置进行扫雷作业

MH-53E的主要设计参数及性能

MH-53E机组人员3人，机身设计全长为30.19米，机身长为22.35米，机高为8.46米，机宽为8.41米，主旋翼直径为24.1米，飞机自重为15.071吨，飞机设计全重为33.339吨。

主要性能：巡航飞行速度为150节，最大飞行速度为170节，海面上的爬升率为664米/分钟，实用升限为5640米，最大上升高度为3520米，续航距离为2070千米（承担空中运输任务时）。

发动机配备3部T64-GE-416/419，总输出功率为4380×3马力（功率涡轮输出旋转数达到14280r/min时）。

2007年，在一次扫雷训练期间，一架来自美国海军第15直升机扫雷中队（HM-15）的MH-53E直升机正在进行扫雷作业

一架来自日本海上自卫队第111航空队的MH-53E直升机降落到美国海军托尔图加号登陆舰上，机身编号为25号

| 第八节 | MH-101扫雷运输直升机

阿古斯塔·韦斯特兰AW101直升机是由英国韦斯特兰公司与意大利阿古斯塔公司联合开发的一款扫雷、运输与反潜巡逻通用多功能直升机。2000年，韦斯特兰公司与阿古斯塔公司统一合并为阿古斯塔·韦斯特兰公司，日本海上自卫队新一代MH-101扫雷运输直升机就从这家公司采购而来。

关于AW101“灰背隼”直升机的基本概况

AW101直升机于1987年10月9日进行首飞，2000年开始服役，2009年的单价成本为2100万美元，现役主要部队有英国皇家海军、英国皇家空军、日本海上自卫队及日本警视厅、阿尔及利亚海军、意大利海军、印度空军、加拿大空军、丹麦空军和葡萄牙空军。

在设计阶段，由于极力追求携带大量的机载设备及超远的续航距离，因此，AW101不得不安装3台发动机并搭载巨大的底板下部燃料箱。这款直升机是大型直升机，通过可选择的尾翼及可折叠的主旋翼设计，还可当作舰载直升机使用。

AW101的机内空间设计得非常宽阔，位于左侧机身的舷梯带有舱门，位于右侧机身的舱门为滑动式货物舱门，机尾部安装有进出斜坡舱门，在承担人员运输任务时可运输30人。

AW101设计有5片主旋翼，它们由韦斯特兰公司负责组装，所有翼片都采用BERP（硼纤维强化塑料）叶片，具有非常明显的外观特征。

AW101安装在机首部的空中加油探管

空中加油探管及AW101飞机说明

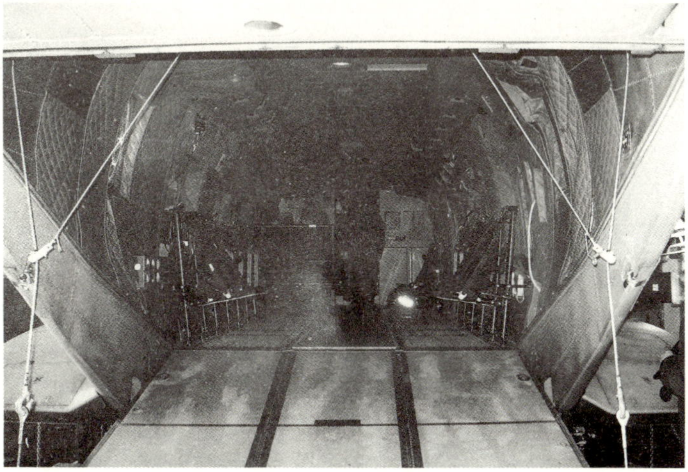

AW101的机尾进出斜坡及机内空间设计

英国皇家空军一架AW101

日本海上自卫队装备的MH-101直升机

AW101在日本海上自卫队中的正式名称为“MCH-101”扫雷运输直升机，主要承担扫雷与运输两项任务，截至2013年3月末时，日本MCH-101的现役总数为5架。

MCH-101拥有主旋翼及尾翼自动折叠功能，它可作为舰载直升机发挥作战能力。此外，这款直升机还搭载有自动飞行控制装置（AFCS）、主动制振装置（ACSR）等机载电子设备。同时，由于飞行性能的提高，机身负担大幅度减轻。

目前，MCH-101为MH-53E扫雷直升机的替代机，它可在日本海上自卫队现役的各级驱逐舰、运输舰、直升机母舰等军舰飞行甲板上进行起飞与着舰操作，机载有新型小型化的扫雷具，是一款相对较新的扫雷直升机。在2003年度日本政府国防预算中，日本海上自卫队采购了第一架MCH-101扫雷运输直升机。2006年，第一架完全进口型MCH-101直升机交付日本海上自卫队使用。第二架MCH-101直升机由川崎重工采购零配件进行组装生产，第三架飞机以后完全由川崎重工许可生产。

根据2003年度的日本防卫力整备计划，包括因事故损失在内，日本海上自卫队预算要求采购11架MCH-101直升机。

根据2004年度（平成16年度）的日本防卫白皮书，MCH-101直升机将作为日向级直升机母舰的运输直升机上舰服役。2012年，日本海上自卫队对外宣布将为MCH-101直升机安装由美国诺斯洛普·格鲁门公司开发的吊舱式激光探测与测距（LIDAR）装置，即AN/AES-1 ALMDS空中激光水雷探测系统。根据美国海军计划，ALMDS预定使用到MH-60S直升机上，目前刚刚开始比率比较低的初期生产阶段。

根据日本文部科学省预算，日本政府还将采购CH-101直升机。这款AW101直升机的衍生机型将作为日本海上自卫队第三代南极观测船“白濑”号（第一代）S-61A-1舰载直升机的替代机。这款飞机服役后将搭载于日本海上自卫队第四代南极观测船“白濑”号（第二代）上，其运用由日本海上自卫队负责。由于执行南极科学考察任务，因此，CH-101直升机针对极度寒冷的南极条件进行了改进设计，并追加安装了一些特殊的机载设备，在外观上有轻微幅度的变化。最初，日本政府计划采购3架CH-101，不过，2012年时，第三架飞机的预算已经延缓。

2007年5月，由川崎重工许可生产的第一架CH-101直升机交付“白濑飞行科”（“白濑”号南极观测船船载直升机部队）使用，这架直升机在驻岩国航空基地日本海上自卫队第111航空队的支援下进行了飞行试验与训练任务，随后于2009年10月，正式登上“白濑”号（第二代）南极观测船上。由于零部件的采购关系，今后“白濑”号南极观测船上的舰载机都由第111航空队提供支援。

日本海上自卫队MCH-101直升机采购数量明细表（不包括CH-101直升机）：

预算采购年度	采购数量	预算采购年度	采购数量	预算采购年度	采购数量
平成15年度（2003年）	1架	平成19年度（2007年）	0架	平成23年度（2011年）	2架
平成16年度（2004年）	1架	平成20年度（2008年）	3架	平成24年度（2012年）	1+2架
平成17年度（2005年）	0架	平成21年度（2009年）	0架	平成25年度（2013年）	0架
平成18年度（2006年）	0架	平成22年度（2010年）	0架	总计	10架

日本海上自卫队“白濑”号（第二代）南极观测船船载的CH–101直升机，机身编号为92号

来自日本海上自卫队的一架MCH–101扫雷运输直升机

MCH–101的主要设计诸元及性能

MCH－101机组人员2人，外加30名乘客。机身长为19.5米，机身宽4.6米（尾翼除外），飞机全长为22.83米（包括尾桨，主旋翼除外），飞机全高为6.66米（包括尾桨），主旋翼直径为18.6米，尾翼直径为4.0米，飞机自重为10.5吨，有效载重量为5.443吨，最大任务起飞重量为15.6吨。

主要性能有巡航飞行速度为150节，悬停IGE为3307米，续航距离为1370千米。

MCH－101主要机载装备包括投放式声呐、声呐浮标、综合作战系统、轻型鱼雷、机载扫雷装置（AMCM）、扫雷具等。

| 第九节 | YS-11与LC-90运输机

YS-11是由日本飞机制造公司生产的双发涡轮螺旋桨发动机飞机，日本海上自卫队和航空自卫队也装备了这款中型运输机。LC-90则是一款小型运输机。

日本海上自卫队对YS-11飞机的运用历史

1967年至1973年期间，日本海上自卫队开始装备YS-11M型飞机，其机种分类为混载运输机，机身前部用于人员运输，机身后部用于货物运输。YS-11M运输机的1号和2号飞机以日本民用的YS-11-100飞机为基础，不过，随后的3号和4号飞机以YS-11A-300/400飞机为基础，后者较前者的最大任务起飞重量有所增加。为了加以区别，3号和4号飞机为YS-11M-A型。

此外，从1970年开始，日本海上自卫队又采购了6架YS-11T-A型机上作业教练机。同时，作为YS-11运输机的替代机型，日本又从美国海军采购了6架半新状态的C-130R运输机。这些飞机原来由美国海军入库保管，在美国国内，美国海军以KC-130R空中加油机的机种重新起用了这些飞机，不过买给日本的运输机型则将空中加油功能取消。

YS-11M机型的基本概况

YS-11M机型是日本海上自卫队中的YS-11-100运输机，这是日本海上自卫队现役唯一的运输机，它以定期或不定期形式往返飞行于日本全国各地的海上自卫队航空基地，同时，承担远至硫黄岛、南鸟岛几千千米外离岛的飞行运输任务，在这些任务中，YS-11M主要承担物资运输。

与原型YS-11-100飞机相比，YS-11M飞机的机舱地板进行了强化设计，机内安装有室内搬运装置，机身后部增加设置了大型货物舱门，机内空间为60米^3，用于货物运输的最大容积为8米^3。现役数量为2架。

YS-11M-A机型的基本概况

YS-11M-A机型是日本海上自卫队中的YS-11A-400和YS-11A-300/600运输机，其机内设计及装备与YS-11M机型没有不同，不过，它的基本性能与民用的YS-11A有所不同。现役数量为两架。

YS-11T-A机型的基本概况

YS-11T-A机型是日本海上自卫队中的机上作业教练机，主要供P-3C反潜巡逻机机组人员训练使用，机身下部设置有一个巨大雷达天线罩。由于这种机型执行的低空飞行任务很多，所以原来的增压室废弃不用。为了机载设备冷却，空调设备仍然使用。最初，YS-11T-A飞机承担P-2J和PS-1两款飞机的机组人员训练任务，因此飞机上安装了与P-2J相同的反潜巡逻设备。后来，随着日本海上自卫队大批量采购了P-3C反潜巡逻机，YS-11T-A飞机的机载训练设备也都更新为供P-3C专用的T-A模拟训练设备。2011年6月1日，随着第205教育航空队的撤销，所有YS-11T-A飞机全部退役。

YS-11飞机的配备基地

YS-11飞机共有2个配备基地，分别是厚木航空基地内的第61航空队（机型为YS-11M/M-A）和下总航空基地内的下总教育航空群之第205教育航空队（截止2011年4月）和第203教育航空队，后者配置机型为YS-11T-A。

YS-11运输机的驾驶员座舱内景，前面为仪表盘

一架日本海上自卫队YS-11运输机，机身编号为9041号，垂直尾翼上标志着这架飞机隶属部队为厚木航空基地内的第61航空队

YS-11民用客机的螺旋桨

YS-11民用客机的内景

LC-90联络运输机

日本海上自卫队从1974年开始装备由比奇克拉夫特公司生产的LC-90飞机，这款飞机是由美国比奇克拉夫特C90改造而来的联络运输机，日本海上自卫队在各航空基地内均配备一架此种机型，共计配备了5架。此外，日本海上自卫队还将这种机型当作教练机使用，其派生机型TC-90装备于德岛第202教育航空队，共装备了28架。

LC-90的主要技术参数

LC-90设计机宽为15.32米，机高为4.33米，机长为10.82米，自身重量为4.4吨，最大飞行速度为220节，巡航飞行速度为196节，续航距离为2150千米，实用升限为9084米，最大任务起飞重量为4377千克，机组人员6人。

发动机配备两部PT6A-20A/21涡轮螺旋桨发动机，总输出功率为1160马力。

机型及配备基地

日本海上自卫队现役LC-90飞机共分为三种机型，分别是LC-90联络运输机、TC-90教练机和UC-90航空照相摄影飞机。其中UC-90只有一架，由

TC-90改造而来，目前已经退役。

LC-90联络运输机配备于5座航空基地内，每座部署一架，分别是鹿屋航空基地内的第1航空群之第1航空队、八户航空基地内的第2航空群之第2航空队、那霸航空基地内的第5航空群之第5航空队、岩国航空基地内的第31航空群之第91航空队和厚木航空基地内的第61航空队。

TC-90教练机配备于德岛航空基地内的德岛教育航空群之第202教育航空队。

在千岁航空基地内展示、来自第2航空群的一架LC-90联络运输机

飞至下总航空基地内的一架TC-90飞机

第九章

日本海上自卫队“潜水舰队”

自1955年刚刚成立的日本海上自卫队由美国海军采购了第一艘潜艇黑潮号（SS-501）开始，日本潜艇力量发展经历了近60年时间。在此期间，日本海上自卫队共装备了11级潜艇，分别是黑潮级、亲潮级（第一代）、早潮级、夏潮级、大潮级、朝潮级、涡潮级、夕潮级、春潮级、亲潮级（第二代）和苍龙级。自苍龙级1号艇“苍龙”号开始，日本海上自卫队潜艇正式进入AIP（Air Independent Propulsion，“不依赖空气推进”的简称）时代。

随着AIP时代的到来，日本潜艇真正具备了准核潜艇的作战能力，这些常规动力攻击潜艇不仅具备长时间的水下航行能力，而且，其水下航行的静音效果也进一步提高，这些变化都大大增强了日本潜艇的生存能力及其反舰、反潜作战能力。

日本海上自卫队6代通用驱逐舰（DD）综合概况对照表：

艇级	建造数量	服役概况	设计排水量	同型艇	备注
黑潮级	1艘	1955年服役，1970年退役	标准排水量1526吨，下潜排水量2400吨	“黑潮”号（SS-501）	原美国海军旗鱼级潜艇斑革屯号、战后日本第一艘潜艇
亲潮级（第一代）	1艘	1960年服役，1976年退役	标准排水量1150吨、满载排水量1424吨	“亲潮”号（SS-511）	战后日本第一艘国产潜艇，艇型设计参考了日本帝国海军伊二O一级潜艇
早潮级	2艘	1962年服役，1979年退役	标准排水量750吨、下潜排水量930吨	“早潮”号（SS-521）、“若潮”号（SS-522）	为战术防御用途而建造的反潜战潜艇
夏潮级	2艘	1963年服役，1980年退役	标准排水量790吨、下潜排水量1000吨	“夏潮”号（SS-523）、“冬潮”号（SS-524）	为前级早潮级的改良型

续表

艇级	建造数量	服役概况	设计排水量	同型艇	备注
大潮级	1艘	1965年服役，1981年退役	标准排水量1628吨、满载排水量2208吨	“大潮”号（SS-561）	为朝潮级的准同型艇
朝潮级	4艘	服役期介于1966年至1986年期间	上浮排水量1655吨、下潜排水量2250吨	“朝潮”号（SS-562）、“春潮”号（SS-563）、“满潮”号（SS-564）、“荒潮”号（SS-565）	大潮级准同型艇，其基本设计更加注重反潜战作战任务
涡潮级	7艘（1艘终止建造）	服役期介于1971年至1996年	标准排水量1850吨、下潜排水量2450吨	“涡潮”号（SS-566）、“卷潮”号（SS-567）、“矶潮”号（SS-568）、“鸣潮”号（SS-569）、“黑潮”号（SS-570）、“高潮”号（SS-571）、“八重潮”号（SS-572）	日本第一代采取泪滴型艇型设计的潜艇
夕潮级	10艘	服役期介于1980年至2008年	标准排水量2200吨、下潜排水量2900吨	“夕潮”号（SS-573）、“望潮”号（SS-574）、“濑户潮”号（SS-575）、“冲潮”号（SS-576）、“滩潮”号（SS-577）、“滨潮”号（SS-578）、“秋潮”号（SS-579）、“竹潮”号（SS-580）、“雪潮”号（SS-581）、“幸潮”号（SS-582）	涡潮级的扩大改良型，其基本设计更加注重下潜航行的静音效果
春潮级	7艘	1990年开始服役，今天仍然现役中	标准排水量2450吨、下潜排水量3200吨	“春潮”号（SS-583）、“夏潮”号（SS-584）、“早潮”号（SS-585）、“荒潮”号（SS-586）、“若潮”号（SS-587）、“冬潮”号（SS-588）、“朝潮”号（SS-589）	日本最后采取泪滴型艇型设计的潜艇，其中，7号艇朝潮号在改成练习潜艇舰种后进行AIP推进改造实验

续表

艇级	建造数量	服役概况	设计排水量	同型艇	备注
亲潮级	11艘	1998年开始服役，日本现役潜艇主力	标准排水量2750吨、下潜排水量4000吨	“亲潮”号（SS-590）、“满潮”号（SS-591）、“涡潮”号（SS-592）、“卷潮”号（SS-593）、“矶潮”号（SS-594）、“鸣潮”号（SS-595）、“黑潮”号（SS-596）、“高潮”号（SS-597）、“八重潮”号（SS-598）、“濑户潮”号（SS-599）、“望潮”号（SS-600）	日本第一个采取雪茄型（叶卷型）艇型设计院的潜艇
苍龙级	5艘（另有3艘建造中）	2009年之后开始陆续服役	标准排水量2900吨、下潜排水量4200吨	“苍龙”号（SS-501）、“云龙”号（SS-502）、“白龙”号（SS-503）、“剑龙”号（SS-504）、“瑞龙”号（SS-505）、22SS（SS-506）、23SS（SS-507）、24SS（SS-508）	世界最大的常规潜艇、日本第一个采取X形尾舵的潜艇，整个艇体全部铺装消声瓦，下潜航行的静音效果大幅度提高

｜第一节｜日本海上自卫队潜水舰队

潜水舰队隶属于日本海上自卫队自卫舰队指挥之下，为自卫舰队下辖护卫舰队、航空集团与潜水舰队三大3星作战司令部之一。它是日本以潜艇和潜艇战为核心而编成的主力作战舰队。

潜水舰队司令部编成

目前，潜水舰队司令部办公区与自卫舰队司令部、护卫舰队司令部办公区在一起，它们都位于横须贺海军基地的船越地区船越町7段73号内。潜水舰队司令部设司令官一名，为3星海军中将军衔，设幕僚长一名，为2星海军少将军衔，下设幕僚若干名。

目前，日本海上自卫队所有潜艇作战部队都由潜水舰队司令部负责指挥与管理，下属主要作战部队有第1潜水队群（司令部设在吴港海军基地内）和第2潜水队群（司令部设在横须贺海军基地楠浦地区内），两大潜水队群在司令部编成上属于平级，都为2星级别，具体的潜艇作战任务安排与部署由两个潜水队群司令部之间协调实施，这就是所谓的“潜艇指挥与运用的二元体系（由两个队群构成）”。

除两大潜水队群外，潜水舰队司令部还负责其他一些支援部队的指挥与管理，主要包括潜艇教育训练队（吴港海军基地内）、第1练习潜水队（吴港海军基地内）和横须贺潜艇教育训练分遣队（横须贺海军基地楠浦地区内），共三支支援部队。

其中，潜水舰队直辖第1练习潜水队司令部及所属两艘训练潜艇全部部署在吴港海军基地内，两艘由原春潮级潜艇改装成的训练潜艇分别是“朝潮”号（TSS-3601）和“早潮”号（TSS-3606）。

目前，潜水舰队司令部将第1潜水队群及编制9艘常规动力潜艇部署在吴港海军基地内，将第2潜水队群及编制7艘潜艇部署在横须贺海军基地内。其中，部署在吴港海军基地内的常规动力潜艇都是日本海上自卫队中作战能力最强、服役时间最晚，并且是最新型的潜艇，其中包括刚刚服役的4艘苍龙级AIP潜艇。潜水舰队司令部还将日本海上自卫队中唯一的潜艇教育训练队和由2艘常规动力潜艇构成的第1练习潜水队也都部署在吴港海军基地内。因此，无论是从作战力量、训练装备上来看，还是从部队整体部署上来看，吴港海军基地都堪称是日本海上自卫队的第一潜艇基地。

潜水舰队的发展概况及主战力量构成

1955年，日本海上自卫队从美国海军购买了第一艘“黑潮”号潜艇，此后，战后日本本国的潜艇部队正式开始组建并形成战斗力。

根据《日本防卫厅设置法等部分修正法律》(昭和55年11月29日法律第93号)，日本海上自卫队设置了作为两大潜水队群指挥机关及领导机构的潜水舰队。1981年2月，潜水舰队正式编成，第一任潜水舰队司令官安陪祐三海军中将正式履职，同时，新设了军士长等军衔。

根据平成21年度（2009年）以前的防卫计划大纲，潜水舰队的潜艇编制采取18艘体制，即16艘作战潜艇加上2艘练习潜艇，另加2艘潜艇救援舰与潜艇救援母舰。根据平成23年度（2011年）以后的防卫计划大纲，未来潜水舰队的潜艇编制将采取24艘体制，即22艘作战潜艇加上两艘练习潜艇，辅助支援舰艇没有变化。

潜水舰队现役主力作战潜艇为亲潮级常规动力潜艇。2009年（平成21年）3月，随着新型苍龙级AIP常规动力潜艇首艇“苍龙”号的服役，日本潜水舰队的主力将由亲潮级与苍龙级两级组成，这样潜水舰队的整体作战实力将会大幅度提高，甚至会有质的飞跃。

两艘潜艇救援舰与救援母舰的主要任务是在潜艇发生沉没情况时实施潜艇艇员的紧急救助等支援任务，为此，每艘救援舰上均搭载有深海救援艇（DSRV）等救援设备。2008年（平成20年）6月，“千早”号潜艇救援舰进行了深达450米的饱和下潜训练，这次饱和潜水训练的成功意味着今后日本海上自卫队潜艇救援舰的下潜救援能力也有了质的飞跃。

第1潜水队群（吴港）

潜水舰队第1潜水队群是潜水舰队下辖两大主力潜艇作战部队之一，队群司令部设在吴港海军基地内，第1潜水队群设潜水队群司令一名，为海军上校军衔，设首席幕僚一名，为海军中校军衔，首席幕僚下设幕僚一名，为海军中校军衔，副官一名，为海军中校军衔，首席幕僚、幕僚和副官主要负责各种助理工作和参谋业务。从司令部编成上来看，第1潜水队群精干高效，司令军衔很低，按照世界海军标准，这名司令最低也应该有一颗将星。

1962年，第1潜水队正式编成，并划归自卫舰队指挥。1965年2月，第1潜水队群正式成立，也划归自卫舰队领导。1981年2月，随着潜水舰队的成立，第1潜水队和第1潜水队群全部转为潜水舰队领导。

截至2012年4月时，第1潜水队群作战序列编成由直辖舰、第1潜水队、第3潜水队、第5潜水队和吴港潜艇基地队，共计5支部队组。其中，第1、第3和第5三支潜水队司令部及所属潜艇全部部署在吴港海军基地内。

第1潜水队群直辖舰为综合支援能力最强的“千早”号（ASR-403）潜艇救援舰。第1潜水队配备“满潮”号（SS-591）、“卷潮”号（SS-593）和“矶潮”号（SS-594）三艘潜艇；第3潜水队配备“剑龙”号（SS-504）、“黑潮”号（SS-596）和“望潮”号（SS-600）三艘潜艇；第5潜水队配备“苍龙”号（SS-501）、“云龙”号（SS-502）和“白龙”号（SS-503）三艘潜艇。

吴港海军基地内的第1潜水队群及所属潜艇

吴港海军基地内供第1潜水队群及所属潜艇停泊专用的栈桥码头

位于吴港海军基地内的第1潜水队群司令部与潜艇教育训练队司令部办公场所所在地

第2潜水队群（横须贺）——两大潜水队群之一

第2潜水队群是隶属于日本海上自卫队潜水舰队司令部领导下的主力作战潜艇部队之一，所有作战力量及司令部都部署在横须贺海军基地楠浦地区内。

第2潜水队群司令部由潜水队群司令和首席幕僚组成，首席幕僚下设幕僚和副官，其中，潜水队群司令为海军上校军衔，首席幕僚、幕僚及副官为海军中校军衔。

截至2013年3月时，第2潜水队群作战序列编成由直辖舰、第2潜水队、第4潜水队和横须贺潜艇基地队，共计4支部队组成，上述两支潜水队司令部及所属潜艇全部部署在横须贺海军基地的楠浦地区内，潜艇救援母舰则停泊到吉仓码头上。横须贺潜艇教育训练分遣队和横须贺潜艇基地队也部署在楠浦地区内。

其中，直辖舰为日本唯一的一艘千代田号（AS-405）潜艇救援母舰，第2潜水队配备亲潮号（SS-590）、涡潮号（SS-592）和鸣潮号（SS-595）三艘潜艇，第4潜水队配备剑龙号（SS-504）、黑潮号（SS-596）和望潮号（SS-600）三艘潜艇，第5潜水队配备瑞龙号（SS-505）、高潮号（SS-597）、八重潮号（SS-598）和濑户潮号（SS-599）三艘潜艇。

1973年10月，第2潜水队群正式成立，直接归属日本海上自卫队自卫舰队指挥与管理之下。1981年2月，随着日本海上自卫队潜水舰队的成立，第2潜水队群由自卫舰队直辖转为潜艇舰队直辖。

横须贺海军基地楠浦地区内的第2潜水队群及所属潜艇

| 第二节 | 亲潮级常规动力潜艇

亲潮级常规动力潜艇是于1990年代开始陆续建成服役的潜艇，目前是日本海上自卫队潜水舰队的作战主力。现役“亲潮”号潜艇为第二代，第一代“亲潮”号（SS-511）潜艇以日本帝国海军时期的“伊”-201号潜艇设计为参考，于1960年建成竣工，为战后日本第一艘国产潜艇。

亲潮级潜艇共有11艘同型艇，这些潜艇从1994年至2008年之间建成服役。亲潮级潜艇的前级为春潮级，次级为苍龙级。在世界范围内，与亲潮级处于同代的常规动力潜艇有德国海军的212A级、瑞典海军的哥德兰级以及韩国的孙元一级（德国214级，212A级的出口型），后三级潜艇都是AIP潜艇，而亲潮级不是这种类型潜艇。

亲潮级整体概况——潜艇编制调整中的主力

总体来看，亲潮级的艇型设计由传统的泪滴型转变为雪茄型，艇体结构也由完全双壳式转变为部分单壳式。随着日本潜艇技术的不断进步，与春潮级潜艇相比，亲潮级的潜航深度增大，续航能力增加，情报处理能力提高。同时，潜艇的自动化水平也大幅度提升，其定员编制与前级春潮级相比减少了5人。高度自动化是亲潮级潜艇主要特征之一。

亲潮级6具鱼雷发射管集中安装在艇艏的顶部，直线型的艇体中央部安装有共形阵列声呐，这种声呐大大提高了潜艇的水下探测能力。

此外，为了防止被敌人探测到，亲潮级主要艇体部分都铺装了无反射消音瓦，此外，还采取了其他一些消声减噪方面的新技术。

一直以来，日本海上自卫队的潜艇编制采取18艘体制，即16艘作战潜艇加上两艘练习潜艇。在这种运用体制的要求下春潮级各艇分别服役了18年之后退役。然而，随着平成23年度以后防卫计划大纲的出炉，日本海上自卫队的潜艇编制将采取24艘体制，即22艘作战潜艇加上两艘练习潜艇。其中，练习潜艇数量未增加，而作战潜艇数量却增加了6艘。为了配合这项运用体制改编，亲潮级潜艇的预定服役年限将是24年。在未来的运用过程中，为了满足24年的服役期限，所有11艘潜艇都预定要进行中期服役延长寿命的改装工程。根据平成25年度（2013年）的预算，亲潮号要率先进行后期服役维修，主要包括必要零部件的采购以及实施延长亲潮号艇龄工程所需要的各方面开销，目前，亲潮级二号艇涡潮号的艇龄延长工程预算也进入日程表。

并列停泊的春潮级（右侧）和亲潮级（左侧）潜艇，体会亲潮级的雪茄型艇体设计与春潮级泪滴型艇体设计的区别，二者指挥台围壳的布局结构基本相同，春潮级艇体更显庞大，整体来看，春潮级和亲潮级的艇体设计区别明显

亲潮级基本技术参数

亲潮级设计标准排水量为2750吨，水下排水量为4000吨，艇体全长为82.0米，全宽8.9米，吃水7.4米，艇深10.3米，上浮最大航速13节，下潜最大航速20节，乘员65人。

亲潮级动力推进系统设计方式为柴电联合推进，水面功率为3400马力，水下功率为7750马力。其中，动力推进系统主机是由川崎重工生产的两部12V25/25S型柴油发动机，发电机两部，推进电动机1部，蓄电池480个，1部螺旋桨，潜艇的水面航速成可达12节，水下航速为20节。潜航极限深度介于600米至650米之间。定员编制为70人。

亲潮级主要艇载武器为6门HU−605型533毫米重型鱼雷发射管，可发射日本89式重型鱼雷及美制鱼叉潜射导弹（USM）。

声呐系统为1部ZQQ−6型舷侧阵列声呐、ZQR−1型拖曳声呐。

情报处理装置为ZYQ-3型。雷达系统为1部ZPS-6型水面搜索雷达。其他电子装备还有潜望镜、ZLA-7型电磁干扰装置（ECM）。

亲潮级的艇体设计

日本潜艇的艇体结构自涡潮级（其主要设计来自美国海军的“长颌须鱼”号）以来都采取泪滴型的完全双壳式设计，这种设计大约持续了25年以上。自亲潮级潜艇开始，日本潜艇的艇体结构改为雪茄型的部分单壳式设计，这种艇体结构设计的变化幅度很大。随着艇体结构的变化，非常有必要在艇体侧面加装共形阵列声呐，可以说这也是由这种艇型设计决定的。与双壳式艇体结构相比，单壳式的主要优势是大大增加了艇体内部空间的比例，在确保静音推进、机械设备搭载及乘员居住空间等方面也非常有利。

为了降低被敌人主动声呐探测到的机会及减轻潜艇自身噪声的需要，亲潮级在艇体及指挥台围壳侧面铺装了无反射的吸声消声瓦。与其他国家潜艇相比，亲潮级消声瓦的固定方法不是通过粘结剂的粘结固定，而是支撑固定。在这种情况下，为了避免消声瓦自行脱落，需要在支撑点及层叠起来的消声瓦之间的缝隙内引入海水。海水本身就是一种静稳黏合材料，这种设计就是利用了海水的这种特性。另外，在艇体部分的上层结构中没有铺装消声瓦。

亲潮级的艇体建造材料使用了一部分NS110型高张力钢（HTSS），与普通结构的钢板相比，高张力钢板材料具有更大强度。

停泊于横滨港内的亲潮级潜艇“望潮”号（SS-600），可见其艇型设计为雪茄形，艇艏水平舵位于指挥台围壳上，尾舵为十字形

面向日本民众开放的“八重潮”号（SS-598）

“八重潮”号指挥台围壳及其侧壁上的艏部水平舵特写

“八重潮”号指挥台围壳仰望，可见围壳中伸出的潜望镜及一面1星将旗，这表明有一名海军上校级的潜水队群司令坐镇八重潮号，清晰可见指挥台围壳侧面铺装了无反射的吸声消声瓦

"八重潮"号艇体、水平舵、指挥台围壳及侧壁无反射消声瓦、潜望镜全景

上浮状态的亲潮级，可见各种电子装备由指挥台围壳伸出来

港内上浮航行的亲潮级潜艇

亲潮级艇体结构细节

亲潮级艇艏设计

动力推进系统的设计

亲潮级发动机是与春潮级完全相同的构成，其螺旋桨是采取7片桨叶设计的非对称螺旋桨，这种螺旋桨不仅提高了推进效率，同时，还达到了提高静音效果的目的。

为了最大限制地提高潜艇航行时的静音效果，据说潜艇在增速过程中，艇员居然注意不到潜艇在加速过程中。从这一点可以看出，亲潮级一直延续了由春潮级实施的彻底性静音对策，并在其基础上有所提高。

此外，动力推进系统还进行了高度自动化设计，潜艇操作更趋于省力，由于潜艇通气管操作实现了远距离操作及各部单元也实现了自动化操作，故此，亲潮级潜艇的操作舱达到了一人控制的程度。

电子传感器系统的设计及配置

亲潮级声呐系统是由日本冲电气工业公司研制与生产的ZQQ-6型声呐，这套功能异常庞大的声呐系统由艇艏声呐、反雷达声呐、侧面阵列声呐、拖曳式声呐、战术支援用声呐、战术用声呐、噪声监视声呐等构成，拥有由目标搜索至战术攻击阶段所有优秀的探测、识别、测定目标及跟踪能力。这种一体化综合型声呐系统具有信号处理、控制及显示等所有方面的功能，同时，针对多目标，这套声呐拥有非常优秀的识别、自动跟踪及反障碍排除能力。

其中，艇艏声呐因为采用了由橡胶材料制成的声呐流线型外罩，故此，拥有非常优秀的降噪效果，同时，音响性能也大大提升，它可根据水压的变化产生相应的变形对策，同时，根据深度的变化进行加压。考虑到提高阵列增益及增大音响开口部的需要，艇艏声呐的形状由传统的王冠型改成共形方式。

艇载作战指挥系统

亲潮级艇载战术作战指挥系统是新型的ZYQ-3型，它拥有同时指挥与控制6枚线导鱼雷的能力，这套作战指挥系统通过ZQQ-6型声呐系统及数据库形成一体化综合系统。作战指挥系统的控制台采取水冷式操作，并且采用多功能显示方式，实现信号显示的综合化与标准化、情报处理及显示的通用化。

亲潮级装备6具水压式HU-605型533毫米重型鱼雷发射管，每具发射管内装备有排水涡轮，可快速装填下一枚鱼雷及发射操作，鱼雷发射管的安装位置由春潮级的艇体中央两侧舷更改为艇艏上下两层范围内。

艇载武器为89式重型鱼雷及潜射型的鱼叉反舰导弹（UGM-84），总计搭载数量可能是22枚。其中，89式重型鱼雷相当于美国海军的Mk48重型鱼雷，前者是由斜盘发动机驱动的有线制导主动与被动方式的热航行鱼雷，后者Mk48ADCAP型是与英国皇家海军“矛鱼”重型鱼雷相匹敌的鱼雷。此外，亲潮级还具备水雷发射能力，据说艇上装备了新型的自主航行式水雷，同时，还装备了诱饵发射装置。

亲潮级潜艇的服役经历

自服役以来，亲潮级潜艇执行了各种各样的任务，包括环太平洋联合军事演习（RIMPAC）等重要的多国跨军种联合训练。

2002年10月，在川崎造船神户工厂第1船台上，“黑潮”号潜艇举行了隆重的下水与命名仪式，当时时任日本防卫厅副长官赤城德彦正式命名了这艘潜艇。在日本海军史上，这是第四艘冠以“黑潮”号舰名的军舰。

2003年10月，在三菱重工神户造船所内，“高潮”号举行了隆重的下水与命名仪式，时任日本防卫厅长官的石破茂正式命名这艘潜艇为“高潮”号，当时由吴地方总监小串茂3星上将负责代为宣读命令。这是继涡潮级潜艇“高潮”号之后（SS-571）第二艘接受这个艇名的潜艇。

2004年11月，在川崎造船神户工厂第1船台上，“八重潮”号举行了隆重的下水与命名仪式，时任日本海上幕僚长的古庄幸一4星海军上将亲自宣读了这份命令。

2004年与2008年，“鸣潮”号参加了当年举行的环太平洋联合军事演习（RIMPAC），主要参加反潜战方面的训练任务。

2005年10月，在三菱重工神户造船所内，“濑户潮”号举行了隆重的下水与命名仪式，时任日本海上幕僚长的斋藤隆4星上将正式命名这艘潜艇为“濑户潮”号，它是继夕潮级潜艇“濑户潮”号之后（SS-575）第二艘接受这个艇名的潜艇。

2006年6月26日至7月28日，“黑潮”号与其他几艘军舰代表日本海上自卫队参加了当年的“2006年环太平洋联合军事演习（RIMPAC-2006）”。

2006年11月，在川崎造船神户工厂第1船台上，“望潮”号举行了隆重的下水与命名仪式，时任日本防卫厅长官久间章生亲自宣读了这份命令。

2009年1月10日，在日本鹿儿岛县雾岛市海上自卫队鹿儿岛试验所西南方向大约3000米的海面上，“亲潮”号潜艇与有日本海上自卫官（日本海军军人）乘坐的第二十八龟丸号渔船相撞，渔船船体有部分损伤，不过没有伤亡人员。第二十八龟丸号渔船是由日本海上自卫队包租下来承担“亲潮”号性能测试工作中的民用船舶驱离警戒任务。

2010年5月31日，为了参加2010年环太平洋联合军事演习（RIMPAC-2010），“望潮”号由吴港海军基地出发，6月21日到达瓦胡岛美国海军珍珠港海军基地。

截至8月1日，“望潮”号在夏威夷周边海域进行了多国联合反潜训练，8月27日左右返回吴港海军基地。

2011年10月12日，“望潮”号在美国派遣训练任务下经由关岛驶向夏威夷方向，10月下旬至12月中旬，在夏威夷周边海域进行了长达2个月的海外派遣训练，2012年1月21日，返回吴港海军基地。此次“望潮”号海外训练期长达4个多月。

2012年10月10日，“高潮”号在美国派遣训练任务下经由关岛驶向夏威夷方向。2013年1月23日，按照预定计划，“高潮”号结束美国派遣训练回国。

进入珍珠港海军基地外港水道的“亲潮”号潜艇

训练途中停泊于珍珠港海军基地内的“涡潮”号潜艇

中途停泊美国海军关岛阿普拉港海军基地的“涡潮”号潜艇

停泊在珍珠港海军基地内的“涡潮”号潜艇

参加2004年环太平洋联合军事演习的“鸣潮”号停泊到珍珠港海军基地内

停泊于舞鹤海军基地北吸码头上的“黑潮”号潜艇，背景为爱宕山

远赴珍珠港海军基地的“八重潮”号潜艇及艇员们

停泊到横须贺基地内的“高潮”号，旁边是前一代白濑号破冰船（红色船体）

在三菱重工神户造船所船台上建造中的“濑户潮”号

参加美国派遣训练、航行于途中的“望潮”号潜艇

亲潮级的同型艇

目前，亲潮级共建有11艘同型艇，这些亚洲地区最先进的常规潜艇造价极其高昂。11号艇“望潮”号的总计建造费用大约是420亿日元，其中艇体建造大约是250亿日元，最后的设备舾装费用大约是170亿日元。

通常情况下，亲潮级潜艇艇长的军衔为海军上校或海军中校。

11艘同型艇的基本概况如下：

舷号	舰名	开工日期	下水日期	竣工日期	建造船厂	编制	母港	备注
SS-590	“亲潮”号	1994年（平成6年）1月26日	1996年（平成8年）10月15日	1998年（平成10）年3月16日	川崎造船神户工厂	第2潜水队群第2潜水队	横须贺基地	平成5年度计划批准建造的2700吨级潜艇8105号艇、1993年采购
SS-591	“满潮”号	1995年（平成7年）2月16日	1997年（平成9年）9月18日	1999年（平成11年）3月10日	三菱重工神户造船所	第1潜水队群第1潜水队	吴港基地	平成6年度计划批准建造的2700吨级潜艇8106号艇、1994年采购
SS-592	“涡潮”号	1996年（平成8年）3月6日	1998年（平成10年）10月15日	2000年（平成12年）3月9日	川崎造船神户工厂	第2潜水队群第2潜水队	横须贺基地	艇名来自涡潮，平成7年度计划批准建造的2700吨级潜艇8107号艇、1995年采购
SS-593	“卷潮”号	1997年（平成9年）3月26日	1999年（平成11年）9月22日	2001年（平成13年）3月26日	三菱重工神户造船所	第1潜水队群第1潜水队	吴港基地	平成8年度计划批准建造的2700吨级潜艇8108号艇、1996年采购
SS-594	“矶潮”号	1998年（平成10年）3月9日	2000年（平成12年）11月27日	2002年（平成14年）3月14日	川崎造船神户工厂	第1潜水队群第1潜水队	吴港基地	平成9年度计划批准建造的2700吨级潜艇8109号艇、1997年采购
SS-595	“鸣潮”号	1999年（平成11年）4月2日	2001年（平成13年）10月4日	2003年（平成15年）3月3日	三菱重工神户造船所	第2潜水队群第2潜水队	横须贺基地	平成10年度计划批准建造的2700吨级潜艇8110号艇、1998年采购
SS-596	“黑潮”号	2000年（平成12年）3月27日	2002年（平成14年）10月23日	2004年（平成16年）3月8日	川崎造船神户工厂	第1潜水队群第5潜水队	吴港基地	平成11年度计划批准建造的2700吨级潜艇8111号艇、1999年采购

续表

舷号	舰名	开工日期	下水日期	竣工日期	建造船厂	编制	母港	备注
SS-597	"高潮"号	2001年（平成13年）1月30日	2003年（平成15年）10月1日	2005年（平成17年）3月9日	三菱重工神户造船所	第2潜水队群第4潜水队	横须贺基地	平成12年度计划批准建造的2700吨级潜艇8112号艇、2000年采购
SS-598	"八重潮"号	2002年（平成14年）1月15日	2004年（平成16年）11月4日	2006年（平成18年）3月9日	川崎造船神户工厂	第2潜水队群第4潜水队	横须贺基地	平成13年度计划批准建造的2700吨级潜艇8113号艇、2001年采购
SS-599	"濑户潮"号	2003年（平成15年）1月23日	2005年（平成17年）10月5日	2007年（平成19年）2月28日	三菱重工神户造船所	第2潜水队群第4潜水队	横须贺基地	平成14年度计划批准建造的2700吨级潜艇8114号艇、2002年采购
SS-600	"望潮"号	2004年（平成16年）2月23日	2006年（平成18年）11月6日	2008年（平成20年）3月6日	川崎造船神户工厂	第1潜水队群第3潜水队	吴港基地	平成15年度计划批准建造的2700吨级潜艇8115号艇、2003年采购

| 第三节 | 苍龙级AIP潜艇

苍龙级潜艇为日本海上自卫队第一款装备AIP系统的柴电动力常规攻击潜艇，通过13中期防第4年度，也就是2004年度（平成16年度）预算拨款开始建造，故此也称16SS潜艇。截至2013年，已经开始建造第9号艇。

2011年，鉴于日本放宽武器出口三原则，苍龙级潜艇的出口可能性大增。为了增强亚洲水下情报搜集能力，澳大利亚海军正在准备4000吨级大型潜艇的研制与建造计划，用于取代现役的科林斯级。目前，澳大利亚海军正在对德国的216级潜艇、西班牙和法国的AIP潜艇以及日本的苍龙级潜艇进行考察。澳大利亚海军4000吨级潜艇建造计划的主管者为一名退役澳大利亚海军上将，他已经与日本海上自卫队杉本正彦海上幕僚长进行了正式会谈，苍龙级是这一庞大计划的有力候选者。

基本技术参数及概况——世界最大的常规潜艇

苍龙级潜艇艇名均来自各种祥瑞动物的名称，并冠以“龙”字结尾，比如“苍龙”号，其前级为亲潮级。

苍龙级设计标准排水量2900吨，水下排水量4200吨，全长84.0米，全宽9.1米，吃水8.5米，艇深10.3米，上浮最大航速13节，下潜最大航速20节，乘员65人。

在设计阶段，苍龙级称为亲潮级改进型。不过，从综合性能来看，与亲潮级相比，苍龙级已经有了大幅度的提升，其水下排水量更是达到了4200吨，作为现役常规动力潜艇，这个排水量设计是世界最大的，远远大于世界新型AIP潜艇标准的德国212A级潜艇。作为AIP潜艇，瑞典海军现役有哥德兰级，德国海军现役有212A级，等等。这两种作为不同AIP技术标准的潜艇，其水下排水量都是不足2000吨的轻型潜艇。

截至2013年，苍龙级为世界吨位设计最大的先进常规潜艇。

艇体基本设计

苍龙级艇体设计与亲潮级完全相同，都为雪茄形。这种艇型设计采取X形尾舵，X形尾舵主要有两大优点，一是水中机动性高，二是尾舵受损危险降低。前级亲潮级只在潜艇的艇体和指挥台围壳侧面安装了消声瓦，而苍龙级则从艇体上层结构开始为整个艇体都铺设了消声瓦，在指挥台围壳前面的基部还追加安装了称为整流片的流线型覆盖物，这种整流片可大大提高潜艇在航行时的静音效果。

"朝潮"号潜艇在进行AIP系统化改造之后，其艇长照比亲潮级延长了大约9米，标准排水量也增加了340吨。不过，苍龙级充分利用两种措施并未使潜艇过于增重增长，以至于影响潜艇性能，一种措施是对潜艇艇载设备进行小型化处理，另一种措施是除AIP舱段之外对其他各个功能舱段空间进行最大程度的压缩，通过这些措施，苍龙级艇长只比亲潮级延长了2米，标准排水量增加只有150吨。此外，通过安装各种高度自动化的设备，苍龙级潜艇艇员编制照比亲潮级还少了5人。

采取雪茄形艇体设计的苍龙级潜艇3号艇"白龙"号（SS-503），可见指挥台围壳伸出来的自卫舰旗、自卫队旗及潜望镜、艇艏水平舵，指挥台围壳侧壁上铺设了无反射消声瓦及整流片（水平舵上面的两个流线型覆盖物），艇体后部可见X形尾舵

“白龙”号侧视，指挥台围壳侧壁上的铺装痕迹都是消声瓦设施

“白龙”号指挥台围壳及水平舵特写，可见指挥台围壳最顶部自卫舰旗前面的鞭状天线及水平舵前面的鞭状天线

停泊于吴港海军基地潜艇码头上的“白龙”号艇体全景

“白龙”号X形尾舵特写

涂写了舷号及艇名的苍龙级潜艇1号艇“苍龙”号（SS–501）

“苍龙”号潜艇曾经涂装的艇名以及艇体上的凹槽线及排放孔设计

去掉舷号及艇名涂装的“苍龙”号（左）与一艘亲潮级潜艇（右），可见亲潮级与苍龙级的艇型设计、指挥台围壳及水平舵布局基本相同，它们的指挥台围壳顶部都可见鞭状天线，不同的地方是水平舵顶部的整流片，苍龙级近似矩形，亲潮级近似椭圆形，另外，亲潮级为十字形尾舵，苍龙级为X形尾舵

动力推进系统

苍龙级潜艇动力推进系统采取柴油发动机、斯特林发动机和电动机联合工作方式。其中，柴油发动机为2台12V25/25SB柴油机，斯特林发动机为4部4V-275R MkIII型，电动机为1台推进电动机（交流同步电动机），单轴螺旋桨，整个系统水面输出功率为3900马力，水下输出功率为8000马力。

在新一代潜艇计划中，日本海上自卫队决定为新型潜艇配备AIP系统，经过多方论证和可行性研究，最终决定采用由瑞典科库姆斯公司研制的斯特林发动机技术。这种技术使用煤油和氧气作为燃料，日本当时引进的型号为4V-275R MkII。2001年，日本海上自卫队使用斯特林发动机技术对朝潮号练习潜艇进行了AIP系统化改造，通过一系列试验之后，最终取得成功。

苍龙级所采用的斯特林发动机技术为改良型的4V-275R MkIII，其连续额定输出功率为75 kW/102 PS，由川崎重工在瑞典科库姆斯公司授权下进行许可生产，苍龙级的动力推进系统共搭载了4台这种发动机。配备了AIP系统的苍龙级潜艇可以较低航速在水下连续航行14天以上，其性能直逼核动力潜艇。

动力推进系统中的电动机具备直流与交流变换功能。

艇载武器及其他设备

苍龙级主要艇载武器包括6具HU606型533毫米鱼雷发射管，可发射89式鱼雷和鱼叉级潜对舰导弹（USM）。

亲潮级潜艇的潜望镜系统由2部光学潜望镜组成，不过，苍龙级潜望镜系统由1部光学潜望镜和1部CMO10非贯通式潜望镜1型组成，后者由泰利斯英国分公司授权日本三菱电机公司许可生产。

苍龙级ZQQ-7声呐系统来自亲潮级的ZQQ-6，前者为后者的改良型。

苍龙级作战指挥系统包括潜艇战术状况表示装置（TDS）、ZYQ-31指挥管制支援终端（C2T）等连接设备，可进行分散情报处理。

C^4I装备为ZYQ-51潜艇发射控制装置，艇载雷达为ZPS-6。

处于上浮航行状态下的苍龙级潜艇2号艇“云龙”号（SS-502），可见各种艇载电子装备由指挥台围壳伸出来，包括光学潜望镜、CMO10非贯通式潜望镜1型、各种升降装置、通信装置等

同型艇——大批量建造的东亚反航母利器

鉴于东亚反航母作战的需要，日本海上自卫队决定大量建造苍龙级潜艇。截至2013年，这级艇计划建造9艘，已经建成5艘，其后续建造计划尚未确定，如果确定其国际出口市场，凭借日本现有的技术水平及工业基础，苍龙级潜艇的建造数量将会超过几十艘。

在苍龙级的同型艇中，从2号艇（SS-502）开始，苍龙级声呐系统更换为ZQQ-7B，从7号艇（SS-507）开始装备全新的X波段卫星通信装置，从8号艇（SS-508）开始预定装备全新的潜艇鱼雷防御系统（TCM）。

按照计划，苍龙级的主蓄电池设备将从5号艇（SS-505）开始装备更高性能的锂离子蓄电池。与日本以往使用的铅蓄电池相比，新型锂离子蓄电池拥有诸多优点，其一，锂离子蓄电池重量容积是传统铅蓄电池的2倍以上；其二，锂离子蓄电池的平均能量密度是传统铅蓄电池的1.5倍以上；其三，锂离子蓄电池可反复充放电数次，并且，充电时间非常短暂，放电时还能有效阻止电气容量的下降。不过，由于财政预算困难，截至2013年，已经建造、正在建造和计划建造中的苍龙级都没有配备这种高性能的蓄电池，其应用前途还很渺茫。鉴于锂离子蓄电池还不能按计划安装，计划建造的9艘苍龙级预定改善潜艇的巡航速度，增加高速巡航可能需要的时间。

此外，为了预先研制2020年代日本海上自卫队下一代潜艇所使用的斯特林发动机替代AIP系统，从2006年度至2010年度，日本防卫省专门进行了一个名为“下一代潜艇AIP系统研究”的燃料电池系统研究项目，以着手未来AIP系统技术研究。

目前，9艘苍龙级潜艇的艇长为海军中校军衔，其基本概况如下：

舷号	舰名	建造日期	下水日期	竣工日期	建造船厂	编制	母港
SS-501	“苍龙”号	2005年（平成17年）3月31日	2007年（平成19年）12月5日	2009年（平成21年）3月30日	三菱神户	第1潜水队群第5潜水队	吴港
SS-502	“云龙”号	2006年（平成18年）3月31日	2008年（平成20年）10月15日	2010年（平成22年）3月25日	川崎造船神户	第1潜水队群第5潜水队	吴港
SS-503	“白龙”号	2007年（平成19年）2月6日	2009年（平成21年）10月16日	2011年（平成23年）3月14日	三菱神户	第1潜水队群第5潜水队	吴港
SS-504	“剑龙”号	2008年（平成20年）3月31日	2010年（平成22年）11月15日	2012年（平成24年）3月16日	川崎造船神户	第1潜水队群第3潜水队	吴港

续表

舷号	舰名	建造日期	下水日期	竣工日期	建造船厂	编制	母港
SS-505	“瑞龙”号	2009年（平成21年）3月16日	2011年（平成23年）10月20日	预定2013年（平成25年）3月	三菱神户		横须贺
SS-506	22SS（平成22年度计划采购）	2011年（平成23年）1月21日		预定2015年（平成27年）3月	川崎造船神户		
SS-507	23SS（平成23年度计划采购）	2012年（平成24年）3月		预定2016年（平成28年）3月	三菱神户		
SS-508	24SS（平成24年度计划采购）	预定2013年（平成24年）		预定2017年（平成29年）3月			
SS-509	25SS（平成25年度计划采购）						

| 第四节 | “千代田”号潜艇救援母舰

“千代田”号（AS-405）潜艇救援母舰是日本海上自卫队潜水舰队中现役唯一的潜艇救援母舰，其舰名来自日本江户城的别名千代田城，它是日本第四艘使用“千代田”号名称的军舰。日本帝国海军时期的“千代田”号航母最为著名。

“千代田”号基本概况——日本第一代潜艇救援母舰

“千代田”号潜艇救援母舰是日本海上自卫队第一艘和第一代潜艇救援母舰计划，根据昭和56年度计划作为1111号潜艇救援母舰开工建造，造船厂为日本三井造船的玉野事业所，1981年采购，1983年1月19日开工建造，1983年12月27日下水，1985年3月27日建成竣工并服役，服役后为第2潜水队群直辖舰。

截至2013年，“千代田”号服役已经接近30年。按照日本海上自卫队的惯例，其替代舰计划应该早就展开。不过，迄今为止日本官方没有公布任何关于“千代田”号替代舰的计划。

并列停泊于港内的“千代田”号（AS-405）潜艇救援母舰和“千早”号（ASR-403）潜艇救援舰

停泊于吴港海军基地潜艇专用码头上的“千代田”号，其前面是一艘亲潮级潜艇（十字形尾舵）

俯视“千代田”号舰艏、舰桥、舰体中央部的深海救援艇操作空间、动力舱烟囱及其两侧搭载艇、直升机甲板及开放式舰艉

“千代田”号的基本设计——具备潜艇救援舰、潜水母舰双重功能

从基本设计上来看，“千代田”号是日本第一艘潜艇救援舰、第一代“千早”号（ASR-401）潜艇救援舰的扩大改良型，其主要救援对象是日本海上自卫队的涡潮级潜艇。为此，针对涡潮级潜艇的潜航深度，“千代田”号装备了相应的深海救援艇（DSRV）和深海潜水装置（DDS）两种潜艇救援装备。舰艉部设计有直升机起降甲板。

“千代田”号不仅具有潜艇救援舰的功能，同时还具有潜水母舰的能力，它可为每艘潜艇提供80人的餐饮与住宿条件，可为潜艇提供导弹、鱼雷、粮食、真水等各种补给物资，还可向潜艇供电和充电。故此，日本海上自卫队将“千代田”号确定为一个全新的舰种，这就是潜艇救援母舰。这种舰种在全世界范围内只有日本有。后来建造的“千早”号，由于母舰功能大幅度缩小，故此，只为潜艇救援舰，而没有母舰功能。

另外，“千代田”号在舰艏附近的吃水线以下部分还设计了一部侧向推进器。

“千代田”号的开放式舰艉设计及直升机甲板，可见直升机甲板两侧安装了2部吊装起重机设施，它们主要用于吊装2艘“千代田01”号和“千代田02”号搭载艇

“千代田”号庞大的舰桥设计

“千代田”号及其前面的2艘亲潮级潜艇

“千代田”号舰艏甲板及舰桥后部平台上安装的各种潜艇救援专业设施

“千代田”号舰艏、舰桥及深海救援艇操作空间和顶部支援设施

“千代田”号开放式舰艉设计，可见开放舰艉顶部的悬空直升机甲板及甲板前面的2部搭载艇吊放起重机设施

“千代田”号的深海救援艇操作空间及周边布局

“千代田”号深海救援艇操作空间

俯视“千代田”号的舰艏部、舰桥顶部及舰体中部

“千代田”号深海救援艇操作空间周边布局

深海救援艇（DSRV）——遇难潜艇救援的主力

深海救援艇是这一艇种的日语表示，英文缩写为DSRV，意为“深潜救援器”。深海救援艇是救助发生海难及沉没事故潜艇艇员的专用潜艇，在它的救助下，遭难潜艇艇员可能会有一线生机。

从设计上来看，深海救援艇就是经过特殊设计、专门用于救援任务的小型潜艇。在潜艇救援舰及潜艇救援母舰中，这种装备是必须配备的，否则，潜艇救援就无计可施。搭载深海救援艇的潜艇救援舰可到出事海域对潜艇展开紧急救助。

日本海上自卫队很早就开始着手潜艇救援舰的建造计划，从昭和30年（1955年）至昭和35年的五年时间内，日本建造了第一代“千早”号（ASR-401）潜艇救援舰。昭和45年，又建造了伏见号（ASR-402）潜艇救援舰。后来，在深海救援艇研制与建造期间，又于昭和50年（1975年）建造了千寻号救援实验艇，并进行了各种实验工作。此后，昭和60年建成了“千代田”号（AS-405）潜艇救援母舰，平成12年建成了第二代“千早”号（ASR-403）潜艇救援舰。上述所有这些潜艇救援舰都作为母舰搭载了一艘深海救援艇（DSRV），救援舰都由三井造船玉野造船所责任建造，而深海救援艇都由川崎重工神户造船所负责建造。

日本深海救援艇没有专用的艇名，而是与所搭载的潜艇救援舰或救援母舰具有相同的名称，比如“千代田”号潜艇救援母舰搭载的深海救援艇的艇名也是“千代田”号。不过，依据建造顺序的不同，有一号艇、二号艇的称呼，比如千代田一号艇等。日本深海救援艇依据母舰的不同，其收容的方式也不同，比如前后位置相反等。因此，不同的深海救援艇不能交换收容在不同的母舰上。比如“千代田”号潜艇救援母舰的深海救援艇只能由本舰使用，在“千早”号潜艇救援舰无法使用。在这点上，潜艇救援母舰与深海救援艇之间的搭配关系与大隅级运输舰和LCAC气垫登陆艇之间的搭配关系不同，后者可以自由搭配。

千代田一号艇与千早二号艇两艘深海救援艇的基本设计相同。不过，由于建造时间间隔有15年，因此，两艘艇的一些细节部分有所修改。日本建造的深海救援艇采取银白色涂装，仅在顶部涂装有红白相间的横向条纹花样。作为日本深海救援艇的特有装备，救援艇与潜艇之间相互连接的舱门（舱口）周边带有电磁铁，利用这些电磁铁救援艇可逐渐靠近出事的潜艇，进而展开后续的救援工作。

“千代田”号潜艇救援母舰和“千早”号潜艇救援舰都在舰体中央位置设计有一个大型构造物，这个构造物内有收放深海救援艇的设备，深海救援艇可从潜艇救援母舰或救援舰舰体下部的开口部（中央井）直接下降到大海里，然后通过自身动力向出事潜艇行进展开救助。在救援期间，救援母舰为了保持在海上的固定位置，在舰艉和舰艏各安装有一部侧向推进器，这种推进器可通过DPS（直接定位系统）将舰体保持在一个固定的位置上。此外，在DPS的作用下，救援母舰的摇晃可以明显减小，因此，这种系统更像是一种舰体平稳系统。在从舰体下部开口部无法回收深海救援艇的情况下，通常，救援母舰都有替代方案，那就是可从侧舷部回收深海救援艇，因此一般情况下母舰侧舷部都配备有起重机等机械装置。“千早”号潜艇救援舰在开口部下部还设计了一个盖子，它可提高深海救援艇的回收速度。

潜艇救援舰因装备了深海救援艇而具备高难度的海中作业机能及饱和潜水支援功能，它们除了可以承担传统的潜艇救援工作外，还可以实施其他一些海中作业活动。比如，平成2年，“千代田”号潜艇救援母舰对沉没的日本鲣鱼渔船“第八优元丸”号进行了潜水调查；平成4年，在日本东北地区的三泽海面，“千代田”号又对驻日美军紧急投下的航空炸弹进行了搜索；平成14年，在美国夏威夷海面，“千早”号潜艇救援舰对与美国海军“格林维尔”号攻击型核潜艇相撞沉没的“爱媛丸”号渔业实习船打捞进行了支援。在打捞过程中，实际上进行打捞作业的是美国海军，“千早”号只负责支援，并对海底的遗物进行搜索，在此期间，“千早”号深海救援艇往返于海底100多次。

从设计上来看，日本的深海救援艇与美国的基本相同，它们都由三个相互连接起来的耐压球组成，耐压球之外另设计有外壳。其中，前部耐压球由潜艇操作员及操艇设备组成，中部耐压球是其下部连接有舱门并安装有金属罩的救援区域，后部耐压球是机械室。深海救援艇的外部观察与监视设备有声呐、探照灯、电视摄像机、窗口等。此外，为了清除障碍物，还装备有机械臂。除了推进螺旋桨之外，为了能精确地接近并与出事潜艇舱门接合，深海救援艇在前后左右部都安装有辅助推进器，这些设备可精确调整深海救援艇的位置。艇载发动机可通过蓄电池驱动电动马达工作。在这种模式下，深海救援艇只能低速移动，不适合进行大范围的目标搜索。

深海救援艇在海中对遇难舰艇进行搜索，发现目标后，艇体下部的金属罩与遇难舰艇的专用舱门接合起来，随后，金属罩内部减压、排水，深海救援艇与遇难舰艇的舱门同时打开，在两者之间形成一个通道，遇难舰艇人员可通过这条通道转移到深海救援艇上。

美国海军洛杉矶级攻击型核潜艇“拉霍亚”号（SSN-701）搭载的深海救援艇“米斯提克”号（DSRV-1）。2002年4月25日摄于佐世保港内

美国海军由救援母舰出发的“阿瓦龙”号（DSRV-2）深海救援艇

“千代田”号的基本技术参数及舰载装备

“千代田”号的舰种分类为潜艇救援母舰，只建造一艘，因此，无同型舰及舰级。“千代田”号设计标准排水量为3650吨，满载排水量为4450吨，舰体全长为112.5米，全宽为17.6米，吃水4.6米。

动力推进系统主机是由三井造船公司制造的2台8L42M型柴油发动机，发动机输出功率为11500马力，双轴推进，最大航速为17节。无固定舰载直升机，只有舰载直升机着舰甲板。舰员编制为120人。

雷达系统配备1部OPS-16型对海搜索雷达。

核心潜艇救援装备为川崎重工制造的深海救援艇（DSRV）。

其他装备还有深海潜水装置（DDS）和自动舰位保持装置（DPS）。

2000年10月6日，在中国南海海域实施潜艇救援训练中的“千代田”号（AS-405），可见舰体中部配备一部川崎重工制造的深海救援艇（DSRV）

“千代田”号舰体中央部搭载的深海救援艇（DSRV）

| 第五节 | “千早”号潜艇救援舰

第二代“千早”号（ASR-403）潜艇救援舰是前级“伏见”号（ASR-402）潜艇救援舰的替代舰，其舰名来自日本的千早城。这已经是第四代使用这个舰名的日本军舰。最著名的是日本帝国海军时期的“千早”号航母。

面向日本民众开放参观的“千早”号潜艇救援舰，可见舰面站满了参观的日本民众，从舰艉部看“千早”号，其基本舰型设计与“千代田”号潜艇救援母舰基本相同，由舰艉至舰艏依次是开放式舰艉、直升机甲板、动力舱烟囱及两侧的搭载艇、深海救援艇操作空间及顶部的支援设施、舰桥，然后是舰艏部

海上展示训练中的“千早”号，其后面是“飞鸟”号（ASE-6102）试验舰

从舰艏部看“千早”号，由前至后依次是舰艏部、舰桥、深海救援艇操作空间及顶部的支援设施、动力舱烟囱及两侧的搭载艇、直升机甲板及开放式舰艉

海上航行中的“千早”号标准照片

“千早”号基本概况——日本现役唯一的潜艇救援舰及最大的救援舰

“千早”号是于平成8年度计划批准建造的潜艇救援舰1103号舰，由日本三井造船玉野事业所负责建造，1997年10月13日开工建造，1998年10月8日下水，2000年3月17日建成服役，服役后成为第1潜水队群的直辖舰。

截至2013年10月，“千早”号是日本现役唯一的潜艇救援舰及排水量最大的潜艇救援舰，其后续替代舰计划未定。

停靠在吴港海军基地潜艇专用停泊码头最西端的“千早”号（ASR-403）潜艇救援舰

停泊吴港海军基地潜艇码头的“千早”号及前面的亲潮级（十字形尾舵）和苍龙级（X形尾舵）潜艇

“千早”号的基本技术参数

“千早”号潜艇救援舰设计标准排水量为5540吨，满载排水量为6900吨，全长127.5米，全宽20.0米，吃水3.0米。

动力推进系统主机是由三井造船生产的2台12V42M-A型柴油发动机，发动机输出功率为19500马力，2轴推进，最大航速为21节。舰员编制125人。

雷达系统配备1部OPS-20型对海搜索雷达。

无固定舰载直升机，仅配备直升机着舰甲板。

核心辅助装备有1部“千早”号深海救援艇（DSRV）、1部““千早”号深海潜水装置（DDS）、1部大气压潜水装置、1部海底调查装置和1部作为自动舰体保持装置的直接定位系统（DPS）。

"千早"号的舰艏设计

"千早"号舰体中央部的深海救援艇（DSRV）操作空间及顶部的支援设施，其顶部的支援设施为自动舰体保持装置的直接定位系统（DPS），这是一种舰体稳定系统，它在军舰进行潜海操作时保持舰体的稳定性，以对潜海操作进行支援

"千早"号深海救援艇操作空间后面的动力舱烟囱及两侧的搭载艇、直升机甲板和开放式舰艉

“千早”号开放式舰艉及直升机甲板特写

“千早”号的基本设计

从设计上来看，“千早”号是“千代田”号（AS-405）潜艇救援母舰的扩大改良型，在放弃潜水母舰功能的基础上，“千早”号的排水量大幅度增加，这些母舰功能的消失及排水量的增加主要用于强化舰载医疗设备及应对新型潜艇潜航深度增大而必要的装备配备。为了增强情报能力，“千早”号在舰桥内部设置了救援情报中心，由它统筹负责潜艇救援情报的收集、整理和分析。

“千早”号与“千代田”号的舰体设计基本相同，潜水救援装置收放于舰体摇晃最小的舰体中央部，暴露在外的构造也都收放在舰内。不过，与“千代田”号不同，作为“千早”号潜水救援装置的深海救援艇的前进方向变换至舰艉部，这主要是为了改善它对舰载声呐系统的影响。在这种情况下，“千代田”号的深海救援艇及备用充电池等支援位置与“千早”号的不同，因此，两舰的深海救援艇不能互换使用。“千早”号开口部（中央井）下部设计有一部油压式开闭舱门，它可提高深海救援艇的出入速度。在吃水线以下的舰体部分，“千早”号在前后部各安装有2部球鼻首及侧向推进器。此外，“千早”号还安装有直接定位系统（DPS），它与侧向推进器和发动机主机连接起来，这套系统可将“千早”号固定在海面上的某一个点上，从而对下潜作业的深海救援艇提供固定的支援服务。

“千早”号舰艉部设计有直升机甲板，它为MH-53E扫雷直升机固定准备了固定环，这种固定装置比SH-60直升机使用的装置更坚固。

“千早”号舰体中央部收容的“千早”号深海救援艇，正在进行下潜操作中

“千早”号的“千早”号深海救援艇艇艏部设计，可见艇艏的艇名及DSRV的英文标记。“千早”号位于舰体中央部的深海救援艇操作空间可分两个部分，分别是靠近舰桥部分的下潜操作空间和靠近动力舱烟囱的收藏空间

“千早”号深海救援艇（DSRV）艇艉部的动力推进装置

位于“千早”号舰体中央部的深海救援艇操作空间，可见各种机械设备

““千早”号”深海救援艇艇艉特写，可见3叶旋转桨

“千早”号舰体中央部的深海救援艇操作空间外景

深海救援艇操作空间及后面的机械设备、起重机设施

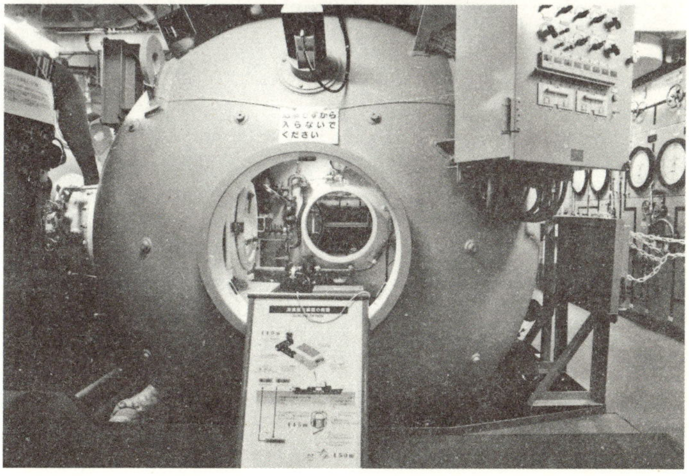

“千早”号的舰内减压室（DDC）

“千早”号舰内减压室（DDC）内部布局结构

“千早”号的服役经历

“千早”号服役后不久，2001年2月10日发生了美国海军“格林维尔”号攻击型核潜艇与日本“爱媛丸”号渔业实习船相撞的事故，“格林维尔”号艇艏重度受损，“爱媛丸”号沉没。应日本爱媛县政府的请求及作为日本防卫厅的反应措施，“千早”号奉命沉船人员遗体搜索任务。从2001年8月开始，“千早”号开始遗体搜索作业。在这次搜索任务中，“千早”号搜索到9名失踪人员中的8人，并将他们的遗体打捞出水。

2002年4月，“千早”号参加名为“太平洋调查2002”的国际潜艇救援训练活动。在这次训练任务，即使面对极端恶劣的气象条件，“千早”号仍然成功完成了所有预定的操作项目。在此期间，“千早”号深海救援艇（DSRV）不仅完成了当初预定的软连接训练（只是到达沉没的潜艇即可），还成功完成了硬连接训练（打开舱门，与救援潜艇连接，即真正的潜艇救援训练）。此外，MH−53E“海龙”运输直升机还与“千早”号成功进行了着舰训练，而后，参加国海军高官乘坐MH−53直升机转移到作为日本旗舰的丰后号扫雷母舰上，另外SH−60J直升机还在“丰后”号和“千早”号之间进行了转移训练。

|第六节|日本两代533毫米重型鱼雷

日本海上自卫队现役533毫米重型鱼雷只有一种，这就是89式重型鱼雷。它的技术水平与美国海军MK-48重型鱼雷、德国DM2A4“海鳕”重型鱼雷、英国“矛鱼”重型鱼雷等相当，都属于世界最先进、威力最强大的潜射鱼雷之一。

80式重型鱼雷——日本第一代国产重型鱼雷

80式重型鱼雷是日本海上自卫队装备的重型鱼雷之一，主要部署平台为潜艇，承担反潜、反舰作战任务，开发名称为GRX-1，1980年列为制式装备，故称80式重型鱼雷。

早在20世纪60年代末期，日本海上自卫队就从美国采购了MK37重型鱼雷，这种鱼雷当时主要作为日本潜艇搭载的制导鱼雷使用。从1972年开始，日本又从美国采购了更高性能的MK48重型鱼雷等鱼雷产品。不过，日本仍然需要更高性能的鱼雷武器。

事实上，日本从1965年就已经开始开发与研制国产的新型潜艇用鱼雷。10年之后，1975年，日本自己研发的国产鱼雷开始实战运用试验，这就是后来的80式鱼雷。80式重型鱼雷以MK37鱼雷为基础开发，并对其进行了大幅度性能提升，负责开发部队为日本防卫厅技术研究本部，生产单位为三菱重工。

从基本设计上来看，与采取自导方式的MK37鱼雷不同，80式可有线制导，鱼雷上安装有主动/被动声呐。弹体直径为48.3厘米，其他技术参数日本并未公开发表，不过基本与MK37鱼雷大致相同。由于日本海上自卫队潜艇安装的鱼雷发射管都是533毫米直径的，故此，80式鱼雷的发射只能采取所谓的“游出”方式。80式鱼雷推进方式采用氧化银电池的电气推进，通过对转螺旋桨的推力，这种鱼雷的水下航速可达到30节以上。

在80式鱼雷研制成果的基础上，后来，日本又开发了更大型化和更高速化的89式重型鱼雷（开发名称为GRX-2）。目前，80式鱼雷已经基本退役完毕。

89式重型鱼雷——日本第二代国产重型鱼雷

89式重型鱼雷是日本海上自卫队现役重型鱼雷的主力，开发名称为GRC-2，开发部队为日本防卫厅技术研究本部，生产单位为三菱重工，1989年开始制式服役，故称89式重型鱼雷。

89式鱼雷的部署平台为潜艇，主要承担反潜、反舰作战任务，它是80式重型鱼雷的后续产品。

由于安装了热航行发动机，因此，在鱼雷航速等方面，89式鱼雷照比80式鱼雷的性能有大幅度的提升。89式鱼雷相当于美国海军的MK48重型鱼雷，可有线制导，弹体安装有主动/被动探测声呐。

89式重型鱼雷的直径为标准的533毫米，弹体全长为6250毫米，全重为1760千克，弹头部安装有267千克的高性能炸药，水下巡航航速为55节，据推测最大航速可达70节，40节航速时的射程可达27海里，55节航速时的射程可达21海里，最大潜航深度为900米。

89式重型鱼雷主要部署平台有夕潮级潜艇、春潮级潜艇、亲潮级潜艇和苍龙级AIP潜艇。

除80式重型鱼雷、89式重型鱼雷外，日本另开发了73式（1973年制式采用）轻型鱼雷、97式（1997年制式采用）轻型鱼雷和12式（2012年制式采用）轻型鱼雷，不过，这些轻型鱼雷的部署平台不是潜艇，而是驱逐舰、反潜巡逻直升机、反潜巡逻机等装备。截至2013年10月，部署于潜艇的鱼雷武器只有80式重型鱼雷和89式重型鱼雷2种。

美国海军“帕萨迪纳”号（SSN-752）洛杉矶级攻击型核潜艇内的鱼雷舱，右侧上层和下层的绿色鱼雷即为MK-48重型鱼雷，左侧照片最近处可见MK-48推进器的保护罩